C和C++游戏趣味编程

童晶 著

人民邮电出版社

北京

图书在版编目（CIP）数据

C和C++游戏趣味编程 / 童晶著. -- 北京 : 人民邮电出版社, 2021.2
ISBN 978-7-115-55199-3

Ⅰ. ①C… Ⅱ. ①童… Ⅲ. ①C语言－程序设计 Ⅳ. ①TP312.8

中国版本图书馆CIP数据核字(2020)第214088号

内 容 提 要

本书通过趣味案例逐步引入语法知识，教读者用C和C++编写游戏程序，激发读者学习编程的兴趣。全书共14章和3个附录，依次介绍了C和C++编程语言的基本概念、数据类型、if语句、while循环、for循环、一维数组、函数、二维数组、字符串、文件读写、指针、递归、面向对象编程、链表和C++标准模板库等知识，其中贯穿了众多的小案例和游戏，最后综合应用这些知识编写了一款冒险游戏。附录分别给出了练习题的参考答案、语法知识索引以及常用的调试方法和辅助开发工具。本书适合不同年龄、不同层次的C与C++编程初学者阅读和自学，也可以作为中学生、大学生学习程序设计的教材和少儿编程培训机构的参考教材。

◆ 著　　　童 晶
责任编辑　陈冀康
责任印制　王 郁　焦志炜
◆ 人民邮电出版社出版发行　　北京市丰台区成寿寺路 11 号
邮编　100164　　电子邮件　315@ptpress.com.cn
网址　https://www.ptpress.com.cn
北京七彩京通数码快印有限公司印刷
◆ 开本：720×960　1/16
印张：22.5　　　　2021 年 2 月第 1 版
字数：379 千字　　　　2024 年 9 月北京第 12 次印刷

定价：99.00 元

读者服务热线：(010)81055410　印装质量热线：(010)81055316
反盗版热线：(010)81055315
广告经营许可证：京东市监广登字 20170147 号

前言

写作目的和背景

随着人工智能时代的来临，计算机软件在日常生活中起着越来越重要的作用，编写计算机程序极有可能成为未来社会的一项重要生存技能。在众多的文本式编程语言中，C和C++历史悠久、功能强大、应用广泛，在目前大学编程教学中占比最高，也是各级信息学奥赛的指定编程语言。

由于C和C++语法规则较多、用法灵活，很多初学者觉得有难度，并普遍有畏惧心理。目前大部分C和C++图书会系统讲解语法知识，知识量大，读者学习困难；所举实例一般偏数学算法，过于抽象、趣味性不强，让读者觉得入门困难。

针对以上问题，本书把趣味游戏开发应用于C和C++编程教学，通过13个由易到难的有趣案例，带领读者从零基础开始学习。书中不安排专门章节讲解语法知识，而将其穿插在游戏开发的过程中，通过游戏案例逐步讲解新的语法知识，便于读者理解其含义，并在实际应用中体会其用法。书中案例均经过精心的设计，并包括详细的实现过程，适合上手，让学生学习编程的同时培养逻辑思维能力，增强认识问题、解决问题的能力。

对于学习编程，如果读者可以编出很好玩的程序，就会感到有趣、有成就感，愿意自己钻研，并与他人积极互动，从而显著提升学习效果。

本书内容结构

本书通过趣味案例逐步引入C和C++语法知识，从无到有地开发游戏，提高读者对编程的兴趣和编程的能力。全书共14章和3个附录。

第1章介绍了计算机程序及C和C++编程语言的基本概念、集成开发环境的使用方法，并展示了第一个程序（8行代码）。

第2章介绍了整数、浮点数、if语句、while循环等语法知识，解析了“自由落体的小球”仿真程序的实现方式（25行代码）。

第3章介绍了字符、逻辑运算符、整数运算、类型转换等语法知识，解析了“别碰方块”游戏的实现方式（78行代码）。

第4章介绍了for循环语句、循环嵌套等语法知识，解析了“旋转蛇”错觉图案的绘制方式（53行代码）。

第5章介绍了一维数组、流程跳转等语法知识，解析了“见缝插针”游戏的实现方式（78行代码）。

第6章介绍了函数的概念，帮助读者进一步了解while语句的使用方法，解析了“见缝插圆”游戏中随机图案的绘制方式（154行代码）。

第7章介绍了二维数组、if-else、变量的作用域与生存期等语法知识，解析了如何利用游戏开发框架实现“贪吃蛇”游戏（153行代码）。

第8章介绍了结构体、复合运算符、函数参数传递方式等语法知识，解析了“十步万度”游戏的实现方式（141行代码）。

第9章介绍了字符串、文件读写、枚举类型等语法知识，解析了“推箱子”游戏的实现方式（244行代码）。

第10章介绍了指针的相关知识，解析了“十字消除”游戏的实现方式（255行代码）。

第11章介绍了递归的语法知识，解析了漂亮的分形樱花树的绘制方式（141行代码）。

第12章介绍了面向对象编程的相关知识，包括类和对象、成员变量、成员函数、继承等概念，解析了“坚持一百秒”游戏的实现方式（248行代码）。

第13章介绍了链表、C++标准模板库、构造函数与析构函数等语法知识，解析了“祖玛”游戏的实现方式（465行代码）。

第14章基于所学知识，分析了“火柴人的无尽冒险”游戏的实现过程（490行代码）。

附录A给出了书中所有练习题的参考答案。

附录B列出了语法知识在书中出现的对应位置。

附录C介绍了常用的调试方法和辅助开发工具。

本书特色

和市面上同类图书相比，本书有以下3个鲜明的特色。

1. 为初学者量身打造。

一般编程图书会系统讲解语法知识，让初学者感到记忆负担大、学习难度高。本书先讲解较少的语法知识，然后利用这些语法知识编写趣味游戏，通过游戏案例逐步引入新的语法知识，便于读者学习理解。书中案例从易到难，且提供了实现过程的分步骤代码，适合学习。

2. 趣味性强。

大部分C和C++图书的编程案例比较抽象、枯燥乏味，让读者提不起兴趣。本书精选了13个案例，涵盖了多种游戏类型，读者在开发这些趣味程序的过程中，会有很强的成就感。书中分解了案例的实现过程，每个步骤的学习成本较低，读者很容易就能体会到编程的乐趣。

3. 可拓展性强。

本书所有章节均提供了练习题，以加深读者对语法知识、开发游戏方法的理解，培养读者逻辑思维能力，认识问题、解决问题的能力。附录中提供了所有练习题的参考答案。每章小结列出了可以进一步改进与实践的方向，读者可以参考本书开发思路，尝试设计并分步骤实现任何自己喜欢的小游戏。

本书的读者对象

本书适合对计算机编程感兴趣特别是首次接触编程的人阅读，不论是成人还是青少年。

本书适合学习过其他编程语言，想快速学习C和C++的人阅读。

本书也适合对计算机游戏感兴趣的人阅读。与其玩别人做的游戏，不如自己设计、开发游戏让别人玩。

本书可以作为大学生、中学生学习程序设计的教材或实践教程，培训机构的参考资料，也可以作为编程爱好者的自学用书。

本书的使用方法

本书相关章的开头会介绍实现该章游戏案例的主要思路。读者可以先观看对应的游戏视频、运行最终的游戏代码，直观了解该章的学习目标。

书中的游戏案例会分成多个步骤，从头开始一步一步实现。书中列出了每个步骤的实现目标、实现思路及相应的参考代码。读者可以先在前一个步骤代码的基础上，尝试写出下一个步骤的代码，碰到困难可以参考配套电子资源中的案例代码。

本书在语法知识、案例的讲解后会列出一些练习题。读者可以先自己实践，再参考附录A中给出的答案。读者也可以根据自己的兴趣尝试每章小结给出的进一步实践方向。

读者可以利用附录B查阅相应的语法知识。对于本书没有涉及的内容，读者也可以在线搜索，或者咨询老师、同学。

附录C介绍了常用的调试方法、提高开发效率的插件、代码版本的管理工具，读者可以在实际开发中学习和体会。

本书提供了所有案例的分步骤代码，练习题参考答案，图片、音效素材，演示视频，读者可以从出版社网站进行下载。

作者简介

童晶，浙江大学计算机专业博士，河海大学计算机系副教授、硕士生导师，中科院兼职副研究员。主要从事计算机图形学、虚拟现实、三维打印、数字化艺术等方向的研究，发表学术论文30余篇，曾获中国发明创业成果奖一等奖、浙江省自然科学二等奖、常州市自然科学优秀科技论文一等奖。积极投身教学与学生创新，指导学生获得英特尔嵌入式比赛全国一等奖、挑战杯全国三等奖、中国软件杯全国一等奖、中国大学生服务外包大赛全国一等奖等多项奖项。具有15年的一线编程教学经验，开设课程在校内广受好评，获得河海大学优秀主讲教师。在知乎、网易云课堂、中国大学MOOC等平台的教学课程已有上百万次的阅读与学习记录。

致谢

首先感谢我的学生们，当老师最有成就感的就是看到学生成长、得到学生的认可。他们的支持和鼓励让我在漫长的写作过程中坚持下来。

感谢人民邮电出版社的陈冀康编辑，本书是在他的一再推动下完成的。

最后感谢我的家人，在这个不平凡的春天支持我埋头写作。

作者

2020年4月

资源与支持

本书由异步社区出品，社区（https://www.epubit.com/）为您提供相关资源和后续服务。

配套资源

本书提供以下资源：

- 配套资源代码和素材；
- 书中练习题答案；
- 书中彩图文件。

要获得以上配套资源，请在异步社区本书页面中点击 配套资源 ，跳转到下载界面，按提示进行操作即可。注意：为保证购书读者的权益，该操作会给出相关提示，要求输入提取码进行验证。

如果您是教师，希望获得教学配套资源，请在社区本书页面中直接联系本书的责任编辑。

提交勘误

作者和编辑尽最大努力来确保书中内容的准确性，但难免存在疏漏。欢迎您将发现的问题反馈给我们，帮助我们提升图书的质量。

当您发现错误时，请登录异步社区，按书名搜索，进入本书页面，点击“提交勘误”，输入勘误信息，点击“提交”按钮即可（见下图）。本书的作者和编辑会对您提交的勘误进行审核，确认并接受后，您将获赠异步社区的100积分。积分可用于在异步社区兑换优惠券、样书或奖品。

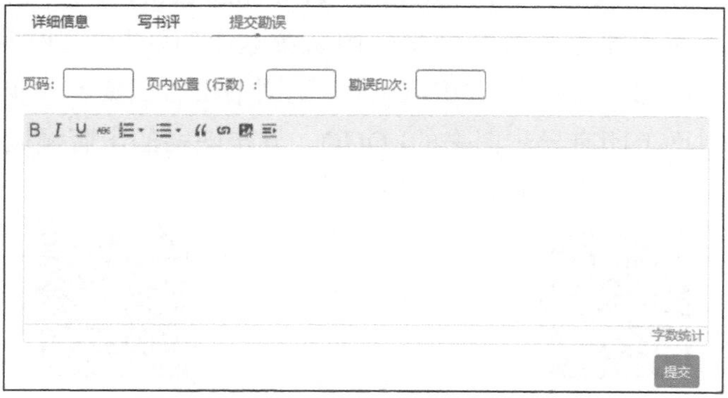

扫码关注本书

扫描下方二维码，您将会在异步社区微信服务号中看到本书信息及相关的服务提示。

与我们联系

我们的联系邮箱是contact@epubit.com.cn。

如果您对本书有任何疑问或建议，请您发邮件给我们，并请在邮件标题中注明本书书名，以便我们更高效地做出反馈。

如果您有兴趣出版图书、录制教学视频，或者参与图书翻译、技术审校等工作，可以发邮件给我们；有意出版图书的作者也可以到异步社区在线投稿（直接访问www.epubit.com/selfpublish/submission即可）。

如果您所在学校、培训机构或企业想批量购买本书或异步社区出版的其他图书，也可以发邮件给我们。

如果您在网上发现有针对异步社区出品图书的各种形式的盗版行为，包括对图书全部或部分内容的非授权传播，请您将怀疑有侵权行为的链接发邮件给我们。您的这一举动是对作者权益的保护，也是我们持续为您提供有价值的内容的动力之源。

关于异步社区和异步图书

“异步社区”是人民邮电出版社旗下IT专业图书社区，致力于出版精品IT图书和相关学习产品，为作译者提供优质出版服务。异步社区创办于2015年8月，提供大量精品IT技术图书和电子书，以及高品质技术文章和视频课程。更多详情请访问异步社区官网https://www.epubit.com。

“异步图书”是由异步社区编辑团队策划出版的精品IT专业图书的品牌，依托于人民邮电出版社近30年的计算机图书出版积累和专业编辑团队，相关图书在封面上印有异步图书的LOGO。异步图书的出版领域包括软件开发、大数据、AI、测试、前端、网络技术等。

异步社区

微信服务号

目 录

第1章 C和C++与开发环境介绍

1.1 什么是C和C++

如今，我们的生活已经离不开计算机程序。比如，用计算机写文章、做PPT、看新闻，用手机聊天、听音乐、玩游戏，甚至电冰箱、空调、汽车、飞机等设备上都运行着各种各样的计算机程序。

所谓计算机程序，就是指让计算机可以执行的指令。我们和外国人交流，需要使用外语；而要让计算机执行相应的任务，也必须用计算机能够理解的语言。

和人类的语言一样，计算机能懂的语言（也称为编程语言）有很多种。在众多编程语言中，C和C++功能强大、经久不衰，被广泛应用于操作系统、服务器、移动设备、网络通信、科学计算、游戏开发、虚拟现实等多个领域，也是目前最为热门的编程语言之一。

C++是在C语言的基础上开发的，且向下兼容C语言。因此本书先介绍C语言的相关知识，最后3章介绍C++的相关内容。

1.2 集成开发环境

要编写代码、让计算机读懂程序，需安装集成开发环境。读者可以在线搜索并下载安装Microsoft Visual Studio 2010 学习版或者Microsoft Visual Studio 2019 社区版。

提示 Visual Studio 2019 功能强大，但对计算机配置要求较高；Visual Studio 2010安装文件较小，且是目前全国计算机二级考试的官方指定上机环境，本书主要使用此版本进行演示。

安装成功后，在Visual Studio 2010中选择“文件”→“新建”→“项目”，如图1-1所示。

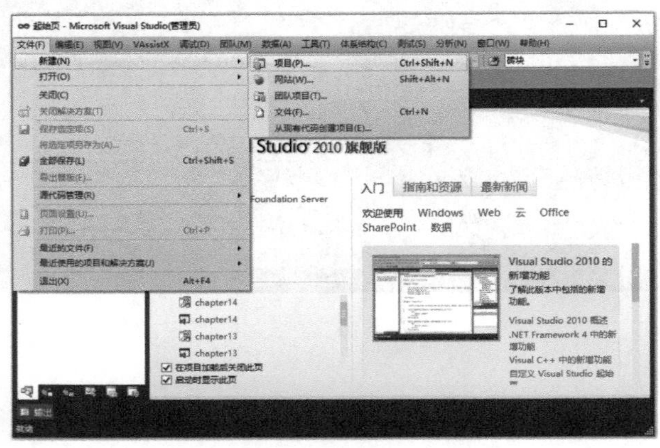

图 1-1

在弹出的对话框中，选择项目类型“Win32控制台应用程序”，名称可以设置为“chapter1”，点击“确定”按钮，如图1-2所示。

图 1-2

在弹出的“Win32应用程序向导”对话框中，点击“下一步”按钮，如图1-3所示。

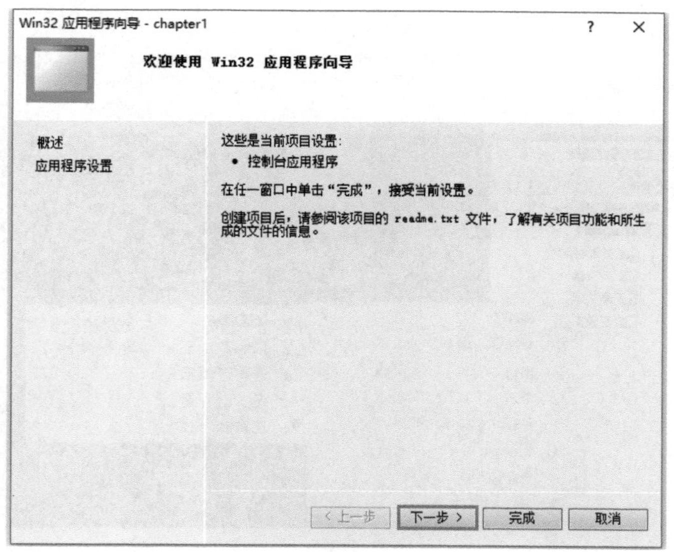

图 1-3

在“应用程序设置”对话框中，选择“空项目”选项，点击“完成”按钮，如图1-4所示。

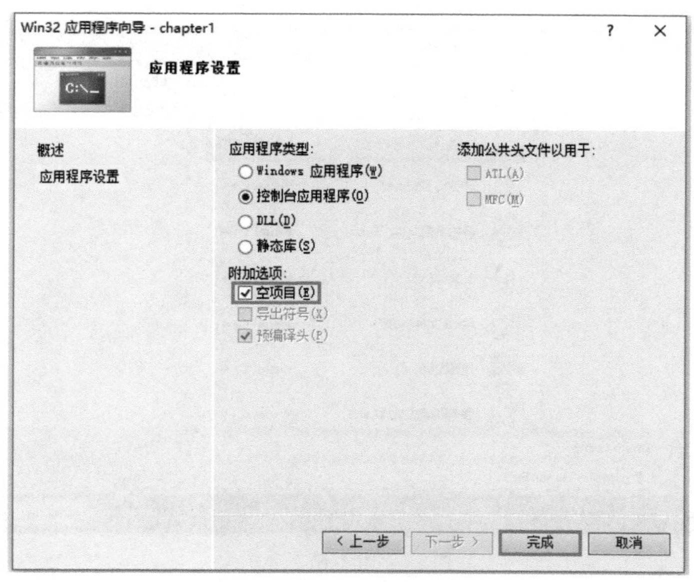

图 1-4

在“解决方案资源管理器”窗格中，在“源文件”上点击鼠标右键，选择“添加”→“新建项”，如图 1-5 所示。

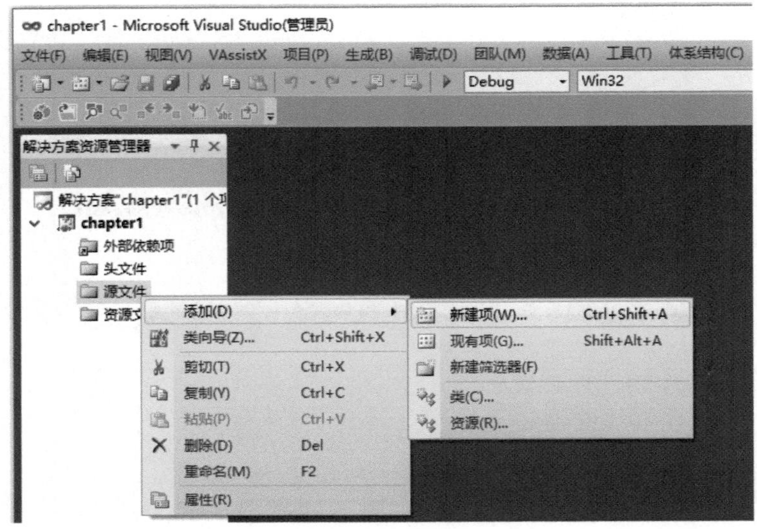

图 1-5

选择“C++ 文件(.cpp)”，文件名称可取为“main.cpp”，点击“添加”按钮，如图 1-6 所示。

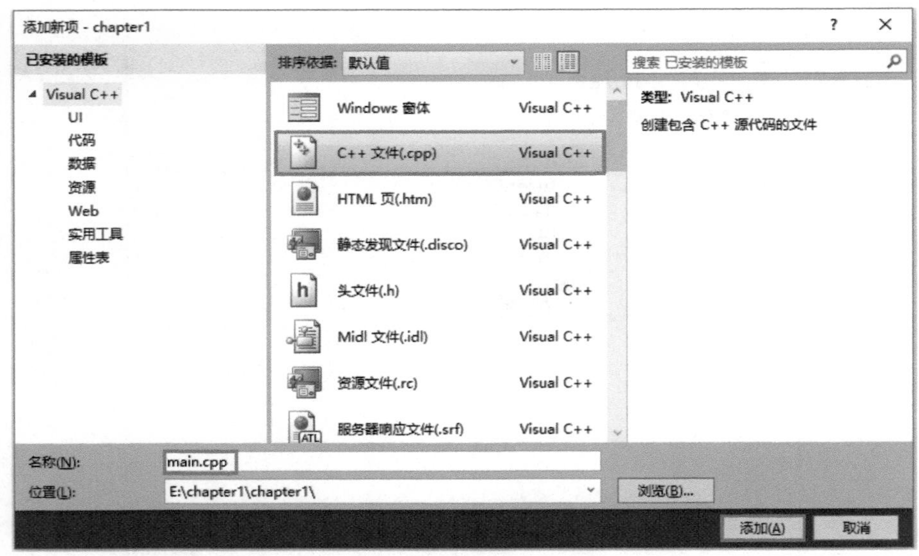

图 1-6

在“解决方案资源管理器”窗格中选择“chapter1”→源文件内的“main.cpp”并双击，打开代码编辑器，将“配套资源\第1章\1-2.cpp”中的代码输入或复制到编辑器中，如图1-7所示。

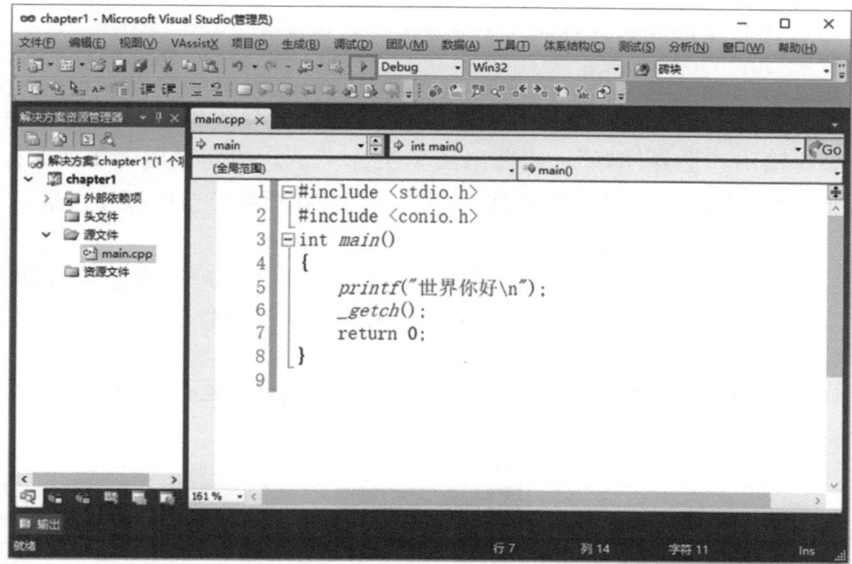

图 1-7

1-2.cpp

```
#include <stdio.h>
#include <conio.h>
int main()
{
    printf("世界你好\n");
    _getch();
    return 0;
}
```

点击绿色的三角形按钮或按F5键编译运行，出现图1-8所示的新窗口。

图 1-8

提示　如果读者创建项目有问题，可以直接双击“配套资源\第1章\chapter1\chapter1.sln”，Visual Studio 2010会自动打开本书提供的项目文件，读者可以在这个项目的基础上修改代码。如果读者输入的代码无法正确运行，可以先用文本编辑器打开“配套资源\第1章\1-2.cpp”文件，将代码复制到代码编辑器中，尝试编译运行。

第5行代码printf("世界你好\n");会将双引号内的字符串输出到屏幕中。程序会先输出“世界你好”，再输出回车换行“\n”，语句最后需要加上;。读者目前不用了解其他行代码的具体功能，我们会在后续章节中逐步讲解。

提示　代码中的标点符号，比如圆括号()、双引号"、分号;都是英文标点符号，如果输入的是中文标点符号，则会提示程序错误。

练习题1-1：尝试修改配套资源中代码1-1.cpp，运行后程序输出如下结果：

```
你好
欢迎阅读本书
```

1.3 小结

本章主要讲解了计算机程序、C和C++编程语言的基本概念，介绍了Visual Studio 2010集成开发环境的使用方法，下一章我们将开始探讨趣味程序的开发。

第 2 章 仿真“自由落体的小球”

在本章我们将探讨如何实现小球受重力影响加速下落后，碰到地面反弹的效果，如图 2-1 所示。

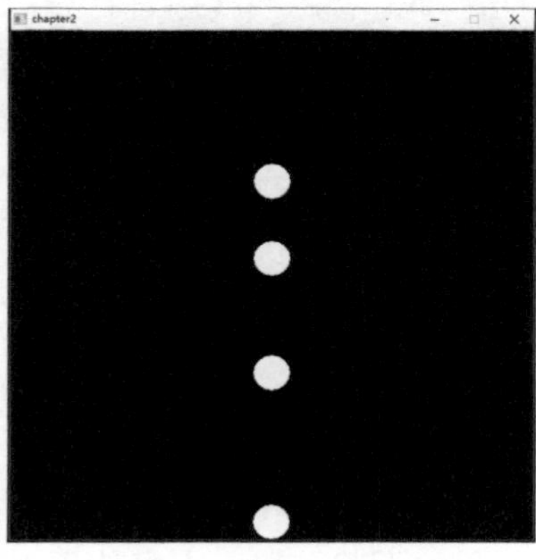

图 2-1

本章首先介绍了EasyX图形库的下载和安装方法，以及如何显示一个静止小球；之后介绍了整数常量的知识，并讲解如何绘制多个小球；然后介绍了整型变量的定义和使用，以及如何修改小球坐标；接着介绍了while(1)循环和if语句，分析小球下落和反弹的实现方法；最后介绍了浮点型变量，讲解如何实现小球受重力加速下落的效果。

本章案例最终一共25行代码，代码项目路径为“配套资源\第2章\chapter2\chapter2.sln”，视频效果参看“配套资源\第2章\自由落体的小球.mp4”。

2.1　下载安装图形库

基础C语言的可视化与交互功能较弱，1-2.cpp中的printf()函数仅能输出简单字符。在这一节我们讲解如何下载安装EasyX图形库，并快速学习图形绘制和游戏编程。

EasyX是一个简单、易用的图形交互库，任何人均可以免费使用。最新版本可从官方网站下载，官网也提供了EasyX的安装与使用教程，如图2-2所示。

图 2-2

首先点击EasyX主页右上角的下载链接，本书使用2020-1-9版本。运行下载好的EasyX安装程序，弹出图2-3所示的安装向导。

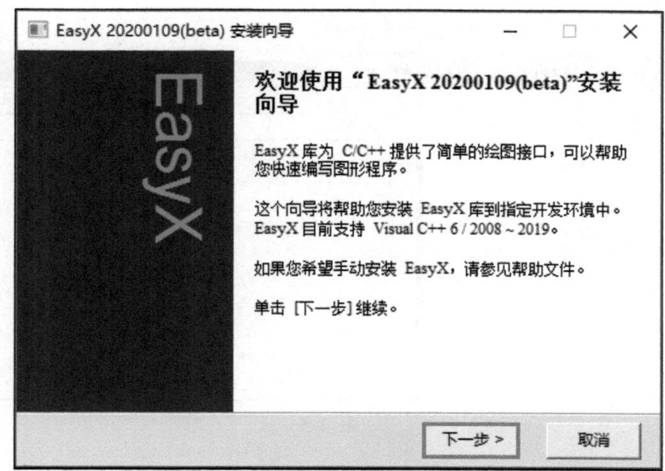

图 2-3

点击"下一步"按钮，安装文件自动检测计算机上已安装的编译器，比如，我们可以选择"Visual C++ 2010"，并安装"EasyX文档"，如图2-4所示。

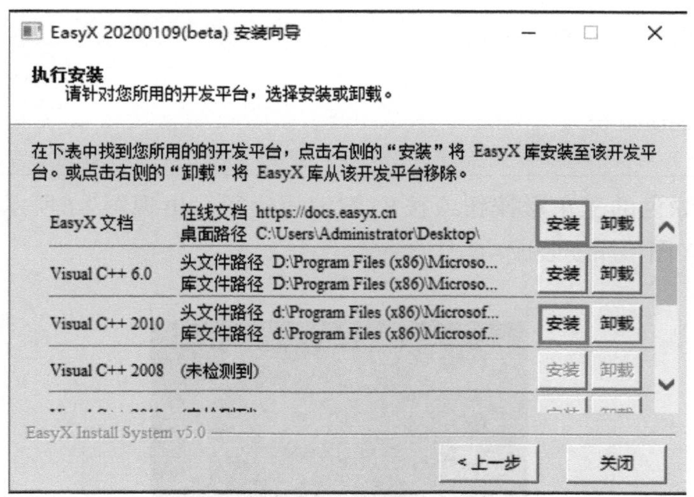

图 2-4

读者可以参考1.2节中介绍的操作流程，在Visual Studio 2010中新建项目"Win32控制台应用程序"，名称为"chapter2"，为空项目。新建"C++文件(.cpp)"，名称为"main"，将2-1.cpp中的代码输入或复制到编辑器中，如图2-5所示。

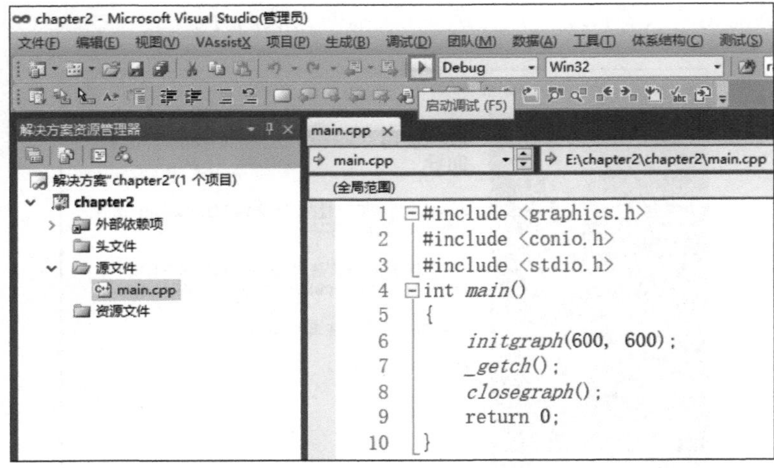

图 2-5

2-1.cpp

```
#include <graphics.h>
#include <conio.h>
#include <stdio.h>
int main()
{
    initgraph(600, 600);
    _getch();
    closegraph();
    return 0;
}
```

点击绿色的三角形按钮或按F5键编译运行，出现图2-6所示的新窗口，说明EasyX图形库安装成功。

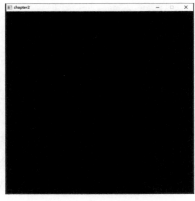

图 2-6

2.2 显示一个静止小球

在2-1.cpp基础上，添加一行代码，即2-2-1.cpp中的第7行代码。

2-2-1.cpp

```
1   #include <graphics.h>
2   #include <conio.h>
3   #include <stdio.h>
4   int main()
5   {
6       initgraph(600, 600);
7       fillcircle(300, 300, 100);
8       _getch();
9       closegraph();
10      return 0;
11  }
```

运行效果如图2-7所示，在窗口中间画了一个圆。

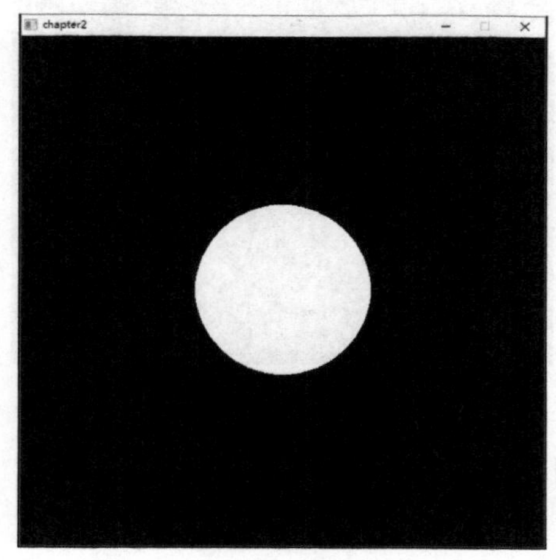

图 2-7

第7行代码中，fillcircle表示画一个填充圆，（300,300）为圆心的x坐标和y坐标，100为半径。3个参数放在圆括号内，且以逗号分隔，语句最后需要加上分号。

提示 1-2-1.cpp的其他行代码，读者目前不用了解其具体含义，暂时理解为一个程序框架即可，我们会在后续章节中逐步讲解。

fillcircle(300, 300, 100);中的数字，在C语言中也称为整数。读者可以尝试修改1-2-1.cpp中第7行代码，绘制出半径小一些的圆，如图2-8所示。

2-2-2.cpp

```
#include <graphics.h>
#include <conio.h>
#include <stdio.h>
int main()
{
    initgraph(600, 600);
    fillcircle(300, 300, 50);
    _getch();
    closegraph();
    return 0;
}
```

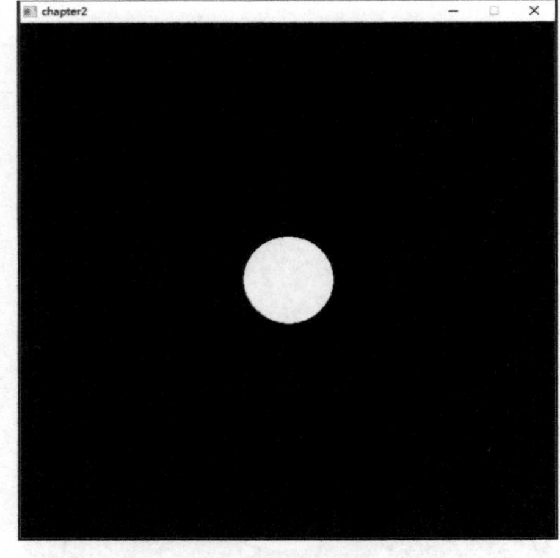

图 2-8

读者也可以利用printf()函数，直接输出整数的值：

2-2-3.cpp

```
1   #include <graphics.h>
2   #include <conio.h>
3   #include <stdio.h>
4   int main()
5   {
6       printf("%d\n",50);
7       _getch();
8       return 0;
9   }
```

第6行代码中，printf()为格式输出函数，双引号内的%d为格式控制字符，d表示整数，即输出的50为整数，\n表示输出一个换行。程序运行后弹出窗口，输出整数50，如图2-9所示。

图 2-9

练习题2-1：尝试修改2-2-3.cpp中的代码，得到图2-10的输出结果。

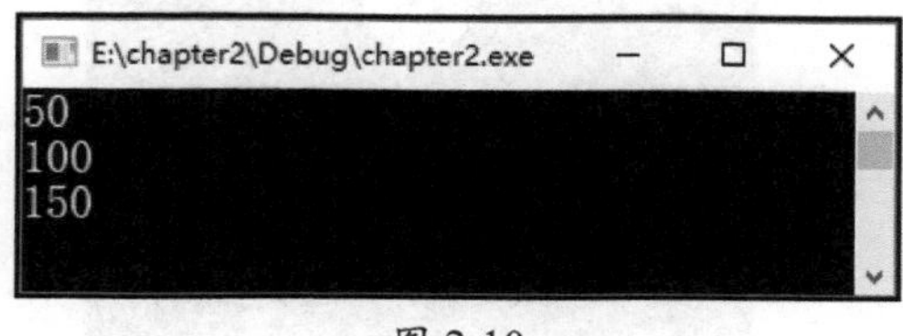

图 2-10

2.3　显示多个小球

读者可以修改2-2-2.cpp，绘制出3个小球。

2-3-1.cpp

```
1   #include <graphics.h>
2   #include <conio.h>
3   #include <stdio.h>
4   int main()
5   {
6       initgraph(600, 800);
7       fillcircle(300, 100, 50);
8       fillcircle(300, 250, 50);
9       fillcircle(300, 400, 50);
10      _getch();
11      closegraph();
12      return 0;
13  }
```

绘制区域采用直角坐标系，左上角的坐标为(0,0)，initgraph(600, 800)生成一个宽600、高800的绘图窗口。横轴方向由x坐标表示，取值范围为0～600；纵轴方向由y坐标表示，取值范围为0～800。窗口中任一点的位置可由其x坐标和y坐标表示，第7～9行3条fillcircle语句即可绘制对应圆心坐标的3个小球，如图2-11所示。

提示　代码中100、300等整数在程序运行后值保持不变，因此它们称为常量。

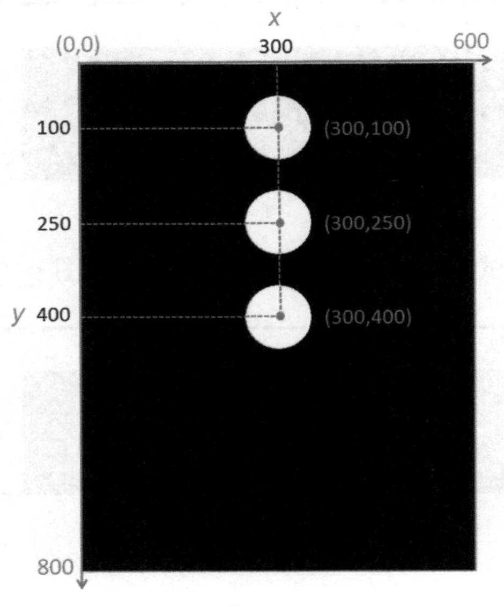

图 2-11

练习题2-2：绘制图2-12所示的图形，分析左右两组图案中间圆的半径大小。

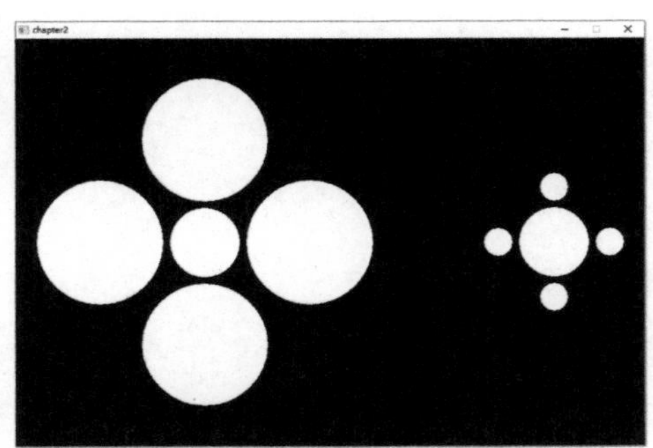

图 2-12

整数之间也可以进行加、减、乘、除四则运算，在C语言中分别用+、-、*、/这4个符号表示。

2-3-2.cpp

```
#include <graphics.h>
#include <conio.h>
#include <stdio.h>
int main()
{
    printf("%d\n",1+2);
    printf("%d\n",10-6);
```

```
        printf("%d\n",3*4);
        printf("%d\n",8/2);
        _getch();
        return 0;
    }
```

程序运行后可得到整数运算的结果如下：

利用四则运算，可以修改2-3-1.cpp，让3个小球上下均匀分布，如图2-13所示：

2-3-3.cpp

```
#include <graphics.h>
#include <conio.h>
#include <stdio.h>
int main()
{
    initgraph(600, 800);
    fillcircle(300, 1*800/4, 50);
    fillcircle(300, 2*800/4, 50);
    fillcircle(300, 3*800/4, 50);
    _getch();
    closegraph();
    return 0;
}
```

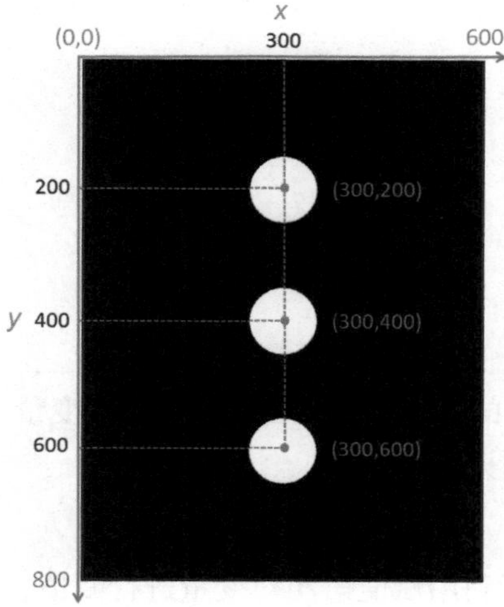

图 2-13

整数之间也可以进行包含括号的加、减、乘、除混合运算，其规则和数学运算规则一致。

2.4　利用变量修改多个小球的位置

如果希望将窗口的高度调整为600，且3个小球仍然保持上下均匀分布，则2-3-3.cpp需要修改4行代码，修改后代码如2-4-1.cpp所示：

2-4-1.cpp

```
#include <graphics.h>
#include <conio.h>
#include <stdio.h>
int main()
{
    initgraph(600, 600);
    fillcircle(300, 1*600/4, 50);
    fillcircle(300, 2*600/4, 50);
    fillcircle(300, 3*600/4, 50);
    _getch();
    closegraph();
    return 0;
}
```

是否有更简单的方法？下面我们介绍变量的概念，并讲解如何利用变量来存储、修改多个小球的参数。输入并运行以下代码：

2-4-2.cpp

```
#include <graphics.h>
#include <conio.h>
#include <stdio.h>
int main()
{
    int x;
    x = 10;
    printf("%d\n",x);
    _getch();
    return 0;
}
```

其中，int为C语言的关键词，int x;定义了整型变量x，即x可以存储整数。

程序运行后输出结果如下：

```
10
```

定义变量后，可以利用赋值语句对变量进行赋值，如x=10;语句，意为将x的值设为10。

printf() 函数除了可以输出整数常量，也可以输出变量的值，如printf("%d\n",x);输出整型变量x的值——10。

变量之间也可以进行赋值、四则运算：

2-4-3.cpp

```
#include <graphics.h>
#include <conio.h>
#include <stdio.h>
int main()
{
    int x,y,z;
    x = 5;
    printf("%d\n",x);
    y = x;
    printf("%d\n",y);
    x = x - 2;
    printf("%d\n",x);
    z = 2*x - y + 1;
    printf("%d\n",z);
    _getch();
    return 0;
}
```

程序运行后输出结果如下：

其中，int x,y,z;表示定义了3个整型变量x、y、z，同时定义的多个变量之间以逗号分隔。

y = x;将x的值赋给y，即y的值也变为5。

C语言中的等号和数学运算中的符号意义不太一样，前者将等号右边的值赋给等号左边的变量。x = x-2;将x-2的值赋给变量x，运行后x值为3。

变量和常量之间也可以进行混合运算，执行z = 2*x – y + 1;后，z的值变为2。

练习题2-3：长方形的宽width=20，高height=10，编程求出长方形的周长length、面积area并输出，样例输出如下：

提示　变量的名字可以由字母、下划线、数字组成，开头不能是数字。另外，变量名是区分大写字母、小写字母的，大小写不同表示不同的变量。

定义变量height记录窗口的高度，将2-3-3.cpp修改为：

2-4-4.cpp

```
1   #include <graphics.h>
2   #include <conio.h>
3   #include <stdio.h>
4   int main()
5   {
6       int height;
7       height = 800;
8       initgraph(600, height);
9       fillcircle(300, 1*height/4, 50);
10      fillcircle(300, 2*height/4, 50);
11      fillcircle(300, 3*height/4, 50);
12      _getch();
13      closegraph();
14      return 0;
15  }
```

将窗口的高度调整为600，且3个小球仍然保持上下均匀分布，只需将第7行代码改为height = 600;即可，程序运行结果如图2-14所示。

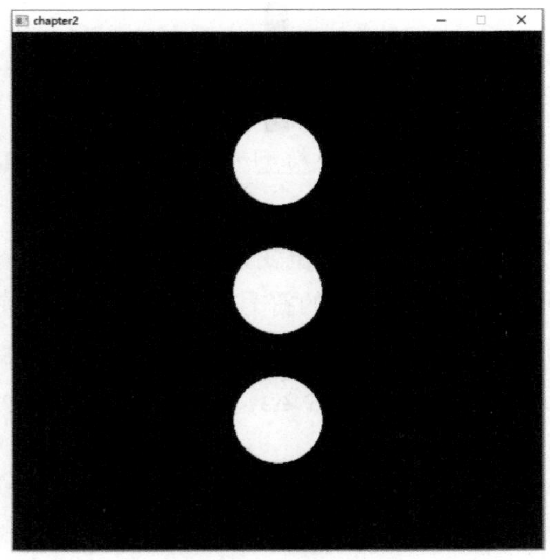

图2-14

定义变量y记录小球的y坐标、变量step记录两个小球间的距离，以下代码可以绘制出多个小球：

2-4-5.cpp

```
#include <graphics.h>
#include <conio.h>
#include <stdio.h>
int main()
{
    int y = 100;
    int step = 100;
    initgraph(600, 600);
    fillcircle(300, y, 20);
    y = y+step;
    fillcircle(300, y, 20);
    y = y+step;
    fillcircle(300, y, 20);
    y = y+step;
    fillcircle(300, y, 20);
    y = y+step;
    fillcircle(300, y, 20);
    _getch();
    closegraph();
    return 0;
}
```

其中，int y = 100;定义了整型变量y，并初始化为100；int step = 100;定义了整型变量step，并初始化为100。

程序运行后，输出效果如图2-15所示。

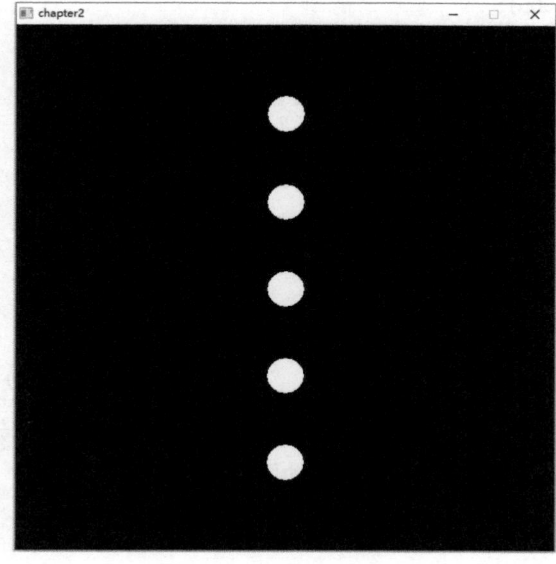

图 2-15

变量y记录小球的y坐标，第一个小球的y坐标初始化为100。变量step记录两个小球之间的距离，设为100。y = y+step;让小球y坐标每次增加step，即可以绘制出多个小球。

修改y 的值，可以设定最上面小球的起始位置。修改step的值，即可以设定两个小球之间的间隔。

2.5　小球下落动画

在2-4-5.cpp的基础上，每绘制一个小球后，加上Sleep(1000)语句，表示程序暂停1 000毫秒（1秒），即可实现小球从上向下依次出现的效果。

2-5-1.cpp

```
#include <graphics.h>
#include <conio.h>
#include <stdio.h>
int main()
{
    int y = 100;
    int step = 100;
    initgraph(600, 600);
    fillcircle(300, y, 20);
    Sleep(1000);
    y = y+step;
    fillcircle(300, y, 20);
    Sleep(1000);
    y = y+step;
    fillcircle(300, y, 20);
    Sleep(1000);
    y = y+step;
    fillcircle(300, y, 20);
    Sleep(1000);
    y = y+step;
    fillcircle(300, y, 20);
    Sleep(1000);
    _getch();
    closegraph();
    return 0;
}
```

接下来，利用cleardevice()清屏函数，在绘制新的小球前先清除画面上的内容，即可实现一个小球逐渐下落的动画效果。

2-5-2.cpp

```
#include <graphics.h>
#include <conio.h>
```

```
#include <stdio.h>
int main()
{
    int y = 100;
    int step = 100;
    initgraph(600, 600);
    cleardevice();
    fillcircle(300, y, 20);
    Sleep(1000);
    y = y+step;
    cleardevice();
    fillcircle(300, y, 20);
    Sleep(1000);
    y = y+step;
    cleardevice();
    fillcircle(300, y, 20);
    Sleep(1000);
    y = y+step;
    cleardevice();
    fillcircle(300, y, 20);
    Sleep(1000);
    y = y+step;
    cleardevice();
    fillcircle(300, y, 20);
    Sleep(1000);
    _getch();
    closegraph();
    return 0;
}
```

2.6 利用 while 实现小球下落动画

在本节我们讲解while循环语句，用较少的代码实现小球连续运动的动画。首先，输入并运行以下代码：

2-6-1.cpp

```
#include <graphics.h>
#include <conio.h>
#include <stdio.h>
int main()
{
    while(1)
        printf("%d\n",10);
    _getch();
    return 0;
}
```

程序将重复输出整数10：

```
10
10
10
10
10
10
10
10
10
10
```

while()表示当括号内为真时，重复执行其之后的语句。在C语言中0为假，非0的数（比如1）为真，while(1)即表示会一直重复执行printf("%d\n",10)语句。

当需要重复执行多条语句时，必须把多条语句放在花括号内。2-6-2.cpp中变量i的值初始化为0，while循环中首先将i增加1，然后输出i的值，再暂停0.1秒：

2-6-2.cpp

```
#include <graphics.h>
#include <conio.h>
#include <stdio.h>
int main()
{
    int i = 0;
    while(1)
    {
        i = i+1;
        printf("%d\n",i);
        Sleep(100);
    }
    _getch();
    return 0;
}
```

程序重复运行，每隔0.1秒输出一个整数：

```
1
2
3
4
5
6
7
8
9
10
```

练习题2-4：修改2-6-2.cpp，依次输出所有的奇数，样例输出如下：

```
1
3
5
7
9
11
13
15
17
19
```

利用while语句，我们可以实现小球连续下落的动画效果：

2-6-3.cpp

```
#include <graphics.h>
#include <conio.h>
#include <stdio.h>
int main()
{
    int y = 50;
    initgraph(600, 600);
    while (1)
    {
        y = y + 1;
        cleardevice();
        fillcircle(300, y, 20);
        Sleep(10);
    }
    _getch();
    closegraph();
    return 0;
}
```

小球的初始y坐标为50，while循环语句中y坐标增加1、清空屏幕、绘制新位置的圆、暂停10毫秒。如此重复执行，即实现了小球连续下落的动画效果。

练习题2-5：利用while语句，实现小球半径逐渐变大的动画效果，如图2-16所示。

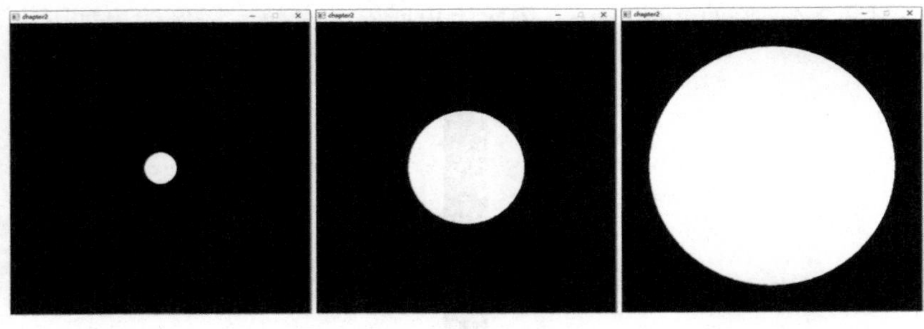

图 2-16

2.7　利用 if 语句实现小球重复下落

2-6-3.cpp中小球落到窗口底部后就消失了，在这一节我们增加2-7-1.cpp中第11、12两行代码，得到小球重复下落的效果。

2-7-1.cpp

```
1   #include <graphics.h>
2   #include <conio.h>
3   #include <stdio.h>
4   int main()
5   {
6       int y = 50;
7       initgraph(600, 600);
8       while (1)
9       {
10          y = y + 1;
11          if (y>620)
12              y = -20;
13          cleardevice();
14          fillcircle(300, y, 20);
15          Sleep(10);
16      }
17      _getch();
18      closegraph();
19      return 0;
20  }
```

添加的代码叫if语句，也叫选择判断语句。if (y>620)表示当y的值大于620时，执行后面的语句y = −20，即将小球的y坐标设为−20。

提示　由于窗口高度为600，小球半径为20，当圆心y坐标为600+20=620时，下落的小球刚好从窗口底部完全消失。此时将y的值设为−20，即小球从窗口顶部开始出现。

提示　if语句后如果要执行多条语句，这多条语句也需要用{}包含起来。

有了if语句，我们就可以让计算机进行一些智能处理了，比如判断两个数字的大小：

2-7-2.cpp

```
#include <graphics.h>
#include <conio.h>
#include <stdio.h>
int main()
{
    int x = 3;
    int y = 5;
    if (x>y)
        printf("x大");
    if (x<y)
        printf("y大");
    if (x==y)
        printf("x与y一样大");
    _getch();
    return 0;
}
```

程序运行后输出：

```
y大
```

C语言中有>, <, ==, !=, >=, <= 6种运算符用来判断两个数字的大小关系，如表2-1所示。

表 2-1

表　达　式	含　　义
x > y	x是否大于y
x < y	x是否小于y
x == y	x是否等于y
x != y	x是否不等于y
x >= y	x是否大于或等于y
x <= y	x是否小于或等于y

提示　x=y是赋值语句，表示把y的值赋给x。if (x==y)表示如果x和y值相等，就执行if(x==y)后的语句。

练习题2-6：编程计算12×14×16×18，并用if语句判断结果是否大于50 000。

2.8　小球落地反弹

在本节我们尝试实现小球落地反弹的效果。首先在小球逐渐下落代码的基础上，设定变量vy记录小球在y轴方向上的速度，vy初始化为3。在while语句中，小球的y坐标每次增加vy。

2-8-1.cpp

```
#include <graphics.h>
#include <conio.h>
#include <stdio.h>
int main()
{
    int y = 50;
    int vy = 3;
    initgraph(600, 600);
    while (1)
    {
        y = y + vy;
        if (y>=620)
            y = -20;
        cleardevice();
        fillcircle(300, y, 20);
        Sleep(10);
    }
    _getch();
    closegraph();
    return 0;
}
```

当小球落地时，即小球刚和窗口最底部接触时，小球中心y坐标恰好等于600−20=580（窗口高度减去小球半径）。为了实现小球落地时反弹，只需将其y轴上的速度反向（vy = −vy），执行y = y+ vy就相当于将y逐渐变小，即实现了小球向上反弹。

2-8-2.cpp

```
#include <graphics.h>
#include <conio.h>
#include <stdio.h>
int main()
{
    int y = 50;
    int vy = 3;
    initgraph(600, 600);
    while (1)
    {
        y = y + vy;
        if (y>=580)
```

```
                vy = -vy;
            cleardevice();
            fillcircle(300, y, 20);
            Sleep(10);
        }
        _getch();
        closegraph();
        return 0;
    }
```

练习题2-7：实现小球上下反弹运动效果。

2.9 小球加速下落

在现实物理世界中，自由落体的物体会受重力影响加速下落。为了在C语言中处理数值为小数的重力加速度，我们可以利用一种新的数据类型——float（浮点型）。

2-9-1.cpp

```
#include <graphics.h>
#include <conio.h>
#include <stdio.h>
int main()
{
    float g;
    g = 9.8;
    printf("%f",g);
    _getch();
    return 0;
}
```

程序运行后输出：

```
9.800000
```

浮点型的关键词为float，float g;定义了一个浮点型的变量g。C语言中的小数被自动认为是浮点型常量，并可以赋值给浮点型变量。printf()函数使用%f格式控制字符，可以输出浮点型常量或变量。浮点型数值之间也可以进行四则运算。

在2-8-2.cpp的基础上，首先将y、vy改成浮点型变量。小球*y*坐标初始化为100，*y*方向的速度vy初始化为0。增加浮点型变量g描述重力加速度，设为0.5。在while循环语句中，首先根据重力加速度g增加速度vy，然后利用vy更新*y*坐标，碰到地面后速度vy反向。如此重复运行，即实现了小球加速下落、触底反弹的循环动画效果。

2-9-2.cpp

```
#include <graphics.h>
#include <conio.h>
#include <stdio.h>
int main()
{
    float y = 100;
    float vy = 0;
    float g = 0.5;
    initgraph(600, 600);
    while (1)
    {
        vy = vy + g;
        y = y + vy;
        if (y>=580)
               vy = -vy;
        cleardevice();
        fillcircle(300, y, 20);
        Sleep(10);
    }
    _getch();
    closegraph();
    return 0;
}
```

提示 不同计算机的运算速度不同，读者可以根据自己计算机的性能，修改变量g的大小，模拟出较真实的运动效果。

现实世界中的物体会受阻力的影响，运动速度逐渐减小。我们可以在小球每次落地反弹时，速度变成之前的0.95倍（第15行代码）。另外，添加第16、17行代码，让小球最后静止时正好停止在地面上，防止小球穿过地面。

2-9-3.cpp

```
1   #include <graphics.h>
2   #include <conio.h>
3   #include <stdio.h>
4   int main()
5   {
6       float y = 100;
7       float vy = 0;
8       float g = 0.5;
9       initgraph(600, 600);
10      while (1)
11      {
```

```
            vy = vy + g;
            y = y + vy;
            if (y>=580)
                vy = -0.95*vy;
            if (y>580)
                y = 580;
            cleardevice();
            fillcircle(300, y, 20);
            Sleep(10);
        }
        _getch();
        closegraph();
        return 0;
}
```

当代码比较多时，可以适当加一些注释。所谓注释，就是一些说明的文字，不参与程序运行，格式一般是“//注释文字”。以下为加上注释的完整代码，这样读者可以比较清楚地了解代码的功能、变量的含义等。

2-9-4.cpp

```
#include <graphics.h>
#include <conio.h>
#include <stdio.h>
int main()
{
    float y = 100; // 小球的y坐标
    float vy = 0;  // 小球y方向速度
    float g = 0.5; // 小球加速度，y方向
    initgraph(600, 600); // 初始化游戏窗口画面，宽600，高600
    while(1) // 一直循环运行
    {
        cleardevice(); // 清除掉之前绘制的内容
        vy = vy+g; // 利用加速度g更新vy速度
        y = y+vy; // 利用y方向速度vy更新y坐标
        if (y>=580) // 当碰到地面时
            vy = -0.95*vy; // y方向速度改变方向，并受阻力影响，绝对值变小
        if (y>580) // 防止小球穿过地面
            y = 580;
        fillcircle(300, y, 20); // 在坐标(300,y)处画一个半径为20的圆
        Sleep(10); // 暂停10毫秒
    }
    _getch(); // 等待按键
    closegraph(); // 关闭窗口
    return 0;
}
```

提示　当代码逐渐复杂时，一般不要把数值写死在代码中，而是用变量替代。这样代码的可读性更好（阅读有意义的变量名称，而不是阅读没有含义的数字），也方便之后修改参数（只需要修改一次变量，而不是修改多次数值）。

练习题2-8：增加变量x表示小球的*x*坐标，vx表示*x*方向的速度，vx初始化为1。尝试实现小球抛物线运动，如图2-17所示。并实现小球在窗口中四处反弹的效果，视频效果参看“配套资源\第2章\抛物线运动的小球.mp4”。

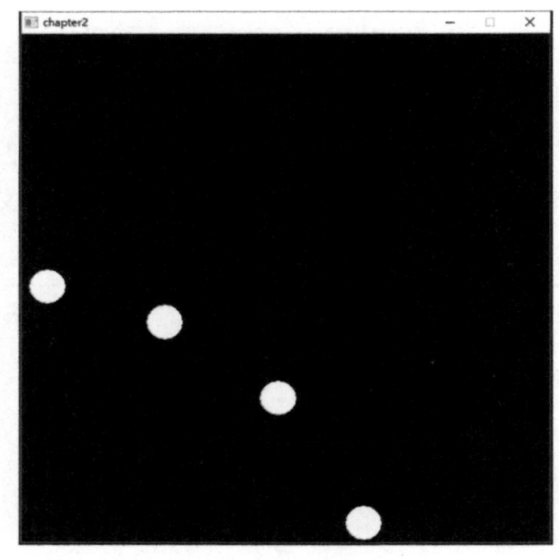

图 2-17

2.10　小结

本章主要讲解了整数、浮点数常量和变量的定义与使用方法，while循环和if选择判断语句，利用这些知识点，解析了“自由落体的小球”仿真程序的开发过程。本章的实现效果，可以用于*Flappy Bird*等游戏中的自由落体效果，也可用于《愤怒的小鸟》等游戏中的抛物线发射效果。

第 3 章 “别碰方块”游戏

在本章我们将探讨如何实现一个小球跳跃躲避方块的游戏，如图 3-1 所示。

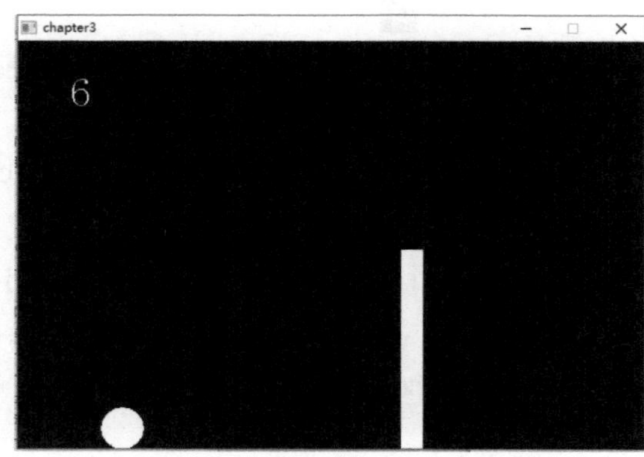

图 3-1

本章首先介绍了字符的知识，按空格键控制小球起跳；然后介绍了矩形的绘制，并利用逻辑运算符解析如何实现小球和方块的碰撞判断；接着介绍了整除、取余和类型转换，以及如何利用随机数增加游戏的趣味性；最后分析了得分的计算显示实现方式，解决了小球在空中起跳的问题。

本章案例最终一共78行代码，代码项目路径为“配套资源\第3章\chapter3\ chapter3.sln”，视频效果参看“配套资源\第3章\别碰方块.mp4”。

3.1 字符

除了整型（int）、浮点型（float），C语言还提供了字符型（char）数据类型。输入并运行以下代码：

3-1-1.cpp

```
1   #include <graphics.h>
2   #include <conio.h>
3   #include <stdio.h>
4   int main()
5   {
6       printf("%c\n",'a');
7       char c;
8       c = 'b';
9       printf("%c\n",c);
10      _getch();
11      return 0;
12  }
```

程序运行后输出：

常见的字符包括英文字母、数字、标点符号、空格、回车等。单引号包含的一个字符，如'a'、'B'、'1'、'@'、' '（空格）等都为字符常量。

char为定义字符型变量的关键词，char c;定义了字符型变量c，c = 'b';对字符型变量进行赋值。

printf()函数使用%c格式控制进行字符常量、字符变量的输出。

第10行的_getch();，其作用就是等待用户输入一个字符，当用户按下键盘的任意键后，程序结束。利用_getch()函数，也可以获得用户输入的字符：

3-1-2.cpp

```
#include <graphics.h>
#include <conio.h>
#include <stdio.h>
```

```
int main()
{
    char c;
    while (1)
    {
        c = _getch();
        printf("输入的字符为：%c\n",c);
    }
    return 0;
}
```

运行程序，假设用键盘依次输入字符'p'、'9'、'-'，则程序输出：

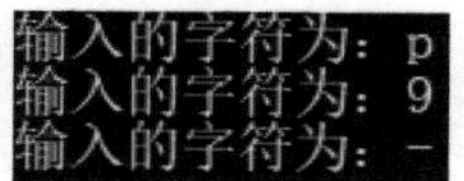

在while循环中，c = _getch( );将用户输入的字符存储在字符变量c中。

printf( )函数首先输出字符串中的“输入的字符为：”，然后把字符变量c替换%c输出，再输出回车换行。

提示 用户输入字符时，需注意先将输入法切换为英文输入状态。

kbhit()函数当用户有键盘输入时返回1，否则返回0。当用户按键时，3-1-3.cpp执行if (kbhit())内的语句。首先获得用户输入的字符，存储在变量input中，如果用户按下的是空格键，则输出提示文字，如以下代码所示。

3-1-3.cpp

```
#include <graphics.h>
#include <conio.h>
#include <stdio.h>
int main()
{
    while(1)  // 一直循环
    {
        if (kbhit())// 当按键时
        {
                char input = _getch(); // 获得输入字符
                if (input==' ') // 当按下空格键
                    printf("按下了空格! \n");
        }
    }
    return 0;
}
```

3.2 按空格键控制小球起跳

结合2-9-4.cpp与3-1-3.cpp，以下代码让小球初始在地面上，按下空格键后起跳，落地后小球静止。在2-9-4.cpp的基础上，把窗口宽度、高度、小球半径等数值均用变量表示，这样代码更易阅读与调整，如3-2.cpp所示。

3-2.cpp

```
#include <graphics.h>
#include <conio.h>
#include <stdio.h>
int main()
{
    float width,height,gravity; // 游戏画面宽高、重力加速度
    float ball_x,ball_y,ball_vy,radius; // 小球圆心坐标、y方向速度、半径

    width = 600;  // 游戏画面宽度
    height = 400; // 游戏画面高度
    gravity = 0.6;  // 重力加速度
    initgraph(width, height); // 新建一个画布

    radius = 20; // 小球半径
    ball_x = width/4; // 小球x位置
    ball_y = height-radius;  // 小球y位置
    ball_vy = 0;  // 小球初始y速度为0

    while(1) // 一直循环
    {
        if (kbhit()) // 当按键时
        {
            char input = _getch(); // 获得输入字符
            if (input==' ') // 当按下空格键时
            {
                ball_vy = -16; // 给小球一个向上的初速度
            }
        }

        ball_vy = ball_vy + gravity;   // 根据重力加速度更新小球y方向速度
        ball_y = ball_y + ball_vy;    // 根据小球y方向速度更新其y坐标
        if (ball_y >= height-radius)  // 如果小球落到地面上
        {
            ball_vy = 0;  // y速度为0
            ball_y = height-radius;  // 规范其y坐标，避免落到地面下
        }

        cleardevice(); // 清空画面
        fillcircle(ball_x, ball_y, radius); // 绘制小球
        Sleep(10); // 暂停10毫秒
```

```
    }
    closegraph();
    return 0;
}
```

程序运行后输出如图3-2所示：

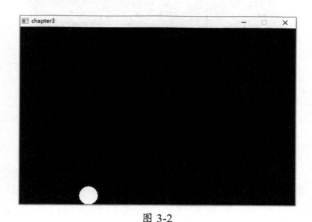

图 3-2

3.3 方块的绘制与移动

函数fillrectangle(left,top,right,bottom)可以绘制矩形，其中(left,top)为矩形左上角的(x,y)坐标，(right, bottom)为矩形右下角的(x,y)坐标。在3-2.cpp的基础上添加以下代码：

3-3-1.cpp（其他代码同3-2.cpp）

```
float rect_left_x,rect_top_y,rect_width,rect_height; // 方块障碍物的相关参数

rect_height = 100; // 方块高度
rect_width = 20; // 方块宽度
rect_left_x = width*3/4; // 方块左边x坐标
rect_top_y = height - rect_height; // 方块顶部y坐标

// 画方块
fillrectangle(rect_left_x, height - rect_height, rect_left_x + rect_
width,height);
```

其中，rect_left_x记录方块最左边的x坐标，rect_width记录方块宽度，则方块最右边的x坐标为rect_left_x + rect_width。

由于方块最底部在窗口底部，因此其底部y坐标为窗口高度height。rect_height记录方块的高度，所以方块最顶部的y坐标rect_top_y为height-rect_height。

综上分析，函数fillrectangle(rect_left_x, height - rect_height, rect_left_x + rect_width,height)可绘制出图3-3所示的方块。

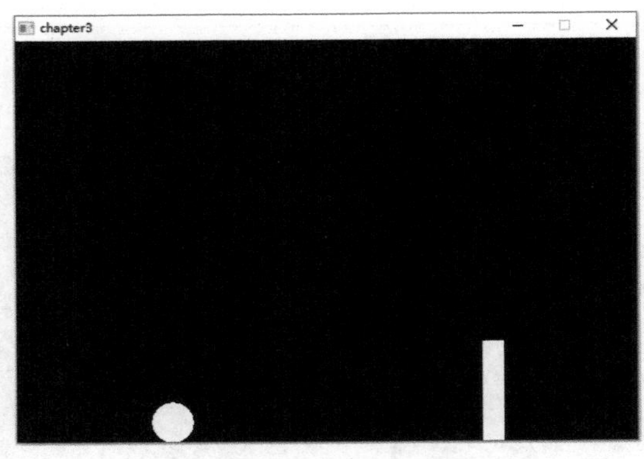

图 3-3

进一步，添加变量rect_vx记录方块在x方向上的速度，并初始化为-3。在while语句中，让方块从右向左移动。当方块到达窗口最左边时，再让其从最右边出现。方块的移动过程如图3-4所示。

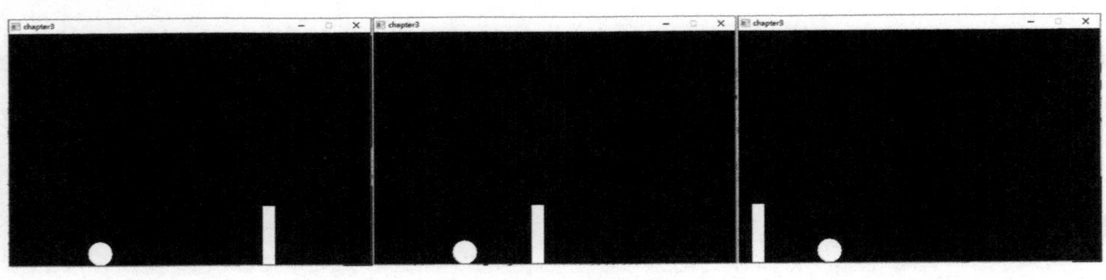

图 3-4

完整代码如3-3-2.cpp所示。

3-3-2.cpp

```
#include <graphics.h>
#include <conio.h>
#include <stdio.h>
int main()
{
    float width,height,gravity; // 游戏画面宽高、重力加速度
    float ball_x,ball_y,ball_vy,radius; // 小球圆心坐标、y方向速度、半径
    float rect_left_x,rect_top_y,rect_width,rect_height,rect_vx;
    // 方块障碍物的相关参数

    width = 600;  // 游戏画面宽度
    height = 400; // 游戏画面高度
```

```
	gravity = 0.6;  // 重力加速度
	initgraph(width, height); // 新建一个画布

	radius = 20; // 小球半径
	ball_x = width/4; // 小球x位置
	ball_y = height-radius;  // 小球y位置
	ball_vy = 0;  // 小球初始y速度为0

	rect_height = 100; // 方块高度
	rect_width = 20; // 方块宽度
	rect_left_x = width*3/4; // 方块左边x坐标
	rect_top_y = height - rect_height; // 方块顶部y坐标
	rect_vx = -3; // 方块x方向速度

	while(1) // 一直循环
	{
		if (kbhit()) // 当按键时
		{
			char input = _getch(); // 获得输入字符
			if (input==' ') // 当按下空格键时
			{
				ball_vy = -16; // 给小球一个向上的速度
			}
		}

		ball_vy = ball_vy + gravity;  // 根据重力加速度更新小球y方向速度
		ball_y = ball_y + ball_vy;   // 根据小球y方向速度更新其y坐标
		if (ball_y >= height-radius)  // 如果小球落到地面上
		{
			ball_vy = 0;  // y速度为0
			ball_y = height-radius;  // 规范其y坐标，避免落到地面下
		}

		rect_left_x = rect_left_x + rect_vx; // 方块向左移
		if (rect_left_x <= 0) // 如果方块跑到最左边
		{
			rect_left_x = width; // 在最右边重新出现
		}

		cleardevice(); // 清空画面
		fillcircle(ball_x, ball_y, radius); // 绘制小球
		// 画方块
		fillrectangle(rect_left_x, height-rect_height, rect_left_x + 
rect_width,height);
		Sleep(10); // 暂停10毫秒
	}
	closegraph();
	return 0;
}
```

3.4 小球和方块的碰撞判断

图3-5列出了小球和方块发生碰撞的3种边界情况，由图分析可认为小球和方块发生碰撞需同时满足以下3个条件。

（a）rect_left_x <= ball_x + radius（方块最左边在小球最右边的左侧或二者x坐标相同）。

（b）rect_left_x + rect_width >= ball_x - radius（方块最右边在小球最左边的右侧或二者x坐标相同）。

（c）height-rect_height <= ball_y + radius（方块最上边在小球最下边的上侧或二者y坐标相同）。

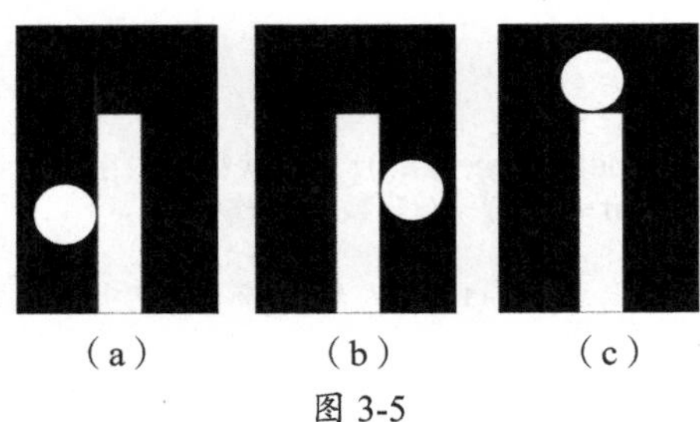

（a）　（b）　（c）

图 3-5

利用C语言提供的3种逻辑运算符：!（非）、&&（与）、||（或），我们可以实现多个逻辑条件的组合。输入并运行如下代码：

3-4-1.cpp

```
#include <graphics.h>
#include <conio.h>
#include <stdio.h>
int main()
{
    printf("%d\n",(2>3));
    printf("%d\n",(5<6));
    printf("%d\n",!(2>3));
    printf("%d\n",(2>3)&&(5<6));
    printf("%d\n",(2>3)||(5<6));
    _getch();
    return 0;
}
```

程序运行后输出：

```
0
1
1
0
1
```

C语言中0表示假，1表示真，因此printf("%d\n",(2>3));输出0，printf ("%d\n",(5<6));输出1。

逻辑非运算符!会把真变成假，把假变成真。(2>3)为假，则!(2>3)为真，printf("%d\n",!(2>3));输出1。

逻辑与运算符&&只有当两边的条件都是真时，组合条件才是真。(2>3)为假，(5<6)为真，则(2>3)&&(5<6)为假，因此printf("%d\n",(2>3)&& (5<6));输出0。

逻辑或运算符||只要两边的条件有一个是真时，组合条件就是真。(5<6)为真，则(2>3)||(5<6)为真，因此printf("%d\n",(2>3)||(5<6));输出1。

利用逻辑与运算符，在3-3-2.cpp基础上添加如下代码，即可实现小球和方块的碰撞判断。当发生碰撞时，利用Sleep()函数实现类似慢动作的效果：

3-4-2.cpp（其他代码同3-3-2.cpp）

```
// 如果小球碰到方块
if ((rect_left_x <= ball_x + radius)
    && (rect_left_x + rect_width >= ball_x - radius)
    && (height - rect_height <= ball_y + radius) )
{
    Sleep(100); // 慢动作效果
}
```

提示 可将过长的C语言代码分成多行来写，便于规范化与阅读理解。

3.5 随机方块的速度和高度

为了增加游戏的趣味性，可以添加一定的随机性。首先输入并运行代码3-5-1.cpp。

3-5-1.cpp

```
#include <graphics.h>
#include <conio.h>
#include <stdio.h>
int main()
{
    int i;
    while (1)
    {
        i = rand();
        printf("%d\n",i);
        Sleep(100);
```

```
    }
    return 0;
}
```

rand() 函数可以生成随机整数，程序运行后输出一些随机数：

为了得到设定范围内的随机数，我们需要利用浮点数除法、整数除法、取余运算符。输入并运行代码3-5-2.cpp。

3-5-2.cpp

```
#include <graphics.h>
#include <conio.h>
#include <stdio.h>
int main()
{
    float a = 5.0/2;
    printf("%f\n",a);
    int b = 5/2;
    printf("%d\n",b);
    int c = 10%3;
    printf("%d\n",c);
    _getch();
    return 0;
}
```

程序运行后输出：

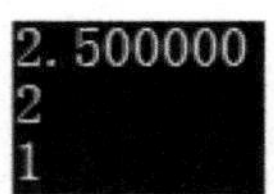

当除号“/”两边有一个数字或变量为浮点数时，实行浮点数除法，即 5.0/2=2.5。

当除号“/”两边数字或变量都为整数时，实行整数除法，得到两个整数相除的商，即 5/2=2。

“10%3”中的百分号“%”为取余运算符，得到两个整数相除的余数，即 10%3=1。

利用取余运算符，rand()%10 可以生成 0 ～ 9 的一个随机整数。

练习题3-1：编写程序，得到[imin,imax]范围内的随机整数。

为了生成一定范围内的随机小数，我们还需要学习类型转换的概念，首先输入并运行以下代码：

3-5-3.cpp

```
#include <graphics.h>
#include <conio.h>
#include <stdio.h>
int main()
{
    int a = 1.1;
    printf("%d\n",a);
    float b = 2;
    printf("%f\n",b);
    float c = float(5)/2;
    printf("%f\n",c);
    int d = int(6.3)/2;
    printf("%d\n",d);
    int e = int(9.0/2);
    printf("%d\n",e);
    _getch();
    return 0;
}
```

程序运行后输出：

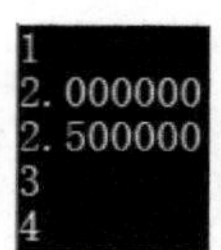

int a = 1.1;把浮点数1.1自动转换为整数1，赋值给a；float b = 2;把整数2自动转换为浮点数2.0，赋值给b。这种转换方式称为自动类型转换。

float()、int()形式称为强制类型转换。float(5)把5转换为浮点型，进行浮点数除法后，float(5)/2等于2.5；int(6.3)把6.3转换为整数6，进行整数除法后，int(6.3)/2等于3；int(9.0/2)把浮点数除法结果4.5转换为整数，结果为4。

RAND_MAX存储了rand( )函数所能生成的最大整数，rand( )/float(RAND_MAX)即可生成0～1的随机小数。

练习题3-2：编写程序，得到[fmin,fmax]范围内的随机小数。

当方块重新出现时，添加代码设置其随机高度范围为height/4到height/2，随机速度为-3到7，添加代码如下：

3-5-4.cpp（其他行代码同3-4-2.cpp）

```
if (rect_left_x <= 0) // 如果方块跑到最左边
{
    rect_left_x = width; // 在最右边重新出现
    rect_height = rand() % int(height/4) + height/4; // 设置随机高度
    rect_vx = rand()/float(RAND_MAX) *4 - 7; // 设置方块随机速度
}
```

程序运行后输出如图3-6所示。

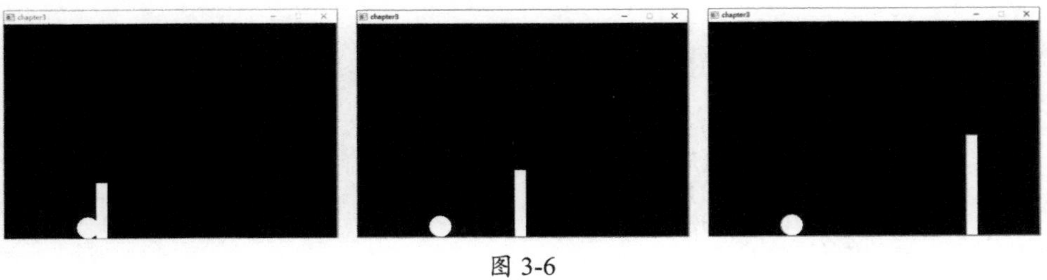

图 3-6

3.6　得分的计算与显示

定义整型变量记录游戏的得分，并初始化为0：

```
int score = 0; // 得分
```

当方块跑到画面最左边时，得分增加1：

```
if (rect_left_x <= 0) // 如果方块跑到最左边
{
    score = score + 1; // 得分+1
}
```

当方块碰到小球时，得分清零：

```
// 如果小球碰到方块
if ((rect_left_x <= ball_x + radius)
    && (rect_left_x + rect_width >= ball_x - radius)
    && (height - rect_height <= ball_y + radius) )
{
    score = 0; // 得分清零
}
```

另外，利用EasyX的文字输出功能，可输出score：

```
TCHAR s[20]; // 定义字符串数组
_stprintf(s, _T("%d"),  score); // 将score转换为字符串
settextstyle(40, 0, _T("宋体")); // 设置文字大小、字体
outtextxy(50, 30, s); // 输出得分文字
```

提示 这部分代码涉及字符串的知识，我们将在第9章讲解，目前读者不需要理解其原理，直接使用即可。

实现效果如图3-7所示，完整代码参看3-6.cpp。

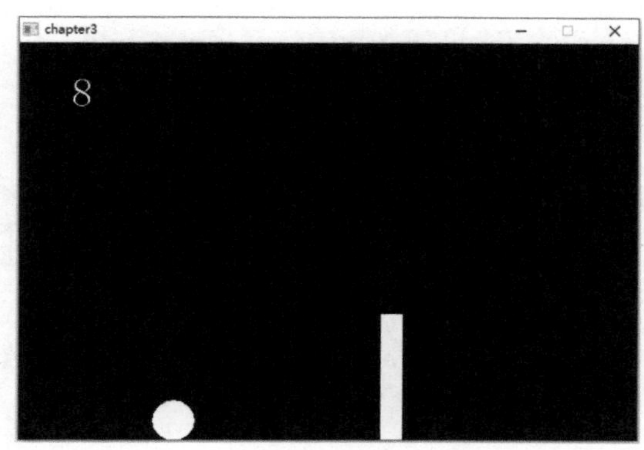

图 3-7

3-6.cpp

```
#include <graphics.h>
#include <conio.h>
#include <stdio.h>
int main()
{
    float width,height,gravity; // 游戏画面宽高、重力加速度
    float ball_x,ball_y,ball_vy,radius; // 小球圆心坐标、y方向速度、半径
    float rect_left_x,rect_top_y,rect_width,rect_height,rect_vx; // 方块障碍物的相关参数
    int score = 0; // 得分

    width = 600;  // 游戏画面宽度
    height = 400; // 游戏画面高度
    gravity = 0.6;  // 重力加速度
    initgraph(width, height); // 新建一个画布

    radius = 20; // 小球半径
    ball_x = width/4; // 小球x位置
    ball_y = height-radius;  // 小球y位置
    ball_vy = 0;  // 小球初始y速度为0

    rect_height = 100; // 方块高度
    rect_width = 20; // 方块宽度
    rect_left_x = width*3/4; // 方块左边x坐标
    rect_top_y = height - rect_height; // 方块顶部y坐标
    rect_vx = -3; // 方块x方向速度

```

```
    while(1) // 一直循环
    {
        if (kbhit()) // 当按键时
        {
        char input = _getch(); // 获得输入字符
        if (input==' ') // 当按下空格键时
        {
            ball_vy = -17; // 给小球一个向上的速度
        }
        }

        ball_vy = ball_vy + gravity;  // 根据重力加速度更新小球y方向速度
        ball_y = ball_y + ball_vy; // 根据小球y方向速度更新其y坐标
        if (ball_y >= height-radius)  // 如果小球落到地面上
        {
            ball_vy = 0;  // y速度为0
            ball_y = height-radius;  // 规范其y坐标，避免落到地面下
        }

        rect_left_x = rect_left_x + rect_vx; // 方块向左移
        if (rect_left_x <= 0) // 如果方块跑到最左边
        {
            rect_left_x = width; // 在最右边重新出现
            score = score + 1; // 得分+1
            rect_height = rand() % int(height/4) + height/4; // 设置随机高度
            rect_vx = rand()/float(RAND_MAX) *4 - 7; // 设置方块随机速度
        }
        // 如果小球碰到方块
        if ((rect_left_x <= ball_x + radius)
            && (rect_left_x + rect_width >= ball_x - radius)
            && (height - rect_height <= ball_y + radius) )
        {
            Sleep(100); // 慢动作效果
            score = 0; // 得分清零
        }

        cleardevice(); // 清空画面
        fillcircle(ball_x, ball_y, radius); // 绘制小球
        // 画方块
        fillrectangle(rect_left_x, height-rect_height, rect_left_x + rect_width,height);
        TCHAR s[20]; // 定义字符串数组
        _stprintf(s, _T("%d"), score); // 将score转换为字符串
        settextstyle(40, 0, _T("宋体")); // 设置文字大小、字体
        outtextxy(50, 30, s); // 输出得分文字
        Sleep(10); // 暂停10毫秒
    }
    closegraph();
    return 0;
}
```

提示 当代码行数较多时，可以打开Visual Studio 2010的“工具”菜单里的“选项”。选择选项里的“文本编辑器”→“所有语言”，在“显示”里勾上“行号”，点击“确定”按钮，如图3-8所示。

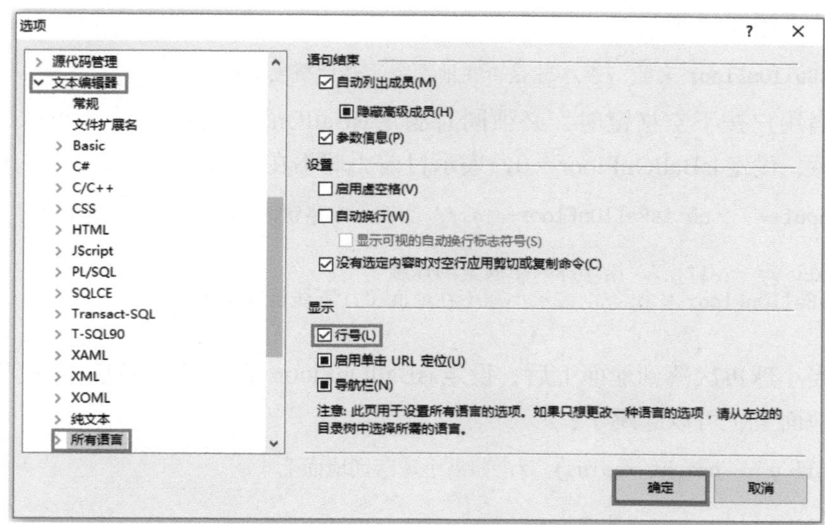

图 3-8

编辑器中显示代码行号可方便阅读理解代码，如图3-9所示。

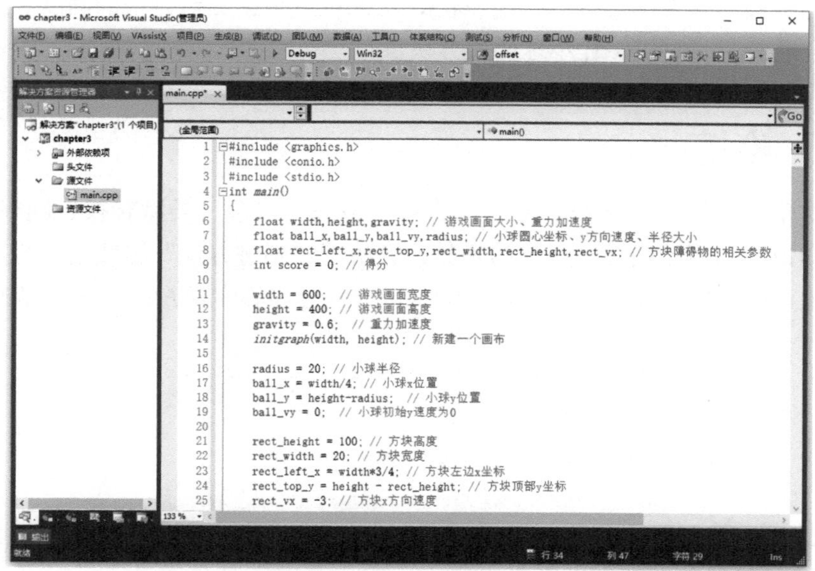

图 3-9

3.7 避免空中起跳

在这一节，我们处理一个游戏中的小bug，避免小球在空中还能继续起跳。

首先，定义变量isBallOnFloor记录小球是否在地面上，并初始化为1，表示开始小球在地面上：

```
int isBallOnFloor = 1; // 小球是否在地面上，避免重复起跳
```

当用户按下空格键时，必须同时满足isBallOnFloor为1，才让小球起跳。起跳后，设定isBallOnFloor = 0，表示目前小球不在地面上了：

```
if (input==' ' && isBallOnFloor==1) // 当按下空格键时，并且小球在地面上时
{
    ball_vy = -17; // 给小球一个向上的速度
    isBallOnFloor = 0; // 表示小球不在地面了，不能重复起跳
}
```

当小球再次落到地面上后，设定isBallOnFloor = 1，表示目前小球又重新到了地面上，可以起跳了：

```
if (ball_y >= height-radius)  // 如果小球落到地面上
{
    ball_vy = 0;  // y速度为0
    ball_y = height-radius;  // 规范其y坐标，避免落到地面下
    isBallOnFloor = 1; // 表示小球在地面上
}
```

完整代码参看配套资源中3-7.cpp，玩家可以根据随机方块的高度、速度，选择合适的起跳时机，让小球躲避方块。

3.8 小结

本章主要讲解了字符、逻辑运算符、整除、取余、类型转换、随机数等语法知识。利用绘制圆、矩形的函数，分析了“别碰方块”游戏的实现方式。读者也可以参考本章的开发思路，尝试设计并分步骤实现*Flappy Bird*游戏。

第4章 “旋转蛇”错觉

在本章我们将讲解如何绘制非常神奇的错觉图片，如图4-1所示，静止的圆盘看起来却有在转动的错觉。

本章首先介绍了扇形函数和RGB颜色模型，解析了一个基本单元的绘制方式；然后介绍了for循环语句和循环的嵌套，解析了多层圆盘的绘制方式；最后介绍了HSV颜色模型，并利用随机函数和按键切换，解析了丰富多变的“旋转蛇”错觉图案的绘制方式。

本章案例最终一共53行代码，代码项目路径为“配套资源\第4章\chapter4\chapter4.sln”，视频效果参看“配套资源\第4章\旋转蛇.mp4”。

图 4-1

4.1　绘制扇形

“旋转蛇”错觉图片可由不同颜色的扇形组合而成。

函数 solidpie (left,top,right,bottom, stangle, endangle) 可以绘制无边框的填充扇形。其中 (left,top)、(right,bottom) 为扇形对应圆的外切矩形的左上角、右下角坐标，stangle、endangle 为扇形的起始角、终止角（角度单位为弧度），如图 4-2 所示。

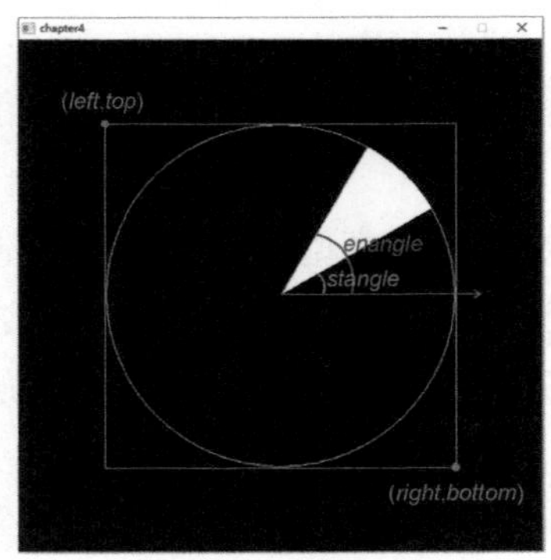

图 4-2

输入并运行以下代码，即可绘制出图 4-2 所示的图形，其中 circle() 函数可以绘制出无填充的圆边框：

4-1.cpp

```
#include <graphics.h>
```

```
#include <conio.h>
#include <stdio.h>
int main()
{
    float PI = 3.14159;  // 圆周率PI
    initgraph(600,600); // 打开一个600*600的窗口
    int centerX = 300; // 圆心坐标
    int centerY = 300;
    int radius = 200; // 圆半径
    circle(centerX,centerY,radius); // 画出对应的圆边框
    int left = centerX - radius; // 圆外切矩形左上角x坐标
    int top = centerY - radius; // 圆外切矩形左上角y坐标
    int right = centerX + radius; // 圆外切矩形右下角x坐标
    int bottom = centerY + radius; // 圆外切矩形右下角y坐标
    solidpie(left,top,right,bottom,PI/6,PI/3); // 画填充扇形，角度为PI/6到PI/3
    _getch(); // 暂停，等待按键输入
    closegraph(); // 关闭画面
    return 0;
}
```

4.2 RGB 颜色模型

EasyX可以设定绘图颜色，在4-1.cpp的基础上添加4行代码：

4-2-1.cpp（其他代码同4-1.cpp）

```
setbkcolor(WHITE);     // 设置背景颜色为白色
setlinecolor(RED);     // 设置线条颜色为红色
setfillcolor(GREEN); // 设置填充颜色为绿色
cleardevice();     // 以背景颜色清空画布
```

绘制效果如图4-3所示。

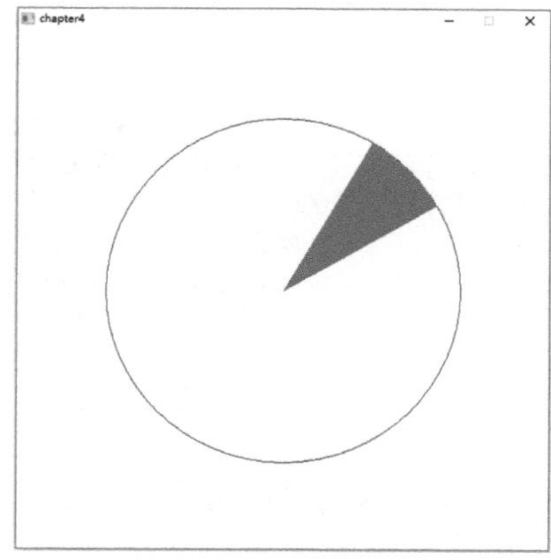

图 4-3

提示 先设置颜色、再绘图，才能得到对应颜色的绘制效果。

除了用WHITE、BLACK、RED、GREEN、BLUE、YELLOW等大写英文单词描述颜色外，也可以采用数字的形式，以下代码也可以绘制出图4-3的效果：

4-2-2.cpp（其他代码同4-2-1.cpp）

```
setbkcolor(RGB(255,255,255)); // 设置背景颜色为白色
setlinecolor(RGB(255,0,0));     // 设置线条颜色为红色
setfillcolor(RGB(0,255,0));    // 设置填充颜色为绿色
```

根据三原色原理，任何色彩均可由红（Red）、绿（Green）、蓝（Blue）3种基本颜色混合而成，如图4-4所示。

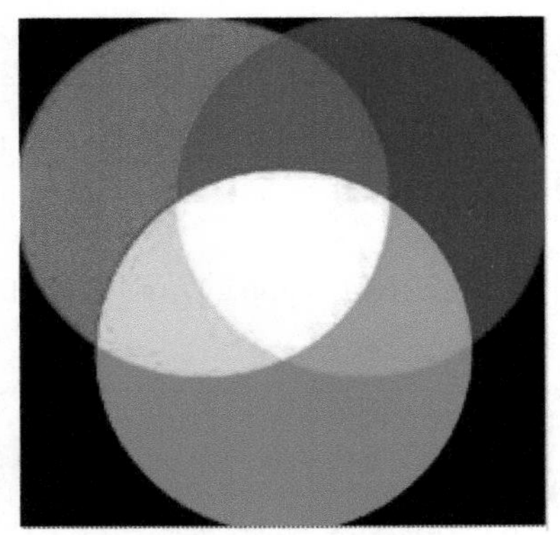

图 4-4

对于（R,G,B）中的任一颜色分量，规定0为最暗，255最亮，则可得到下列绘制语句：

```
setfillcolor(RGB(0,0,0));              // 设置填充颜色为黑色
setfillcolor(RGB(255,255, 255));     // 设置填充颜色为白色
setfillcolor(RGB(120, 120, 120));     // 设置填充颜色为灰色
setfillcolor(RGB(255,0,0));          // 设置填充颜色为红色
setfillcolor(RGB(100,0,0));          // 设置填充颜色为暗红色
setfillcolor(RGB(0,255,0));          // 设置填充颜色为绿色
setfillcolor(RGB(0,0,255));          // 设置填充颜色为蓝色
setfillcolor(RGB(255,255,0));          // 设置填充颜色为黄色
```

练习题4-1：尝试绘制出图4-5所示的效果。

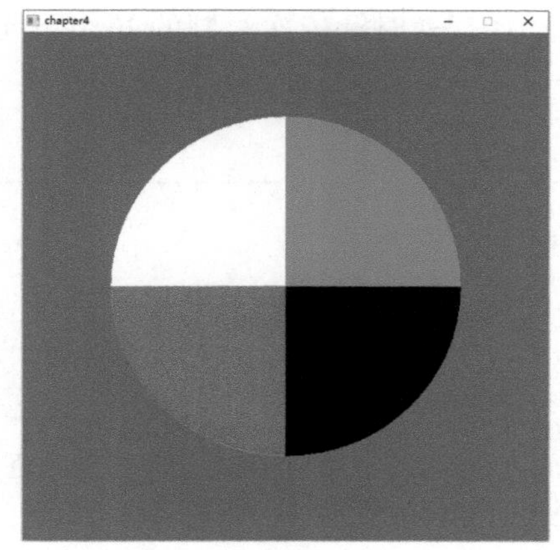

图 4-5

4.3 绘制一个扇形单元

图4-6展示了“旋转蛇”错觉图片的一个基本单元，一般由两组共4种颜色组成。人脑处理高对比度颜色（比如，黑与白）的时间，要比处理低对比度颜色（比如，红与青）短很多。我们会先感知到图4-6中的黑白图案，后感知到红青图案，这个时间差会让图片产生相对运动的效果，所以我们会有图片旋转的错觉。

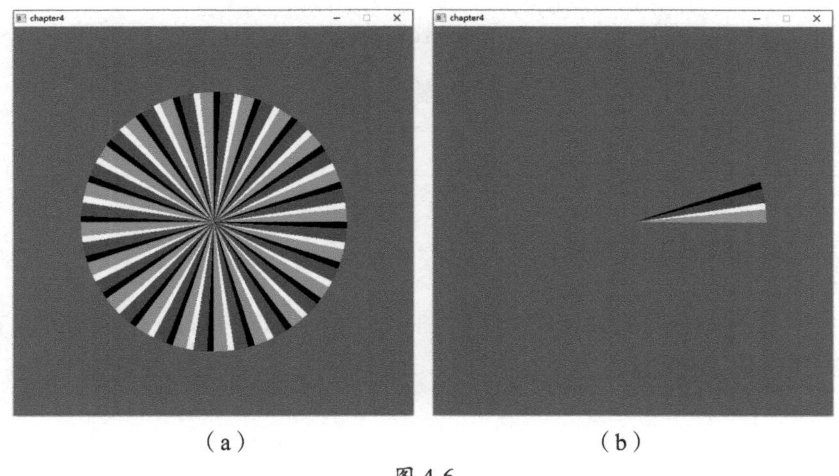

（a）　（b）

图 4-6

为了进一步强化这种错觉，我们让每个黑、白扇形的角度为PI/60，红、青扇形的角度为PI/30，4-3.cpp可以绘制出图4-6中（b）的效果。一组青、白、红、黑扇形角度和为PI/10，逆时针依次绘制的20组单元即可绘制出图4-6中（a）的效果。

4-3.cpp

```
#include <graphics.h>
#include <conio.h>
#include <stdio.h>
int main()
{
    float PI = 3.14159;  // 圆周率PI
    initgraph(600,600); // 打开一个600*600的窗口
    setbkcolor(RGB(128,128,128)); // 设置背景颜色为灰色
    cleardevice(); // 以背景颜色清空画布

    int centerX = 300; // 圆心坐标
    int centerY = 300;
    int radius = 200; // 圆半径
    int left = centerX - radius; // 圆外切矩形左上角x坐标
    int top = centerY - radius; // 圆外切矩形左上角y坐标
    int right = centerX + radius; // 圆外切矩形右下角x坐标
    int bottom = centerY + radius; // 圆外切矩形右下角y坐标

    setfillcolor(RGB(0,240,220));// 设置填充颜色为青色
    solidpie(left,top,right,bottom,0,2*PI/60); // 画填充扇形
    setfillcolor(RGB(255,255,255));// 设置填充颜色为白色
    solidpie(left,top,right,bottom,2*PI/60,3*PI/60); // 画填充扇形
    setfillcolor(RGB(200,0,0));// 设置填充颜色为红色
    solidpie(left,top,right,bottom,3*PI/60,5*PI/60); // 画填充扇形
    setfillcolor(RGB(0,0,0));// 设置填充颜色为黑色
    solidpie(left,top,right,bottom,5*PI/60,6*PI/60); // 画填充扇形

    _getch(); // 暂停，等待按键输入
    return 0;
}
```

4.4　for 循环语句

为了绘制完整的“旋转蛇”错觉图片，我们可以利用for循环语句。首先输入并运行以下代码：

4-4-1.cpp

```
#include <graphics.h>
#include <conio.h>
#include <stdio.h>
int main()
{
```

```
    int i;
    for (i=1;i<=5; i=i+1)
        printf("%d\n",i);
    _getch();
    return 0;
}
```

程序运行后输出：

```
1
2
3
4
5
```

for语句中，首先执行i=1;。

然后判断i<=5是否满足，此时1<=5正确，执行printf("%d\n",i);，输出1，运行i=i+1;，此时i=2。

继续判断i<=5是否满足，此时2<=5正确，执行printf("%d\n",i);，输出2，运行i=i+1;，此时i=3。

继续循环，当i=5时，5<=5正确，执行printf("%d\n",i);，输出5，运行i=i+1;，此时i=6。

继续判断i<=5是否满足，此时6<=5不正确，for循环结束。

提示 for( )语句中，一般第一项设定循环起始条件，比如对循环变量赋初值；第二项为循环结束条件，当条件不满足时循环结束；第三项对循环变量进行改变。

和while语句相比，for语句一般用于已知循环次数的情况。以下代码用for循环求出自然数1 ～ 100的和。注意，sum变量需要初始化为0。

4-4-2.cpp

```
#include <graphics.h>
#include <conio.h>
#include <stdio.h>
int main()
{
    int i,sum;
    sum = 0;
    for (i=1;i<=100;i=i+1)
        sum = sum + i;
    printf("%d\n",sum);
    _getch();
```

```
    return 0;
}
```

程序运行后输出：

```
5050
```

利用 for 语句，以下代码可以绘制出多层同心圆：

4-4-3.cpp

```
#include <graphics.h>
#include <conio.h>
#include <stdio.h>
int main()
{
    initgraph(600,600); // 打开一个600*600的窗口
    setbkcolor(RGB(255,255,255)); // 设置背景颜色为白色
    cleardevice(); // 以背景颜色清空画布
    int radius; // 圆半径
    for (radius=255;radius>0;radius=radius-10) // 画出一些同心圆
    {
        setlinecolor(RGB(radius,0,0)); // 设置线条颜色
        circle(300,300,radius); // 以radius为半径画圆
    }
    _getch(); // 暂停，等待按键输入
    return 0;
}
```

在 for 循环中，圆半径从 255 开始，每次减少 10，直到半径不大于 0 为止。循环体中设定线条颜色为 RGB(radius,0,0)，即逐渐从红色变为黑色，绘制半径为 radius 的圆。当循环体中有多条语句时，也需要用花括号将这多条语句括起来。

程序输出如图 4-7 所示。

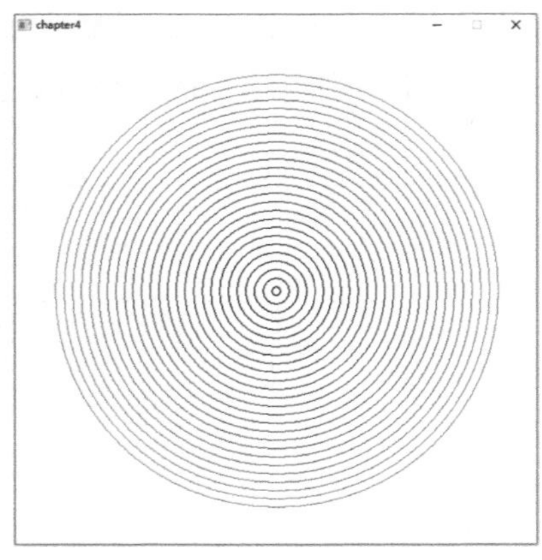

图 4-7

在4-3.cpp的基础上，利用for语句绘制出20组扇形单元，可以得到图4-8的效果。完整代码参看4-4-4.cpp。

4-4-4.cpp

```
#include <graphics.h>
#include <conio.h>
#include <stdio.h>
int main()
{
    float PI = 3.14159;  // 圆周率PI
    initgraph(600,600); // 打开一个600*600的窗口
    setbkcolor(RGB(128,128,128)); // 设置背景颜色为灰色
    cleardevice(); // 以背景颜色清空画布

    int centerX = 300; // 圆心坐标
    int centerY = 300;
    int radius = 200; // 圆半径
    int left = centerX - radius; // 圆外切矩形左上角x坐标
    int top = centerY - radius; // 圆外切矩形左上角y坐标
    int right = centerX + radius; // 圆外切矩形右下角x坐标
    int bottom = centerY + radius; // 圆外切矩形右下角y坐标

    int i;
    float offset;
    for (i=0;i<20;i++) // 绕着旋转一周，绘制扇形区域
    {
    offset = i*PI/10; // 各组扇形之间偏移的角度
    setfillcolor(RGB(0,240,220));// 设置填充颜色为青色
    solidpie(left,top,right,bottom,offset,2*PI/60+offset); // 画填充扇形
    setfillcolor(RGB(255,255,255));// 设置填充颜色为白色
    solidpie(left,top,right,bottom,2*PI/60+offset,3*PI/60+offset); // 画填充扇形
    setfillcolor(RGB(200,0,0));// 设置填充颜色为红色
    solidpie(left,top,right,bottom,3*PI/60+offset,5*PI/60+offset); // 画填充扇形
    setfillcolor(RGB(0,0,0));// 设置填充颜色为黑色
    solidpie(left,top,right,bottom,5*PI/60+offset,6*PI/60+offset); // 画填充扇形
    }
    _getch(); // 暂停，等待按键输入
    return 0;
}
```

提示 for语句中的i++称为自增运算符，其等价于i=i+1。同样，i--称为自减运算符，其等价于i=i-1。

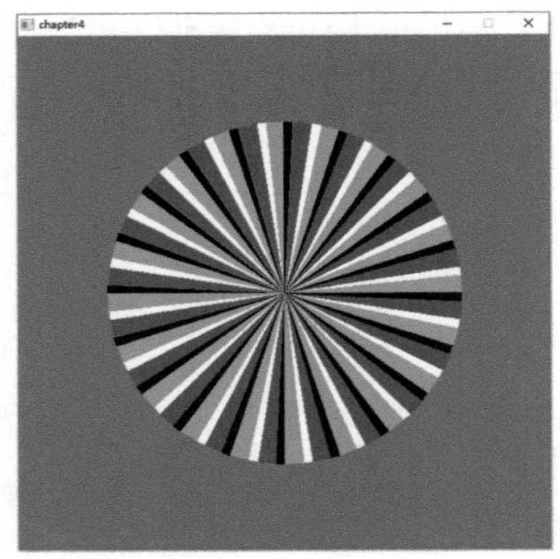

图 4-8

4.5 循环的嵌套

for循环语句可以嵌套，输入并运行以下代码：

4-5-1.cpp

```
#include <graphics.h>
#include <conio.h>
#include <stdio.h>
int main()
{
    int i,j;
    for (i=1;i<=9; i=i+1)
    {
        for (j=1;j<=9; j=j+1)
        {
            printf("%3d",i*j); // 输出整数占3个字符，用于对齐
        }
        printf("\n");
    }
    _getch();
    return 0;
}
```

程序运行后输出：

```
  1  2  3  4  5  6  7  8  9
  2  4  6  8 10 12 14 16 18
  3  6  9 12 15 18 21 24 27
  4  8 12 16 20 24 28 32 36
  5 10 15 20 25 30 35 40 45
  6 12 18 24 30 36 42 48 54
  7 14 21 28 35 42 49 56 63
  8 16 24 32 40 48 56 64 72
  9 18 27 36 45 54 63 72 81
```

代码中有两重的for循环语句，首先对于外层循环，i的值初始化为1，内层循环j的取值范围为1 ～ 9，依次输出i*j的值，因此首先输出第一行：

```
  1  2  3  4  5  6  7  8  9
```

当内层循环j遍历结束后，输出一个换行符。回到外层i循环，i取值变为2，j取值范围为1 ～ 9，依次输出i*j的值：

```
  2  4  6  8 10 12 14 16 18
```

如此继续循环，直到输出完整的乘法表。

练习题4-2：尝试修改4-5-1.cpp，打印出如下带表头的九九乘法表。

```
     1  2  3  4  5  6  7  8  9
  1  1
  2  2  4
  3  3  6  9
  4  4  8 12 16
  5  5 10 15 20 25
  6  6 12 18 24 30 36
  7  7 14 21 28 35 42 49
  8  8 16 24 32 40 48 56 64
  9  9 18 27 36 45 54 63 72 81
```

利用双重for循环语句，可以绘制出图4-9所示的多层圆盘。注意，需要先绘制半径大的扇形，再绘制半径小的扇形，因为先绘制的会被后绘制的遮挡。另外，不同半径的扇形之间有PI/20的角度偏移量。完整代码如4-5-2.cpp所示。

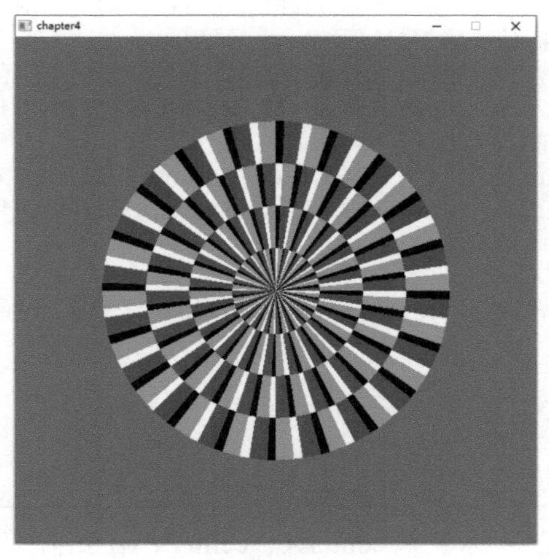

图 4-9

4-5-2.cpp

```
#include <graphics.h>
#include <conio.h>
#include <stdio.h>
int main()
{
    float PI = 3.14159;  // 圆周率PI
    initgraph(600,600); // 打开一个600*600的窗口
    setbkcolor(RGB(128,128,128)); // 设置背景颜色为灰色
    cleardevice(); // 以背景颜色清空画布

    int centerX = 300; // 圆心坐标
    int centerY = 300;
    int radius; // 圆半径
    int i;
    float offset;  // 同一半径各组扇形之间的角度偏移量
    float totalOffset = 0; // 不同半径之间的角度偏移量

    for (radius=200;radius>0;radius=radius-50) // 半径从大到小绘制
    {
        int left = centerX - radius; // 圆外切矩形左上角x坐标
        int top = centerY - radius; // 圆外切矩形左上角y坐标
        int right = centerX + radius; // 圆外切矩形右下角x坐标
        int bottom = centerY + radius; // 圆外切矩形右下角y坐标
        for (i=0;i<20;i++) // 绕着旋转一周，绘制扇形区域
        {
            offset = i*PI/10 + totalOffset;
            setfillcolor(RGB(0,240,220));// 设置填充颜色为青色
            solidpie(left,top,right,bottom,offset,2*PI/60+offset);
            // 画填充扇形
            setfillcolor(RGB(255,255,255));// 设置填充颜色为白色
            solidpie(left,top,right,bottom,2*PI/60+offset,3*PI/60+offset);
            //画填充扇形
            setfillcolor(RGB(200,0,0));// 设置填充颜色为红色
            solidpie(left,top,right,bottom,3*PI/60+offset,5*PI/60+offset);
            //画填充扇形
            setfillcolor(RGB(0,0,0));// 设置填充颜色为黑色
            solidpie(left,top,right,bottom,5*PI/60+offset,6*PI/60+offset);
            //画填充扇形
        }
        totalOffset = totalOffset + PI/20; // 不同半径间角度偏移量为PI/20
    }

    _getch();  // 暂停，等待按键输入
    return 0;
}
```

进一步，对圆心坐标变量centerX、centerY用for循环遍历，就可以绘制出多个圆盘效果，如图4-10所示。完整代码如4-5-3.cpp所示。

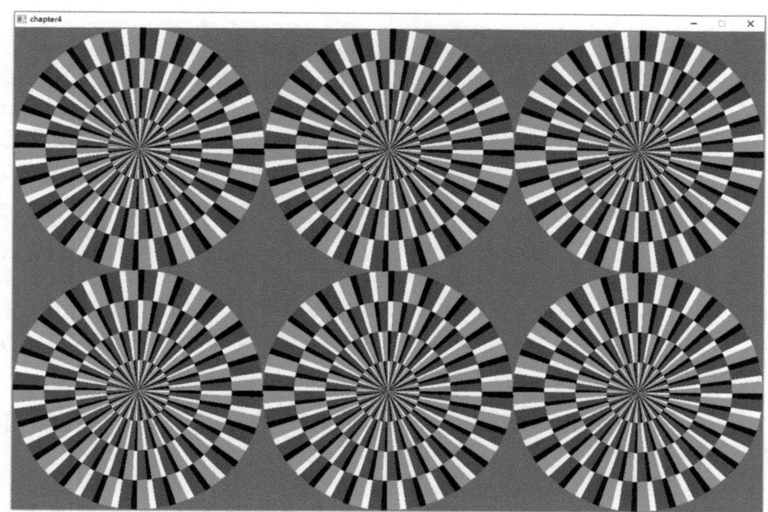

图 4-10

4-5-3.cpp

```
#include <graphics.h>
#include <conio.h>
#include <stdio.h>
int main()
{
    float PI = 3.14159;  // 圆周率PI
    initgraph(1200,800); // 打开一个窗口
    setbkcolor(RGB(128,128,128)); // 设置背景颜色为灰色
    cleardevice();  // 以背景颜色清空画布

    int centerX,centerY; // 圆心坐标
    int radius; // 圆半径
    int i;
    float offset;  // 同一半径各组扇形之间的角度偏移量
    float totalOffset = 0; // 不同半径之间的角度偏移量

    for (centerX = 200;centerX<1200;centerX=centerX+400) // 对圆心x坐标循环
    {
        for (centerY = 200;centerY<800;centerY=centerY+400)
        // 对圆心y坐标循环
        {
            for (radius=200;radius>0;radius=radius-50) // 半径从大到小绘制
            {
                int left = centerX - radius; // 圆外切矩形左上角x坐标
                int top = centerY - radius; // 圆外切矩形左上角y坐标
                int right = centerX + radius; // 圆外切矩形右下角x坐标
                int bottom = centerY + radius; // 圆外切矩形右下角y坐标
                for (i=0;i<20;i++) // 绕着旋转一周，绘制扇形区域
```

```
                {
                    offset = i*PI/10 + totalOffset;
                    setfillcolor(RGB(0,240,220));// 设置填充颜色为青色
                    solidpie(left,top,right,bottom,offset,2*PI/60+offset);
                    setfillcolor(RGB(255,255,255));// 设置填充颜色为白色
                    solidpie(left,top,right,bottom,2*PI/60+offset,3*PI/60+offset);
                    setfillcolor(RGB(200,0,0));// 设置填充颜色为红色
                    solidpie(left,top,right,bottom,3*PI/60+offset,5*PI/60+offset);
                    setfillcolor(RGB(0,0,0));// 设置填充颜色为黑色
                    solidpie(left,top,right,bottom,5*PI/60+offset,6*PI/60+offset);
                }
                totalOffset = totalOffset + PI/20; // 不同半径间角度偏移量为PI/20
            }
        }
    }

    _getch();  // 暂停，等待按键输入
    return 0;
}
```

练习题4-3：尝试利用嵌套的for循环语句，绘制出图4-11中的效果。

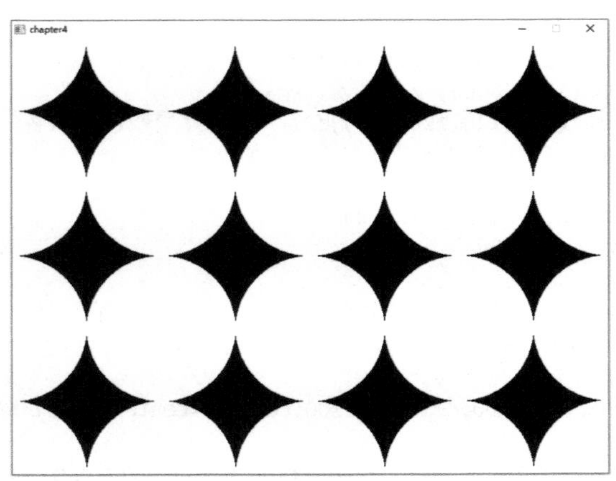

图 4-11

4.6 HSV 颜色模型

除了RGB颜色模型外，还有一种根据颜色的直观特性创建的颜色模型——HSV，如图4-12所示。

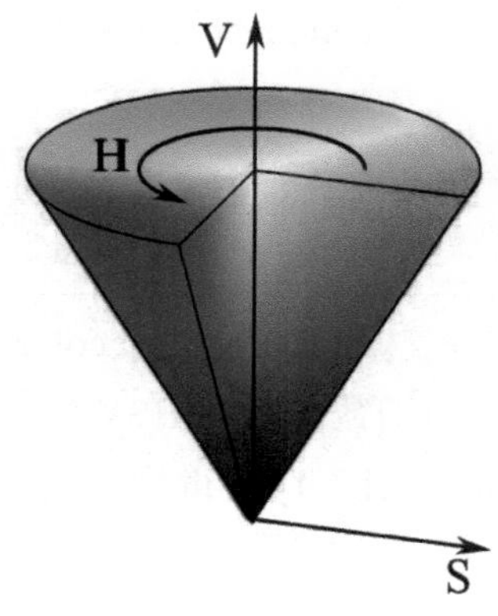

图 4-12

H是Hue的首字母，表示色调，取值范围为0 ～ 360，刻画不同的色彩，比如红色为0，绿色为120，蓝色为240；S是Saturation的首字母，表示饱和度，取值范围为0 ～ 1，表示混合了白色的比例，值越高颜色越鲜艳；V是Value的首字母，表示明度，取值范围为0 ～ 1，等于0时为黑色，等于1时最明亮。

输入并运行以下代码：

4-6-1.cpp

```
#include <graphics.h>
#include <conio.h>
#include <stdio.h>
int main()
{
    float PI = 3.14159;  // 圆周率PI
    initgraph(600,600); // 打开一个600*600的窗口
    setbkcolor(RGB(255,255,255)); // 设置背景颜色为白色
    cleardevice();  // 以背景颜色清空画布

    int centerX = 300; // 圆心坐标
    int centerY = 300;
    int radius = 200; // 圆半径
    int left = centerX - radius; // 圆外切矩形左上角x坐标
    int top = centerY - radius; // 圆外切矩形左上角y坐标
    int right = centerX + radius; // 圆外切矩形右下角x坐标
    int bottom = centerY + radius; // 圆外切矩形右下角y坐标

    int i;
    int step = 10;
    COLORREF color; // 定义颜色变量
    for (i=0;i<360;i=i+step) // 绕着旋转一周，绘制扇形区域
    {
        color = HSVtoRGB(i,1,1); // HSV设置的颜色
        setfillcolor(color);// 设置填充颜色为color
```

```
        solidpie(left,top,right,bottom,i*PI/180,(i+step)*PI/180);
        // 画填充扇形
    }
    _getch();  // 暂停，等待按键输入
    return 0;
}
```

其中，COLORREF color;定义了颜色变量color，setfillcolor(color);设置填充颜色为color。HSVtoRGB( )函数可以将HSV颜色转换为RGB颜色，变量i的值从0变到360，HSVtoRGB(i,1,1)则得到了光谱上各种单色的效果。如图4-13所示。

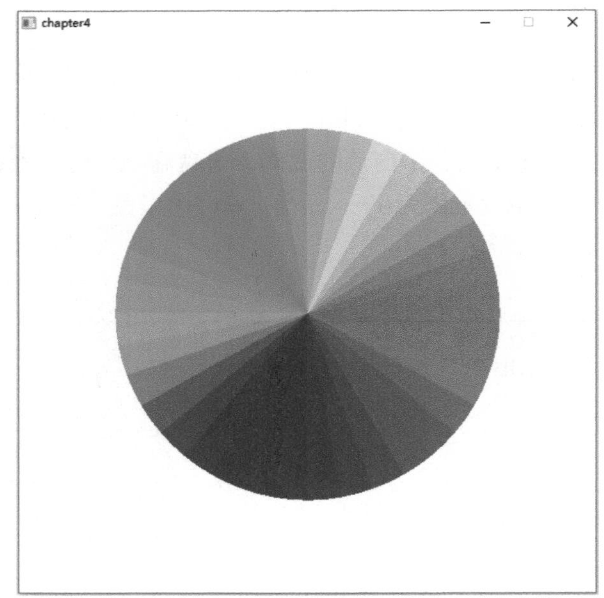

图 4-13

利用随机数和HSV颜色模型，可以生成一组两种颜色的值：

```
float h = rand()%180;
COLORREF  color1 = HSVtoRGB(h,0.9,0.8);
COLORREF  color2 = HSVtoRGB(h+180,0.9,0.8);
```

其中，颜色1的色调h在0～180，颜色2的色调为h+180，修改4-5-3.cpp的代码，可以实现每个圆盘的随机颜色效果：

4-6-2.cpp（其他代码同4-5-3.cpp）

```
float h = rand()%180; // 随机色调
COLORREF color1 = HSVtoRGB(h,0.9,0.8); // 色调1生成的颜色1
COLORREF color2 = HSVtoRGB(h+180,0.9,0.8); // 色调2生成的颜色2
```

```
    setfillcolor(color1); // 色调1生成的颜色1
```

```
    setfillcolor(color2); // 色调2生成的颜色2
```

程序运行后输出效果如图4-14所示。

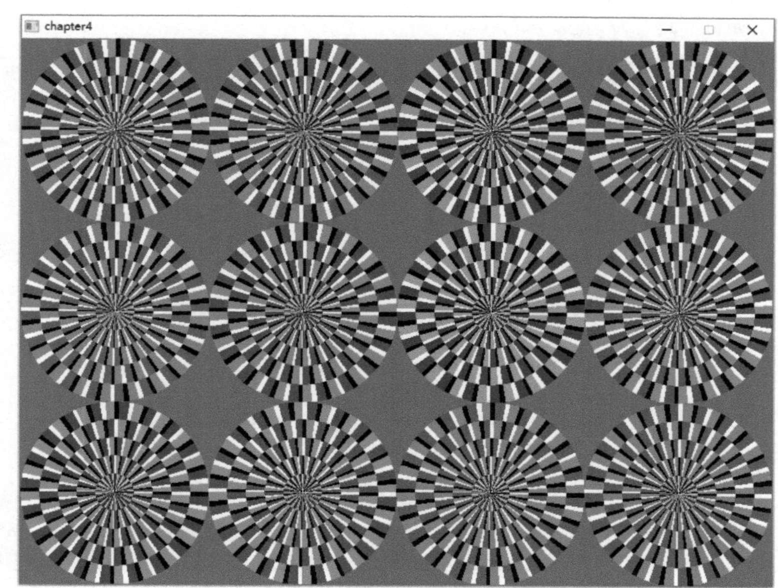

图 4-14

4.7 按键切换效果

利用while循环和_getch()函数，可以实现每次按键后，重新生成随机颜色。另外，利用srand()函数对随机函数初始化，避免每次运行的随机颜色都一样。

4-7.cpp

```
#include <graphics.h>
#include <conio.h>
#include <stdio.h>
#include <time.h>
int main()
{
    float PI = 3.14159;  // 圆周率PI
    initgraph(800,600); // 打开一个窗口
    setbkcolor(RGB(128,128,128)); // 设置背景颜色为灰色
    cleardevice();  // 以背景颜色清空画布
```

```
    srand(time(0)); // 随机种子函数

    int centerX,centerY; // 圆心坐标
    int radius; // 圆半径
    int i;
    float offset;  // 同一半径各组扇形之间的角度偏移量
    float totalOffset; // 不同半径之间的角度偏移量
    while(1)  // 重复执行
    {
        for (centerX = 100;centerX<800;centerX=centerX+200)
        // 对圆心x坐标循环
        {
            for (centerY = 100;centerY<600;centerY=centerY+200)
            // 对圆心y坐标循环
            {
                totalOffset = 0; // 同一半径各组扇形之间的角度偏移量
                float h = rand()%180; // 随机色调
                COLORREF  color1 = HSVtoRGB(h,0.9,0.8);
                // 色调1生成的颜色1
                COLORREF  color2 = HSVtoRGB(h+180,0.9,0.8);
                // 色调2生成的颜色2
                for (radius=100;radius>0;radius=radius-20)
                // 半径从大到小绘制
                {
                    int left = centerX - radius; // 圆外切矩形左上角x坐标
                    int top = centerY - radius; // 圆外切矩形左上角y坐标
                    int right = centerX + radius; // 圆外切矩形右下角x坐标
                    int bottom = centerY + radius; // 圆外切矩形右下角y坐标
                    for (i=0;i<20;i++) // 绕着旋转一周，绘制扇形区域
                    {
                        offset = i*PI/10 + totalOffset;
                        setfillcolor(color1); // 色调1生成的颜色1
                        solidpie(left,top,right,bottom,offset,2*PI/60+
    offset);
                        setfillcolor(RGB(255,255,255));
                        // 设置填充颜色为白色
                        solidpie(left,top,right,bottom,2*PI/60+offset,3*PI/
    60+offset);
                        setfillcolor(color2); // 色调2生成的颜色2
                        solidpie(left,top,right,bottom,3*PI/60+offset,5*PI/
    60+offset);
                        setfillcolor(RGB(0,0,0));// 设置填充颜色为黑色
                        solidpie(left,top,right,bottom,5*PI/60+offset,6*PI/60+
    offset);
                    }
                    totalOffset = totalOffset + PI/20;
                }
            }
        }
        _getch();  // 暂停，等待按键输入
```

```
        }
        return 0;
    }
```

提示 srand(time(0))表示用当前时间来对随机函数初始化，由于每次运行程序的时间不一样，因此生成的随机数也不一样。要获得当前时间，需要在代码前面加上文件包含指令#include <time.h>，表示包含对应的代码文件，等价于把time.h的所有代码复制进来。

练习题4-4：line(x1, y1, x2, y2)可以画一条直线，(x1,y1)、(x2,y2)为直线两个端点的坐标。尝试绘制图4-15所示的围棋棋盘。

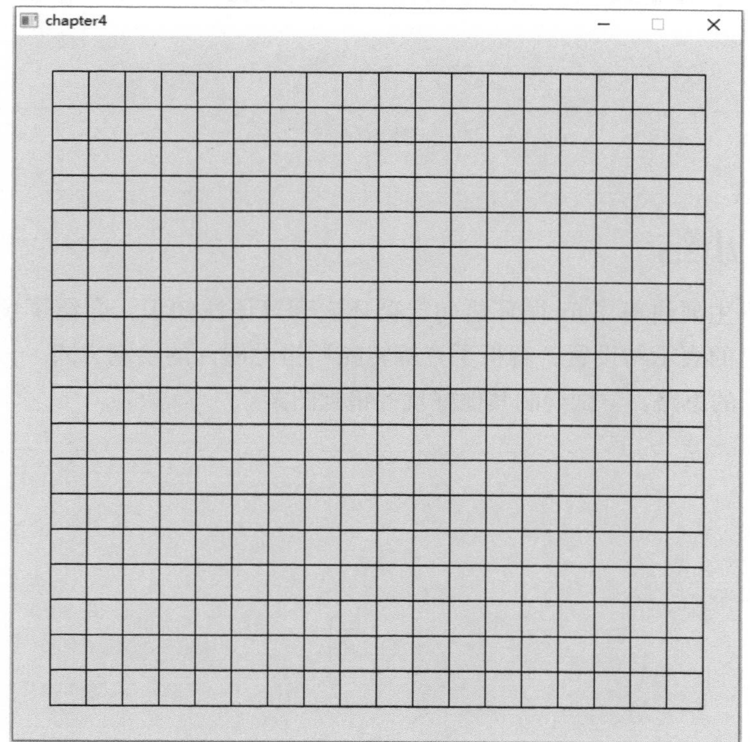

图 4-15

练习题4-5：利用画线函数和循环语句，尝试绘制图4-16所示的错觉图片。其错觉原理和“旋转蛇”错觉原理一样，第1行、第3行图片好像在向左移动，第2行、第4行图片好像在向右移动。

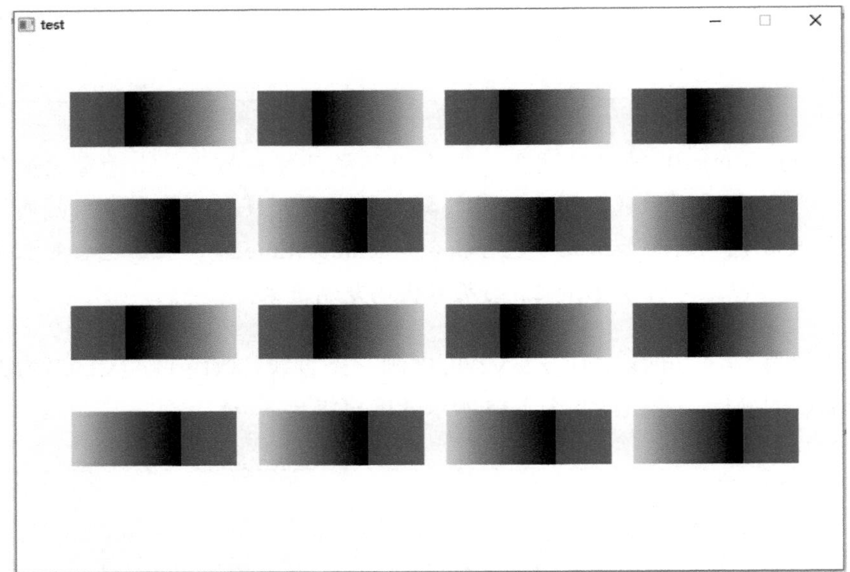

图 4-16

4.8 小结

本章主要讲解了for循环语句、循环嵌套等语法知识，介绍了扇形的绘制、颜色的表示与设置，解析了“旋转蛇”错觉图片的绘制方式。读者可以参考本章的思路，尝试绘制其他好玩的错觉图案。

第 5 章 “见缝插针”游戏

在本章我们将探讨如何实现一个“见缝插针”游戏。按下空格键后发射一根针到圆盘上，所有针逆时针方向转动；如果新发射的针碰到已有的针，游戏结束。如图 5-1 所示。

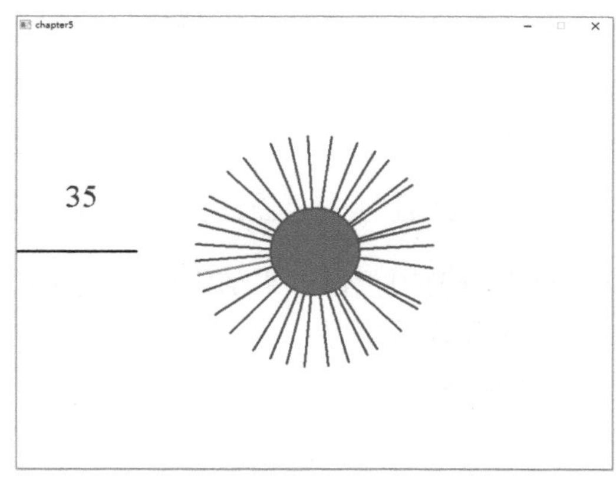

图 5-1

本章首先讲解了如何绘制圆盘与针，利用三角函数实现了针的旋转；然后介绍了一维数组的概念，并利用数组解析了如何实现多根针的效果；接着利用批量绘制函数分析了绘制效果改进方法；最后分析了针的发射与增加、游戏失败判断、得分与显示效果的改进方法。

本章案例最终一共78行代码，代码项目路径为“配套资源\第5章\chapter5\ chapter5.sln”，视频效果参看“配套资源\第5章\见缝插针.mp4”。

5.1 绘制圆盘与针

输入并运行以下代码，可以在画面中间绘制一个圆来表示圆盘，绘制一条线段来表示一根针，圆心坐标及线段起点坐标均为(width/2,height/2)。

5-1.cpp

```
#include <graphics.h>
#include <conio.h>
#include <stdio.h>
int main()
{
	int width = 800; // 画面宽度
	int height = 600; // 画面高度
	initgraph(width,height); // 新开一个画面
	setbkcolor(RGB(255,255,255)); // 背景颜色为白色
	cleardevice(); // 以背景色清空背景

	setlinestyle(PS_SOLID,3); // 线宽为3，这样针看起来更明显
	setlinecolor(RGB(0,0,0)); // 设置针颜色为黑色
	line(width/2,height/2,width/2+160,height/2); // 绘制一根针

	setlinecolor(HSVtoRGB(0,0.9,0.8)); // 设置圆盘线条颜色为红色
	circle(width/2,height/2,60); // 绘制中间的圆盘

	_getch();
	closegraph();
	return 0;
}
```

其中，setlinestyle(PS_SOLID,3)用于设置当前设备画线样式，PS_SOLID表示为实线，线宽度为3（线条默认宽度为1）。

程序运行后输出效果如图5-2所示。

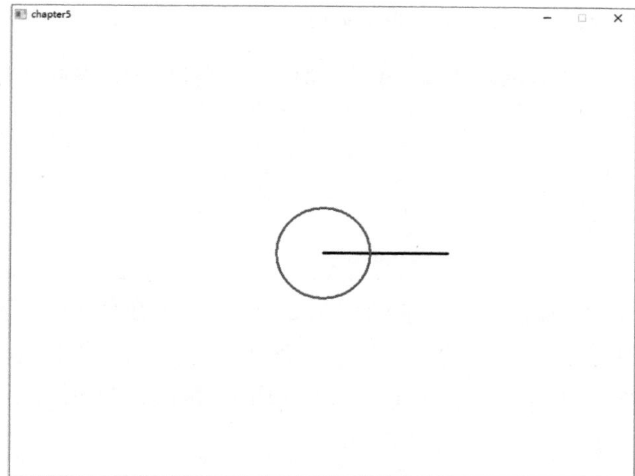

图 5-2

5.2　针的旋转

针的起点坐标为画面中心(width/2,height/2)，假设针的长度为lineLength，针的旋转角度为angle，则由三角函数可以求出针的末端坐标(xEnd,yEnd)。完整代码参看5-2-1.cpp。

5-2-1.cpp

```
#include <graphics.h>
#include <conio.h>
#include <stdio.h>
#include <math.h>
int main()
{
    float PI = 3.1415926;
    int width = 800; // 画面宽度
    int height = 600; // 画面高度
    initgraph(width,height); // 新开一个画面
    setbkcolor(RGB(255,255,255)); // 背景颜色为白色
    cleardevice(); // 以背景色清空背景

    float lineLength = 160; // 针的长度
    float xEnd,yEnd; // 针的末端坐标（针起始位置为圆心）
    float angle = PI/3; // 针的旋转角度

    setlinestyle(PS_SOLID,3); // 线宽为3，这样针看起来更明显
    setlinecolor(RGB(0,0,0)); // 设置针颜色为黑色
    xEnd = lineLength*cos(-angle) +width/2; // 计算针的末端坐标
    yEnd = lineLength*sin(-angle) +height/2;
```

```
    line(width/2,height/2,xEnd,yEnd); // 绘制一根针

    setlinecolor(HSVtoRGB(0,0.9,0.8)); // 设置圆盘线条颜色为红色
    circle(width/2,height/2,60); // 绘制中间的圆盘

    _getch();
    closegraph();
    return 0;
}
```

为了使用正弦函数sin()、余弦函数cos()，需要在代码开始添加#include <math.h>。其中，以.h为扩展名的文件称为头文件（h为head的缩写），将math.h包含进来，即可在代码中使用其实现的三角函数等数学功能。

程序运行后输出效果如图5-3所示。

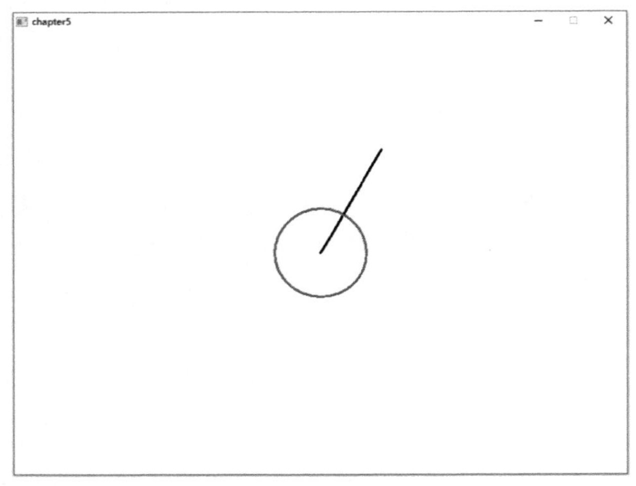

图 5-3

提示 由于EasyX绘图坐标系的y轴方向和一般数学坐标系相反，因此在代码中对-angle求取三角函数。

提示 代码中包含的其他几个头文件，graphics.h提供了交互绘图的功能，conio.h提供了_getch()、rand()等函数，stdio.h提供了printf()、scanf()等函数。读者可以根据自己程序的需求，将必要的头文件包含进来。

进一步，假设针的旋转速度为rotateSpeed，在while循环中让针的角度逐渐增加（angle = angle + rotateSpeed），即实现了针的旋转动画效果。完整代码参看5-2-2.cpp。

5-2-2.cpp

```
#include <graphics.h>
#include <conio.h>
#include <stdio.h>
#include <math.h>
int main()
{
    const float PI = 3.1415926; // PI常量
    int width = 800; // 画面宽度
    int height = 600; // 画面高度
    initgraph(width,height); // 新开一个画面
    setbkcolor(RGB(255,255,255)); // 背景颜色为白色

    float lineLength = 160; // 针的长度
    float xEnd,yEnd; // 针的末端坐标（针起始位置为圆心）
    float angle = 0; // 针的旋转角度
    float rotateSpeed = PI/360; // 针的旋转速度
    setlinestyle(PS_SOLID,3); // 线宽为3，这样针看起来更明显
    while (1)
    {
        cleardevice(); // 以背景色清空背景
        angle = angle + rotateSpeed; // 角度增加
        if (angle>2*PI) // 如果超过2*PI，就减去2*PI，防止角度数据无限增加
            angle = angle - 2*PI;
        xEnd = lineLength*cos(-angle) +width/2; // 计算针的末端坐标
        yEnd = lineLength*sin(-angle) +height/2;
        setlinecolor(RGB(0,0,0)); // 设置针颜色为黑色
        line(width/2,height/2,xEnd,yEnd); // 绘制一根针

        setlinecolor(HSVtoRGB(0,0.9,0.8)); // 设置圆盘线条颜色为红色
        circle(width/2,height/2,60); // 绘制中间的圆盘
        Sleep(10); // 暂停10毫秒
    }
    closegraph();
    return 0;
}
```

程序运行后输出效果如图 5-4 所示。

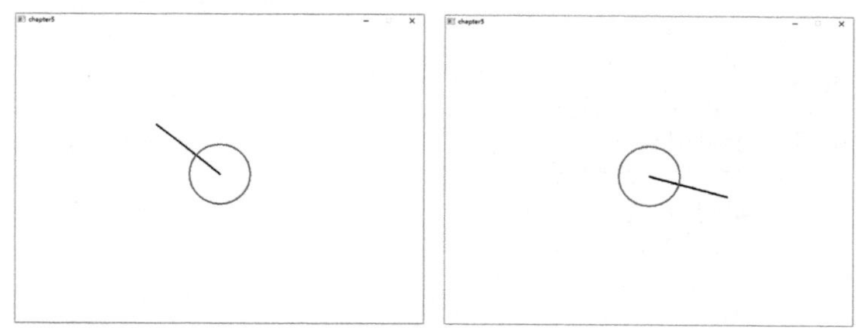

图 5-4

C语言中的整数、浮点数均有值域，为了防止角度变量angle无限增大，设定当angle>2*PI时，执行angle = angle − 2*PI;。

另外，对于PI这种不需要更改数值的变量，可以在定义变量时加上const修饰符，表示其为常量，防止在代码中误修改其数值。

提示　除了const方法，还可以在程序开头使用宏定义的形式，将代码中的PI自动替换为后面的数值：

```
#define PI 3.1415926
```

练习题5-1：编程绘制图5-5所示的sin(x)函数曲线。

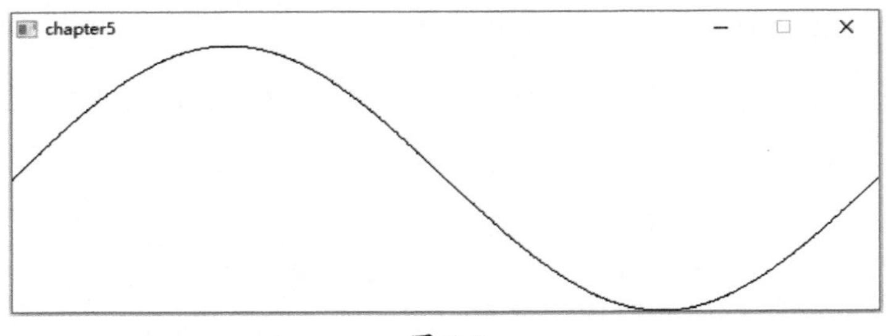

图 5-5

5.3　利用数组实现多根针的绘制

要实现多根针的绘制，需要记录每根针的角度值。这一节将介绍数组的概念，读者可以输入并运行以下代码：

5-3-1.cpp

```
#include <conio.h>
#include <stdio.h>
int main()
{
    int a[3];
    a[0] = 1;
    printf("%d \n",a[0]);
    a[1] = 3*a[0];
    printf("%d \n",a[1]);
    a[2] = a[0] + a[1];
    printf("%d \n",a[2]);
    _getch();
    return 0;
}
```

程序运行后输出：

```
1
3
4
```

其中，int a[3];定义了整型数组a，a一共有3个元素——a[0]、a[1]、a[2]。方括号中的0、1、2称为数组的下标，从0开始编号，到数组元素个数减1。注意，数组的下标不能超出范围，否则会报错，这种错误称为数组越界。

数组元素和一般变量类似，比如，可以进行赋值（a[0]=1;），可以输出（printf("%d \n",a[0]);），数组的元素之间也可以进行运算（a[2] = a[0]+a[1];）。

也可以在定义数组时对数组元素赋初始值，并利用for循环语句输出数组的所有元素：

5-3-2.cpp

```
#include <conio.h>
#include <stdio.h>
int main()
{
    int i;
    int a[5] = {1,3,5,7,9};
    for (i=0;i<5;i++)
        printf("%d ",a[i]);
    printf("\n");
    int b[5] = {2,4,6};
    for (i=0;i<5;i++)
        printf("%d ",b[i]);
    printf("\n");
    _getch();
    return 0;
}
```

程序运行后输出：

```
1 3 5 7 9
2 4 6 0 0
```

其中，int a[5] = {1,3,5,7,9};表示定义数组a，并用花括号里的5个整数对数组的5个元素进行初始化，然后利用for语句输出数组的所有元素值。

int b[5] = {2,4,6};表示定义数组b，并用花括号里面的3个整数对数组的前3个元素进行初始化，后面的两个元素值自动赋值为0。

除了可以定义整型数组，还可以定义字符型数组、浮点数数组。以下代码为求出浮点数数组中的最大值与最小值：

5-3-3.cpp

```
#include <conio.h>
#include <stdio.h>
int main()
{
    int i;
    float a[8] = {21.5,13.7,10.5,-7,19,20.5,-2.3,13.2};
    float min = a[0];
    float max = a[0];
    for (i=1;i<8;i++)
    {
        if (a[i]<min)
            min = a[i];
        if (a[i]>max)
            max = a[i];
    }
    printf("最大值：%f，最小值：%f\n",max,min);
    _getch();
    return 0;
}
```

程序运行后输出：

```
最大值：21.500000，最小值：-7.000000
```

其中，printf("最大值：%f，最小值：%f\n",max,min);会把两个格式控制字符%f用逗号后的变量max、min的值依次替换，然后输出双引号内的内容。

C语言中的变量如果不初始化，其值将是随机数。代码需要先对min、max变量初始化，如初始化为第0号元素的值，for语句中i从1开始比较元素大小即可。

练习题5-2：定义浮点数数组存储7个元素——1.2、2.3、3.0、4.8、5.6、6.9、7.8，编程求解数组所有元素的平方和。

假设有20根针：

```
int lineNum = 20;
```

定义浮点数数组存储所有针的旋转角度：

```
float Angles[20];
```

首先利用for循环语句，让数组中针的角度均匀分布到0 ～ 2*PI：

```
int i;
for (i=0;i<lineNum;i++) // 开始让数组中针的角度均匀分布
    Angles[i] = i*2*PI/lineNum;
```

在while循环语句中，利用for语句让数组中所有针的角度值增加rotateSpeed，即可实现所有针的旋转与显示。完整代码参看5-3-4.cpp。

5-3-4.cpp

```
#include <graphics.h>
#include <conio.h>
#include <stdio.h>
#include <math.h>
int main()
{
    const float PI = 3.1415926; // PI常量
    int width = 800; // 画面宽度
    int height = 600; // 画面高度
    initgraph(width,height); // 新开一个画面
    setbkcolor(RGB(255,255,255)); // 背景颜色为白色
    setlinestyle(PS_SOLID,3); // 线宽为3，这样针看起来更明显

    float lineLength = 160; // 针的长度
    float xEnd,yEnd; // 针的末端坐标（针起始位置为圆心）
    float rotateSpeed = PI/360; // 针的旋转速度
    int lineNum = 20;  // 针的个数
    float Angles[20]; // 浮点数数组，存储所有针的旋转角度
    int i;
    for (i=0;i<lineNum;i++) // 开始让数组中针的角度均匀分布
        Angles[i] = i*2*PI/lineNum;

    while (1) // 重复循环
    {
        cleardevice(); // 以背景色清空背景
        setlinecolor(RGB(0,0,0)); // 设置针颜色为黑色
        for (i=0;i<lineNum;i++) // 对所有旋转针进行遍历
        {
            Angles[i] = Angles[i] + rotateSpeed; // 角度增加
            if (Angles[i]>2*PI) // 如果超过2*PI，就减去2*PI，防止角度数据无限增加
                Angles[i] = Angles[i] - 2*PI;
            xEnd = lineLength*cos(-Angles[i]) +width/2; // 计算针的末端坐标
            yEnd = lineLength*sin(-Angles[i]) +height/2;
            line(width/2,height/2,xEnd,yEnd); // 绘制一根针
        }
        setlinecolor(HSVtoRGB(0,0.9,0.8)); // 设置圆盘线条颜色为红色
        circle(width/2,height/2,60); // 绘制中间的圆盘
        Sleep(10); // 暂停10毫秒
    }
    closegraph();  // 关闭画面
    return 0;
}
```

程序运行后输出如图5-6所示。

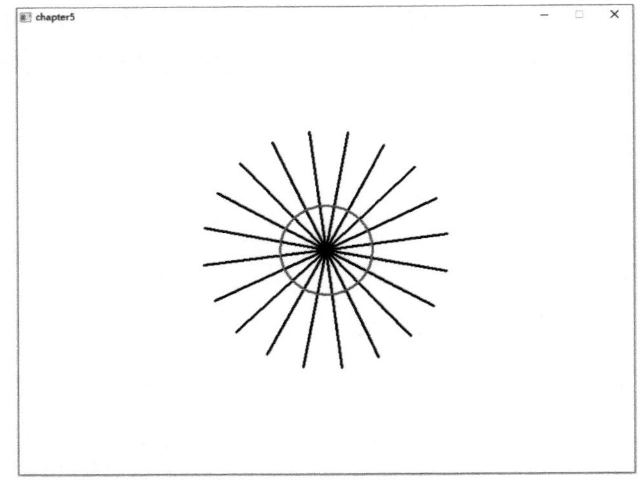

图 5-6

5.4 批量绘制函数

当绘制的元素较多时，会出现明显的画面闪烁，这时可以使用批量绘图函数。

BeginBatchDraw()用于开始批量绘图，执行后任何绘图操作都将暂时不输出到屏幕上，直到执行FlushBatchDraw()或EndBatchDraw()才将之前的绘图输出。

FlushBatchDraw()用于执行未完成的绘制任务，执行批量绘制；EndBatchDraw()用于结束批量绘制，如代码5-4.cpp所示。

5-4.cpp（其他代码同5-3-4.cpp）

```
BeginBatchDraw(); // 开始批量绘制
while (1) // 重复循环
{
    // 之间代码包括多条绘制函数
    FlushBatchDraw(); // 批量绘制
    Sleep(10); // 暂停10毫秒
}
```

5.5 针的发射与新增

首先在画面左边绘制一根针，表示待发射针的位置：

```
line(0,height/2,lineLength,height/2);
```

假设初始状态下没有针在旋转：

```
int lineNum = 0;
```

浮点数数组存储所有可能针的旋转角度，假设最多有1 000根针：

```
float Angles[1000];
```

在while语句中，添加以下代码：

```
if (kbhit()) // 如果按键
{
    char input = _getch(); // 获得用户按键输入
    if (input==' ') // 如果为空格键
    {
        lineNum++; // 针的个数加1
        Angles[lineNum-1] = PI; // 这根新增加针的初始角度
        xEnd = lineLength*cos(-Angles[lineNum-1]) +width/2; // 计算新增加针的末端坐标
        yEnd = lineLength*sin(-Angles[lineNum-1]) +height/2;
        line(width/2,height/2,xEnd,yEnd); // 绘制出这根新增加的针
    }
}
```

当用户按下空格键时，针的个数加1，并且新增加的针初始角度为PI。用户不断按下空格键，即可持续生成新的针，效果如图5-7所示。完整代码参看5-5.cpp。

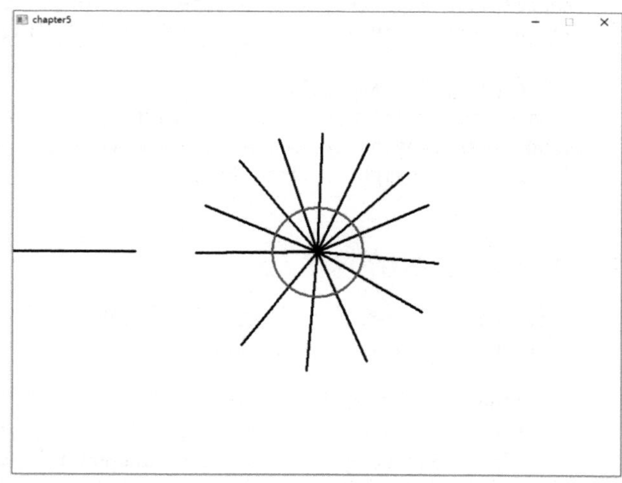

图 5-7

5-5.cpp

```
#include <graphics.h>
#include <conio.h>
```

```
#include <stdio.h>
#include <math.h>
int main()
{
    const float PI = 3.1415926; // PI常量
    int width = 800; // 画面宽度
    int height = 600; // 画面高度
    initgraph(width,height); // 新开一个画面
    setbkcolor(RGB(255,255,255)); // 背景颜色为白色
    setlinestyle(PS_SOLID,3); // 线宽为3，这样针看起来更明显

    float lineLength = 160; // 针的长度
    float xEnd,yEnd; // 针的末端坐标（针起始位置为圆心）
    float rotateSpeed = PI/360; // 针的旋转速度
    int lineNum = 0;  // 在旋转的针的个数
    float Angles[1000]; // 浮点数数组，存储所有针的旋转角度，最多1 000根针
    int i;

    BeginBatchDraw(); // 开始批量绘制
    while (1) // 重复循环
    {
        cleardevice(); // 以背景色清空背景
        setlinecolor(RGB(0,0,0)); // 设置针颜色为黑色
        line(0,height/2,lineLength,height/2); // 左边发射区域的一根针

        for (i=0;i<lineNum;i++) // 对所有旋转针进行遍历
        {
            Angles[i] = Angles[i] + rotateSpeed; // 角度增加
            if (Angles[i]>2*PI) // 如果超过2*PI，就减去2*PI，防止角度数据无限增加
                Angles[i] = Angles[i] - 2*PI; //
            xEnd = lineLength*cos(-Angles[i]) +width/2; // 计算针的末端坐标
            yEnd = lineLength*sin(-Angles[i]) +height/2;
            line(width/2,height/2,xEnd,yEnd); // 绘制一根针
        }

        if (kbhit()) // 如果按键
        {
            char input = _getch(); // 获得用户按键输入
            if (input==' ') // 如果为空格键
            {
                lineNum++; // 针的个数加1
                Angles[lineNum-1] = PI; // 这根新增加针的初始角度
                xEnd = lineLength*cos(-Angles[lineNum-1]) +width/2;
                //新增针的末端坐标
                yEnd = lineLength*sin(-Angles[lineNum-1]) +height/2;
                line(width/2,height/2,xEnd,yEnd); // 绘制出这根新增加的针
            }
        }

```

```
            setlinecolor(HSVtoRGB(0,0.9,0.8)); // 设置圆盘线条颜色为红色
            circle(width/2,height/2,60); // 绘制中间的圆盘
            FlushBatchDraw(); // 批量绘制
            Sleep(10); // 暂停10毫秒
        }
        closegraph();  // 关闭画面
        return 0;
    }
```

5.6 游戏失败判断

当新增加的针和已有针发生碰撞时，游戏失败。在此设定当两根针的旋转角度差的绝对值小于PI/60时，认为两根针足够接近，即发生了碰撞，如5-6-1.cpp所示。

5-6-1.cpp（其他代码同5-5.cpp）

```
for (i=0;i<lineNum-1;i++) // 拿新增加的针和之前所有针比较
{
    // 如果两根针之间角度接近，认为碰撞，游戏失败
    if (abs(Angles[lineNum-1]-Angles[i]) < PI/60)
    {
        rotateSpeed = 0; // 旋转速度设为0
        break; // 不用再比较了，循环跳出
    }
}
```

程序运行后输出如图5-8所示。

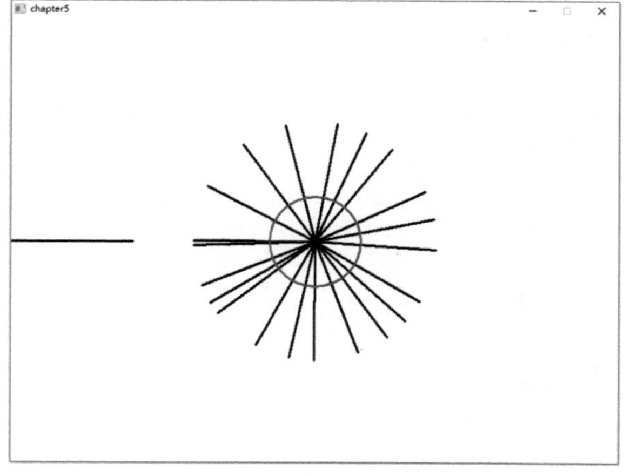

图 5-8

其中，Angles[lineNum-1]为新增加针的旋转角度，Angles[lineNum-1]-Angles[i]（i

从 0 到 lineNum-2）计算新增加的针和已有针的旋转角度差。abs( )为求绝对值的函数，其定义也在math.h中，即任何一个大于或等于0的数的绝对值是其自身，任何一个小于0的数的绝对值是其自身乘以 -1，如5-6-2.cpp所示。

5-6-2.cpp

```
#include <conio.h>
#include <stdio.h>
#include <math.h>
int main()
{
    int x = -3;
    float y = 3.5;
    printf("%d\n",abs(x));
    printf("%f\n",abs(y));
    _getch();
    return 0;
}
```

程序运行后输出：

```
3
3.500000
```

当abs(Angles[lineNum-1]-Angles[i]) < PI/60成立时，认为新增加的针和已有针发生碰撞，即将旋转速度rotateSpeed设为0，所有针停止旋转。

此外，由于这时不需要再判断和其他针是否碰撞，因此使用break;语句，跳出当前for循环。

break;被称为流程跳转语句，在for或while循环语句中执行break;，表示跳出当前循环。输入并运行以下代码：

5-6-3.cpp

```
#include <conio.h>
#include <stdio.h>
int main()
{
    int i;
    for (i=1;i<=5;i++)
    {
        if (i==3)
            break;
        printf("%d\n",i);
    }
    _getch();
    return 0;
}
```

程序运行后输出：

当i等于3时，运行break语句，跳出for循环，则仅输出1、2两个数字。

还有一个continue;语句，表示跳过当次循环，循环语句继续运行。输入并运行以下代码：

5-6-4.cpp

```
#include <conio.h>
#include <stdio.h>
int main()
{
    int i;
    for (i=1;i<=5;i++)
    {
        if (i==3)
            continue;
        printf("%d\n",i);
    }
    _getch();
    return 0;
}
```

程序运行后输出：

当i等于3时，运行continue;语句，跳过当次for循环，继续运行下一次循环，则输出1、2、4、5这4个数字。

游戏失败后，rotateSpeed=0，只有当旋转速度不等于0时才进行按键的处理：

5-6-5.cpp（其他代码同5-6-1.cpp）

```
if (kbhit() && rotateSpeed!=0) // 如果按键，并且旋转速度不等于0
```

5.7 得分与显示效果改进

参考3.6节中的方法，定义整型变量记录游戏的得分，并初始化为0：

```
int score = 0; // 得分
```

当用户按空格键并且游戏没有失败，则得分增加 1：

```
score = score + 1; // 得分+1
```

最后将 score 转换为字符串输出：

```
TCHAR s[20]; // 定义字符串数组
_stprintf(s, _T("%d"),  score); // 将score转换为字符串
settextstyle(50, 0, _T("Times")); // 设置文字大小、字体
settextcolor(RGB(50,50,50));  // 设置字体颜色
outtextxy(65, 200, s); // 输出得分文字
```

填充绘制圆盘，随着针数的增加，圆盘填充颜色越来越鲜艳：

```
setfillcolor(HSVtoRGB(0,lineNum/60.0,0.8)); // 绘制中间的圆盘，针越多，其颜色越鲜艳
setlinecolor(HSVtoRGB(0,0.9,0.8)); // 设置圆盘线条颜色为红色
fillcircle(width/2,height/2,60); // 绘制中间的圆盘
```

最后将正在旋转的针的颜色设为蓝色，最新发射的针的颜色设为红色：

```
setlinecolor(RGB(0,0,255)); // 设定旋转针的颜色为蓝色
if (i==lineNum-1) // 最新发射的一根针，设定颜色为红色
    setlinecolor(RGB(255,0,0));
```

程序运行后输出如图 5-9 所示。

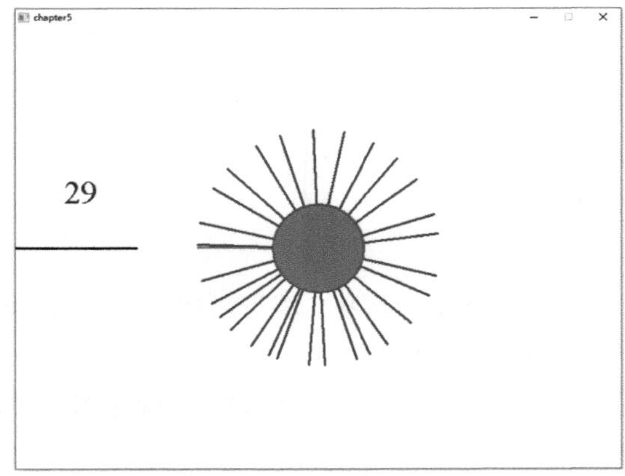

图 5-9

5-7.cpp

```
#include <graphics.h>
#include <conio.h>
#include <stdio.h>
#include <math.h>
int main()
{
    const float PI = 3.1415926; // PI常量
```

```
    int width = 800; // 画面宽度
    int height = 600; // 画面高度
    initgraph(width,height); // 新开一个画面
    setbkcolor(RGB(255,255,255)); // 背景颜色为白色
    setlinestyle(PS_SOLID,3); // 线宽为3，这样针看起来更明显

    float lineLength = 160; // 针的长度
    float xEnd,yEnd; // 针的末端坐标（针起始位置为圆心）
    float rotateSpeed = PI/360; // 针的旋转速度
    int lineNum = 0;  // 在旋转的针的个数
    float Angles[1000]; // 浮点数数组，存储所有针的旋转角度，最多1 000根针
    int score = 0; // 得分
    int i;

    BeginBatchDraw(); // 开始批量绘制
    while (1) // 重复循环
    {
        cleardevice(); // 以背景色清空背景
        setlinecolor(RGB(0,0,0)); // 设置针颜色为黑色
        line(0,height/2,lineLength,height/2); // 左边发射区域的一根针

        for (i=0;i<lineNum;i++) // 对所有旋转针进行遍历
        {
            Angles[i] = Angles[i] + rotateSpeed; // 角度增加
            if (Angles[i]>2*PI) // 如果超过2*PI，就减去2*PI，防止角度数据无限增加
                Angles[i] = Angles[i] - 2*PI;
            xEnd = lineLength*cos(-Angles[i]) +width/2; // 计算针的末端坐标
            yEnd = lineLength*sin(-Angles[i]) +height/2;
            setlinecolor(RGB(0,0,255)); // 设定旋转针的颜色为蓝色
            if (i==lineNum-1) // 最新发射的一根针，设定颜色为红色
                setlinecolor(RGB(255,0,0));
            line(width/2,height/2,xEnd,yEnd); // 绘制一根针
        }

        if (kbhit() && rotateSpeed!=0) // 如果按键，并且旋转速度不等于0
        {
            char input = _getch(); // 获得用户按键输入
            if (input==' ') // 如果为空格键
            {
                lineNum++; // 针的个数加1
                Angles[lineNum-1] = PI; // 这根新增加针的初始角度
                xEnd = lineLength*cos(-Angles[lineNum-1]) +width/2;
                //新增针的末端坐标
                yEnd = lineLength*sin(-Angles[lineNum-1]) +height/2;
                line(width/2,height/2,xEnd,yEnd); // 绘制出这根新增加的针
                for (i=0;i<lineNum-1;i++) // 拿新增加的针和之前所有针比较
                {
                    // 如果两根针之间角度接近，认为碰撞，游戏失败
                    if (fabs(Angles[lineNum-1]-Angles[i]) < PI/60)
```

```
                    {
                        rotateSpeed = 0; // 旋转速度设为0
                        break; // 不用再比较了，循环跳出
                    }
                }
                score = score + 1; // 得分+1
            }
        }
        setfillcolor(HSVtoRGB(0,lineNum/60.0,0.8)); // 针越多，中间圆盘颜色越鲜艳
        setlinecolor(HSVtoRGB(0,0.9,0.8)); // 设置圆盘线条颜色为红色
        fillcircle(width/2,height/2,60); // 绘制中间的圆盘
        TCHAR s[20]; // 定义字符串数组
        _stprintf(s, _T("%d"),  score); // 将score转换为字符串
        settextstyle(50, 0, _T("Times")); // 设置文字大小、字体
        settextcolor(RGB(50,50,50));  // 设置字体颜色
        outtextxy(65, 200, s); // 输出得分文字

        FlushBatchDraw(); // 批量绘制
        Sleep(10); // 暂停10毫秒
    }
    closegraph();  // 关闭画面
    return 0;
}
```

5.8 小结

本章主要讲解了一维数组、const常量、break与continue等语法知识，介绍了批量绘制功能、math.h中的三角函数与绝对值函数，以及如何实现“见缝插针”游戏。读者可以在本章代码的基础上继续改进。

（1）随着游戏的进行，针的旋转速度越来越快，游戏难度越来越大。

（2）中间显示为“旋转蛇”错觉图案，每被针射中一次，换一次随机颜色。

（3）尝试在画面右边新增一位玩家，实现双人版的“见缝插针”游戏。

读者可以参考本章的开发思路，尝试设计并分步骤实现旋转炮台射击气球的小游戏。

第6章 “见缝插圆”游戏

在本章我们将探讨如何绘制一些漂亮的随机图案，如图6-1所示，随机生成的圆互不相交且尽量填满画布，按空格键可以切换不同的绘制模式。

本章首先分析了如何利用数组实现多个圆的生成和绘制，并使得圆和圆之间不相交；然后介绍了函数的概念、如何应用函数改进代码，以及如何实现添加新圆半径最大化的功能；最后讲解了如何利用函数封装多种绘制模式，并通过键盘按键进行互动。

本章案例最终一共154行代码，代码项目路径为“配套资源\第6章\chapter6\chapter6.sln”，视频效果参看“配套资源\第6章\见缝插圆.mp4”。

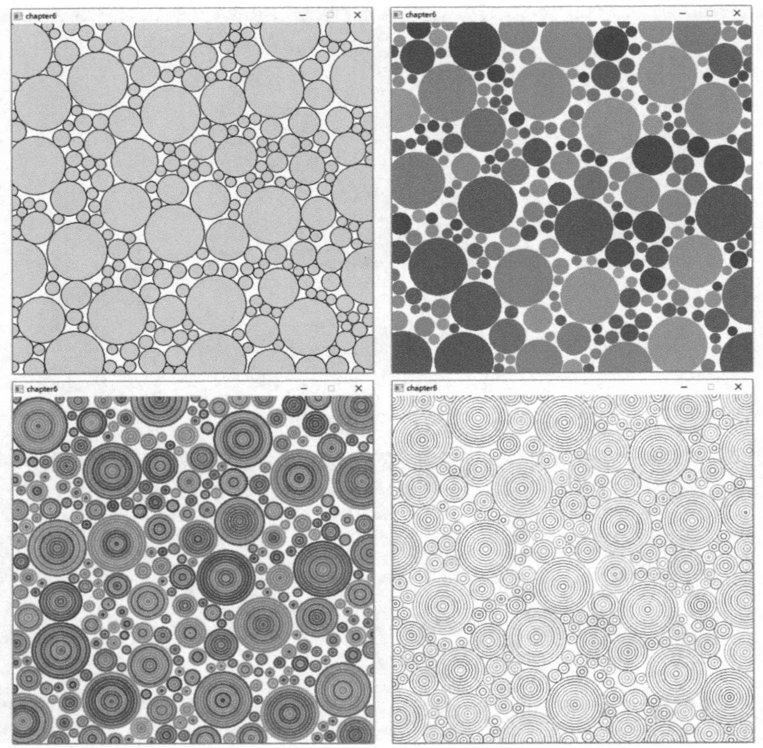

图 6-1

6.1 利用数组记录多个随机圆

本节讲解如何利用数组记录生成100个随机圆，如图6-2所示。

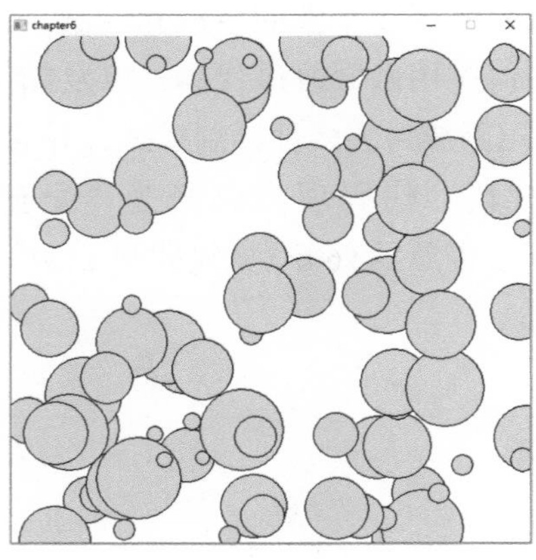

图 6-2

首先定义3个数组存储所有圆的圆心坐标、半径：

```
int xArray[100]; // 数组存储所有圆心的x坐标
int yArray[100]; // 数组存储所有圆心的y坐标
int rArray[100]; // 数组存储所有圆的半径
```

设定圆的个数circleNum=100，在for循环中随机生成圆心坐标、半径，并存储在数组中：

```
for (i=0;i<circleNum;i++) // 生成circleNum个圆，把数据保存在数组中
{
    xArray[i] = rand() % width; // 圆心的x坐标
    yArray[i] = rand() % height;// 圆心的y坐标
    rArray[i] = rand() % (rmax-rmin+1) + rmin; // 圆的半径
}
```

然后对数组的所有元素进行遍历，即可绘制出所有圆的图案：

```
for (i=0;i<circleNum;i++) // 绘制出所有的圆
    fillcircle(xArray[i],yArray[i],rArray[i]); // 用数组存储的数据绘制圆
```

完整代码参看6-1.cpp。

6-1.cpp

```
#include <graphics.h>
#include <conio.h>
#include <stdio.h>
#include <time.h>
int main()
{
    int width = 600; // 窗口宽度
    int height = 600; // 窗口高度
    initgraph(width,height); // 新开一个窗口
    setbkcolor(RGB(255,255,255)); // 背景颜色为白色
    cleardevice(); // 以背景颜色清空背景
    srand(time(0));  // 随机种子函数

    int xArray[100]; // 数组存储所有圆心的x坐标
    int yArray[100]; // 数组存储所有圆心的y坐标
    int rArray[100]; // 数组存储所有圆的半径
    int rmin = 8; // 圆的最小半径
    int rmax = 50; // 圆的最大半径
    int circleNum = 100; // 生成的圆的个数

    int i;
    for (i=0;i<circleNum;i++) // 生成circleNum个圆，把数据保存在数组中
    {
        xArray[i] = rand() % width; // 圆心的x坐标
        yArray[i] = rand() % height;// 圆心的y坐标
        rArray[i] = rand() % (rmax-rmin+1) + rmin; // 圆的半径
    }
```

```

	for (i=0;i<circleNum;i++) // 绘制出所有的圆
	{
		setlinecolor(RGB(0,0,0)); // 设置线条颜色
		setfillcolor(RGB(255,255,0)); // 设置填充颜色
		fillcircle(xArray[i],yArray[i],rArray[i]); // 用数组存储的数据绘制圆
	}

	_getch();	// 等待按键输入
	closegraph();  // 关闭窗口
	return 0;
}
```

6.2　每次增加一个随机圆

为了显示圆生成的过程，我们修改6-1.cpp的代码，实现每隔100毫秒，添加一个随机圆并绘制。完整代码参看6-2-1.cpp。

6-2-1.cpp

```
#include <graphics.h>
#include <conio.h>
#include <stdio.h>
#include <time.h>
int main()
{
	int width = 600; // 窗口宽度
	int height = 600; // 窗口高度
	initgraph(width,height); // 新开一个窗口
	setbkcolor(RGB(255,255,255)); // 背景颜色为白色
	cleardevice(); // 以背景颜色清空背景
	srand(time(0));  // 随机种子函数

	int xArray[100]; // 数组存储所有圆心的x坐标
	int yArray[100]; // 数组存储所有圆心的y坐标
	int rArray[100]; // 数组存储所有圆的半径
	int rmin = 8; // 圆的最小半径
	int rmax = 50; // 圆的最大半径
	int circleNum = 0; // 生成的圆的个数
	float x,y,r; // 新增圆的圆心坐标、半径

	while (circleNum<100) // 当圆的个数小于100时，循环运行
	{
		x = rand() % width; // 新圆的圆心x坐标
		y = rand() % height; // 新圆的圆心y坐标
		r = rand() % (rmax-rmin+1) + rmin; // 新圆的半径

		xArray[circleNum] = x; // 把新圆的圆心坐标添加到数组中
```

```
        yArray[circleNum] = y; //
        rArray[circleNum] = r; // 把新圆的半径添加到数组中
        circleNum++; // 圆的个数+1

        setlinecolor(RGB(0,0,0)); // 设置线条颜色
        setfillcolor(RGB(255,255,0)); // 设置填充颜色
        fillcircle(x,y,r); // 绘制新圆

        Sleep(100); // 暂停100毫秒
    }

    _getch();     // 等待按键输入
    closegraph();  // 关闭窗口
    return 0;
}
```

其中，while (circleNum<100) 表示当circleNum<100为真时，while中的语句循环运行。以下代码利用while语句，输出10以内的所有奇数：

6-2-2.cpp

```
#include <conio.h>
#include <stdio.h>
int main()
{
    int i=1;
    while (i<=10)
    {
        printf("%d\n",i);
        i = i + 2;
    }
    _getch();
    return 0;
}
```

程序运行后输出：

要用循环语句处理的问题，一般既可以用for语句，也可以用while语句。以下代码分别用for、while语句求 $1\times1+2\times2+3\times3+\cdots+50\times50$ 的值：

6-2-3.cpp

```
#include <conio.h>
#include <stdio.h>
int main()
{
```

```
    int i,s;

    s = 0;
    for (i=1;i<=50;i++)
        s = s + i*i;
    printf("%d\n",s);

    i = 1;
    s = 0;
    while (i<=50)
    {
        s = s + i*i;
        i++;
    }
    printf("%d\n",s);

    _getch();
    return 0;
}
```

程序运行后输出：

练习题6-1：尝试使用while语句和fillrectangle()函数绘制图6-3所示的趣味错觉图像，在图像白色交汇处会出现一些闪烁的黑点。

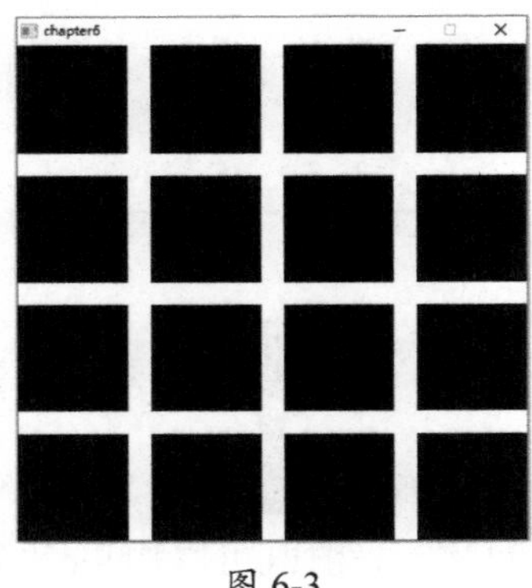

图 6-3

6.3 新圆不和已有圆相交

假设有两个圆，其圆心坐标分别为(x_1,y_1)、(x_2,y_2)，半径分别为r_1、r_2，如图6-4所示。

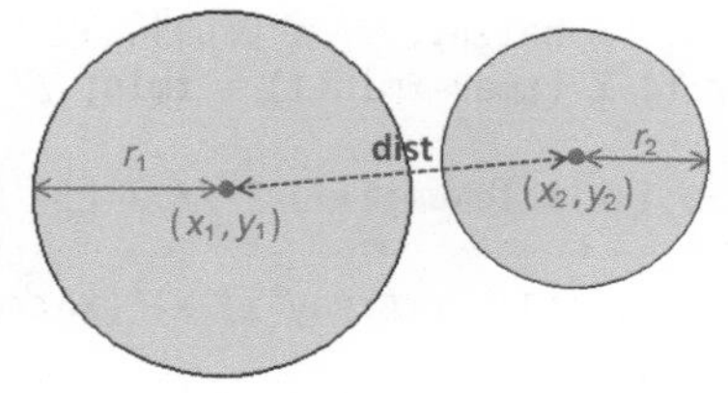

图 6-4

记录两个圆心之间距离的平方 $\text{dist}^2 = (x_1-x_2)(x_1-x_2)+(y_1-y_2)(y_1-y_2)$。当两个圆正好相切时，圆心距离平方 $r^2 = (r_1+r_2)(r_1+r_2)$。当 $\text{dist}^2<r^2$ 时，两个圆相交。

每次随机生成一个新圆后，首先与所有已经生成的圆比较，如果和任何一个圆相交，则重新生成一个新圆；如果新圆和所有已生成的圆都不相交，则循环结束，将此新圆添加到数组中。完整代码参看6-3.cpp。

6-3.cpp

```
#include <graphics.h>
#include <conio.h>
#include <stdio.h>
#include <time.h>
int main()
{
    int width = 600; // 窗口宽度
    int height = 600; // 窗口高度
    initgraph(width,height); // 新开一个窗口
    setbkcolor(RGB(255,255,255)); // 背景颜色为白色
    cleardevice(); // 以背景颜色清空背景
    srand(time(0));  // 随机种子函数

    int xArray[1000]; // 数组存储所有圆心的x坐标
    int yArray[1000]; // 数组存储所有圆心的y坐标
    int rArray[1000]; // 数组存储所有圆的半径
    int rmin = 8; // 圆的最小半径
    int rmax = 50; // 圆的最大半径
    int circleNum = 0; // 生成的圆的个数
    float x,y,r; // 新增圆的圆心坐标、半径
    int isNewCircleOK; // 用于判断新生成的圆是否OK
    int i;

    while (circleNum<1000) // 当圆的个数小于100时，循环运行
    {
        isNewCircleOK = 0; // 假设开始不OK

        while (isNewCircleOK==0) // 当新生成的圆不OK时，重复生成新圆进行比较
        {
            x = rand() % width; // 新圆的圆心x坐标
```

```
            y = rand() % height; // 新圆的圆心y坐标
            r = rand() % (rmax-rmin+1) + rmin; // 新圆的半径

            for (i=0;i<circleNum;i++)   // 对已有圆遍历
            {
                float dist2 = (xArray[i]-x)*(xArray[i]-x) + (yArray[i]-y)*(yArray[i]-y);
                float r2 = (rArray[i]+r) * (rArray[i]+r);
                if (dist2<r2) // 如果已有圆和新圆相交
                {
                    break;  // 跳出循环，此时i<circleNum
                }
            }
            if (i==circleNum) // 如果上面for语句都不跳出，说明i等于circleNum
            {
                isNewCircleOK = 1; //  这个新生成的圆和已有圆都不相交
            }
        }
        xArray[circleNum] = x; // 把新圆的圆心坐标添加到数组中
        yArray[circleNum] = y;
        rArray[circleNum] = r; // 把新圆的半径添加到数组中
        circleNum++; // 圆的个数+1

        setlinecolor(RGB(0,0,0)); // 设置线条颜色
        setfillcolor(RGB(255,255,0)); // 设置填充颜色
        fillcircle(x,y,r); // 绘制新圆

        Sleep(10); // 暂停若干毫秒
    }

    _getch();    // 等待按键输入
    closegraph();  // 关闭窗口
    return 0;
}
```

程序运行后输出如图 6-5 所示。

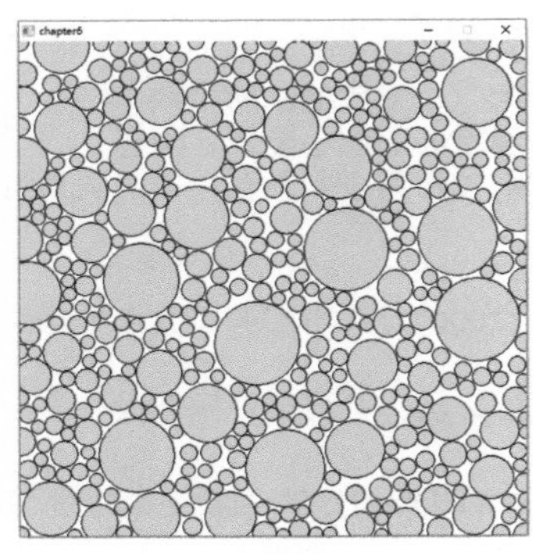

图 6-5

6.4　函数的定义与应用

C程序是由函数组成的，每一个C程序都包含这样的结构：

```
int main()
{
    return 0;
}
```

main函数又称为主函数，一个C程序有且只有一个main函数。所有程序均从main函数开始执行，函数内部的语句从{开始，到}结束。

在之前的章节中，我们已经调用了很多函数，比如，printf()函数输出变量的值、fillcircle()函数画圆、abs()函数求绝对值等。我们也可以定义自己的函数并调用执行：

6-4-1.cpp

```
#include <conio.h>
#include <stdio.h>

void printStars()
{
    int i;
    for (i=1;i<=5;i++)
    {
        printf("*");
    }
    printf("\n");
}

int main()
{
    printStars();
    _getch();
    return 0;
}
```

以上代码首先定义了函数void printStars()。其中，printStars为函数的名字，后面跟上圆括号，void表示函数没有返回值。

花括号内部为函数体，这里输出一行5个星号。

函数定义后，在主函数中printStars();调用函数，即执行了函数内部的所有语句。程序运行后输出：

```
*****
```

练习题6-2：调用6-4-1.cpp中定义的函数，输出如下效果：

函数定义的括号内，还可以添加接受的参数，修改6-4-1.cpp的代码如下，让用户设定要输出的星号的个数：

6-4-2.cpp

```
#include <conio.h>
#include <stdio.h>

void printStars(int num)
{
    int i;
    for (i=1;i<=num;i++)
    {
        printf("*");
    }
    printf("\n");
}

int main()
{
    int j;
    for (j=1;j<=5;j++)
        printStars(j);
    _getch();
    return 0;
}
```

void printStars(int num)表示函数接受整型变量num为参数，函数内部输出一行num个星号。调用函数时，括号内写不同的数字，就可以输出对应数字个数的星号。主函数中利用for语句，可以依次输出1 ～ 5个星号。程序运行后输出：

函数也可以接受多个参数，参数间以逗号间隔。

6-4-3.cpp

```
#include <conio.h>
#include <stdio.h>

```

```
void printStars(char ch,int num)
{
    int i;
    for (i=1;i<=num;i++)
    {
        printf("%c",ch);
    }
    printf("\n");
}

int main()
{
    printStars('+',3);
    printStars('@',5);
    printStars('0',8);
    _getch();
    return 0;
}
```

以上函数接受两个参数：ch为对应的字符、num为要输出的字符的个数。程序运行后，分别输出3个+、5个@、8个0。程序运行后输出：

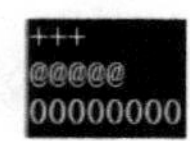

练习题6-3：定义函数，输出行数为n、列数为m的字符ch组成的长方形字符阵列。在主函数中调用两次函数，输出如下效果。

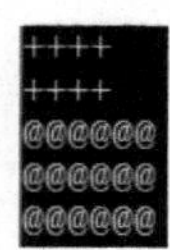

回顾求绝对值函数的用法：

```
int x = abs(-3);
printf("%d",x);
```

以上代码将函数计算结果返回并赋给变量x。同样，我们自定义的函数也可以定义返回值。以下代码定义了函数maxfun()，即返回两个整数中的最大值。

6-4-4.cpp

```
#include <conio.h>
#include <stdio.h>

int maxfun(int x,int y)
{
    int max = x;
```

```
    if (x<y)
        max = y;
    return max;
}

int main()
{
    int result = maxfun(3,5);
    printf("%d\n",result);
    _getch();
    return 0;
}
```

程序运行后输出：

```
5
```

函数定义int maxfun()中，int表示函数的返回值为整型。函数中首先求出参数x、y的最大值，赋给变量max。利用return max;语句将计算结果max返回出来，同时退出maxfun()函数的运行。调用函数时，即可将函数的返回值赋给其他变量。

利用函数的返回值，也可以实现更复杂的功能，比如，以下代码可以求解3个数的最大值：

```
int result = maxfun(maxfun(3,5),4);
```

主函数int main()也需要返回一个整型数值，一般在其结束运行时加上语句return 0;。

提示 当我们要解决的问题比较复杂时，可以把问题分块，使得每一块功能相对独立，用一个独立的函数来实现。用好函数可以降低程序设计的复杂性、提高代码的可靠性，避免程序开发的重复劳动，并易于程序维护和功能扩充。

回顾6-3.cpp，求解两个点之间的距离是一个常见的功能，所以可以将其封装为函数，方便多次调用：

```
// 求解两个点之间的距离
float Dist2Points(float x1,float y1,float x2,float y2)
{
    float result;
    result = sqrt((x1 - x2)*(x1 - x2) + (y1 - y2)*(y1 - y2));
    return result;
}
```

其中，sqrt()为求平方根函数，添加#include <math.h>即可以使用。

进一步，定义函数判断图6-4中的两个圆是否相交，其中调用了刚定义的Dist2Points()函数。如果相交则返回1，函数退出；否则返回0。

```
// 判断两个圆是否相交
int isTwoCirclesIntersect(float x1,float y1,float r1,float x2,float y2,float r2)
{
    if (Dist2Points(x1,y1,x2,y2)<r1+r2)
        return 1;
    return 0;
}
```

生成两个数之间的随机整数也是一个常见的功能，可以封装为函数：

```
// 生成[min,max]之间的随机整数
int randBetweenMinMax(int min,int max)
{
    int r = rand() % (max-min+1) + min;
    return r;
}
```

利用上面定义的3个函数改进6.3节的代码，程序的结构会更加清晰，也更容易理解：

6-4-5.cpp

```
#include <graphics.h>
#include <conio.h>
#include <stdio.h>
#include <time.h>
#include <math.h>

// 求解两个点之间的距离
float Dist2Points(float x1,float y1,float x2,float y2)
{
    float result;
    result = sqrt((x1 - x2)*(x1 - x2) + (y1 - y2)*(y1 - y2));
    return result;
}

// 判断两个圆是否相交
int isTwoCirclesIntersect(float x1,float y1,float r1,float x2,float y2,float r2)
{
    if (Dist2Points(x1,y1,x2,y2)<r1+r2)
        return 1;
    return 0;
}

// 生成[min,max]之间的随机整数
int randBetweenMinMax(int min,int max)
```

```
{
    int r = rand() % (max-min+1) + min;
    return r;
}

int main() // 主函数
{
    int width = 600; // 窗口宽度
    int height = 600; // 窗口高度
    initgraph(width,height); // 新开一个窗口
    setbkcolor(RGB(255,255,255)); // 背景颜色为白色
    cleardevice(); // 以背景颜色清空背景
    srand(time(0));  // 随机种子函数

    int xArray[1000]; // 数组存储所有圆心的x坐标
    int yArray[1000]; // 数组存储所有圆心的y坐标
    int rArray[1000]; // 数组存储所有圆的半径
    int rmin = 8; // 圆的最小半径
    int rmax = 50; // 圆的最大半径
    int circleNum = 0; // 生成的圆的个数
    float x,y,r; // 新增圆的圆心坐标、半径
    int isNewCircleOK; // 用于判断新生成的圆是否OK
    int i;

    while (circleNum<1000) // 当圆的个数小于100时，循环运行
    {
        isNewCircleOK = 0; // 假设开始不OK

        while (isNewCircleOK==0) // 当新生成的圆不OK时，重复生成新圆进行比较
        {
            x = rand() % width; // 新圆的圆心x坐标
            y = rand() % height; // 新圆的圆心y坐标
            r = randBetweenMinMax(rmin,rmax); // 新圆的半径

            for (i=0;i<circleNum;i++)   // 对已有圆遍历
                if (isTwoCirclesIntersect(xArray[i],yArray[i],rArray[i],x,y,r))
                    break; // 如果已有圆和新圆相交,跳出循环，此时i<circleNum

            if (i==circleNum) // 如果上面for语句都不跳出，说明i等于circleNum
                isNewCircleOK = 1; //  这个新生成的圆和已有圆都不相交
        }
        xArray[circleNum] = x; // 把新圆的圆心坐标添加到数组中
        yArray[circleNum] = y;
        rArray[circleNum] = r; // 把新圆的半径添加到数组中
        circleNum++; // 圆的个数+1

        setlinecolor(RGB(0,0,0)); // 设置线条颜色
        setfillcolor(RGB(255,255,0)); // 设置填充颜色
        fillcircle(x,y,r); // 绘制新圆

```

```
            Sleep(10); // 暂停若干毫秒
        }

        _getch();     // 等待按键输入
        closegraph();  // 关闭窗口
        return 0;
    }
```

提示 在C语言中，函数和变量一样都需要先定义、后使用。

6.5 新圆半径最大化

为了进一步改进图案效果，在这一节中让生成的新圆半径尽量大。

rmin为圆的最小半径，rmax为圆的最大半径。首先在随机位置(x,y)处生成半径为rmin的圆，如果生成的新圆和之前已生成的圆相交，如图6-6中“1”处所示，则放弃该圆，重新随机生成。

如果生成的新圆和之前已生成的圆都不相交，如图6-6中“2”处所示，则不断增大新圆的半径，直至找到第一个与该圆相切的圆，或者达到rmax为止。

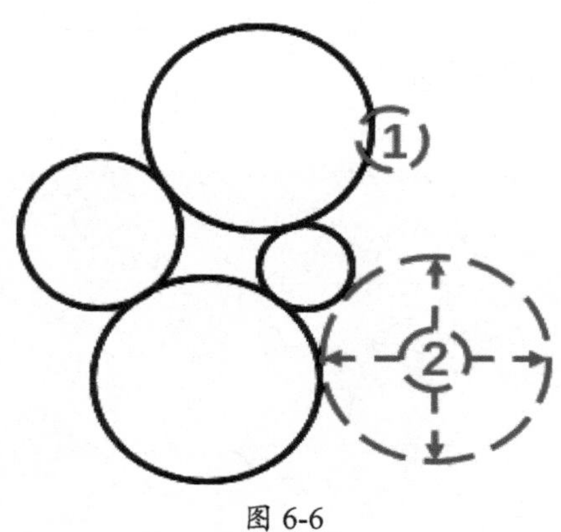

图 6-6

6-5.cpp（其他代码同6-4-5.cpp）

```
int i,j;

while (circleNum<1000) // 当圆的个数小于100时，循环运行
{
    isNewCircleOK = 0; // 假设开始不OK

```

```
        while (isNewCircleOK==0) // 当新生成的圆不OK时，重复生成新圆进行比较
        {
            x = rand() % width; // 新圆的圆心x坐标
            y = rand() % height; // 新圆的圆心y坐标
            r = rmin; // 新圆的半径开始设为最小半径

            for (i=0;i<circleNum;i++)   // 对已有圆遍历
                if (isTwoCirclesIntersect(xArray[i],yArray[i],rArray[i],x,y,r))
                    break; // 如果已有圆和新圆相交,跳出循环，此时i<circleNum

            if (i==circleNum) // 如果上面for语句都不跳出，说明i等于circleNum
                isNewCircleOK = 1; //  这个新生成的圆和已有圆都不相交
        }

        isNewCircleOK = 0; // 继续设为不OK，下面要让这个新圆的半径最大
        while (isNewCircleOK==0 && r<rmax) // 当不OK，并且新圆的半径小于最大半径时
        {
            r++; // 让半径+1
            for (j=0;j<circleNum;j++) // 对所有旧圆遍历
            {
                if (isTwoCirclesIntersect(xArray[j],yArray[j],rArray[j],x,y,r))
                {
                    isNewCircleOK = 1; // 一旦和一个旧圆相交，这时新圆OK
                    break; // 因为新圆半径已经达到最大的情况，这时跳出循环
                }
            }
        }
```

程序运行后输出如图 6-7 所示。

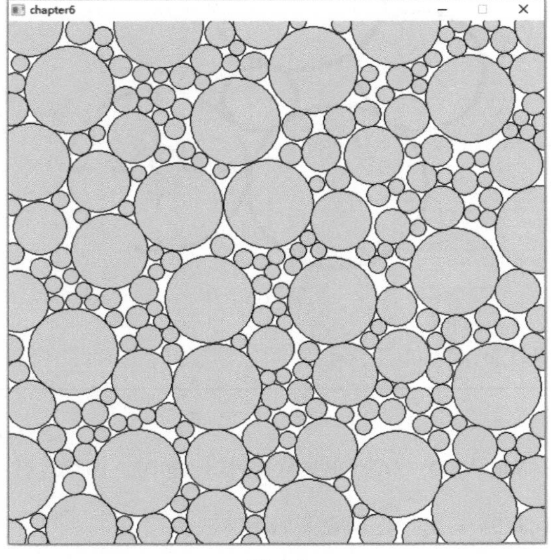

图 6-7

6.6 函数封装多种绘制效果

对于圆心坐标(x,y)、半径r的圆，定义4个函数，可以实现不同的绘制效果：

```
// 填充黄色圆绘制
void DrawCircles1(float x,float y,float r)
{
    setlinecolor(RGB(0,0,0));
    setfillcolor(RGB(255,255,0));
    fillcircle(x,y,r);
}

// 填充随机颜色圆绘制
void DrawCircles2(float x,float y,float r)
{
    float h = rand()%360;
    COLORREF  color = HSVtoRGB(h,0.6,0.8);
    setlinecolor(RGB(255,255,255));
    setfillcolor(color);
    fillcircle(x,y,r);
}

// 填充随机颜色同心圆绘制
void DrawCircles3(float x,float y,float r)
{
    while (r>0)
    {
        float h = rand()%360;
        COLORREF  color = HSVtoRGB(h,0.6,0.8);
        setlinecolor(RGB(255,255,255));
        setfillcolor(color);
        fillcircle(x,y,r);
        r=r-5;
    }
}

// 随机颜色同心圆线条绘制
void DrawCircles4(float x,float y,float r)
{
    while (r>0)
    {
        float h = rand()%360;
        COLORREF  color = HSVtoRGB(h,0.9,0.8);
        setlinecolor(color);
        circle(x,y,r);
        r=r-5;
    }
}
```

在主函数中首先生成[1,4]之间的随机数 drawMode，然后根据 drawMode 的值分别调用不同的绘制函数，即可生成对应的绘制效果。

```
int drawMode = randBetweenMinMax(1,4); // 随机生成一种绘制模式

// 根据不同绘图模式进行绘制
if (drawMode==1)
    DrawCircles1(x,y,r);
if (drawMode==2)
    DrawCircles2(x,y,r);
if (drawMode==3)
    DrawCircles3(x,y,r);
if (drawMode==4)
    DrawCircles4(x,y,r);
```

完整代码参看配套资源中 6-6.cpp，绘制效果如图 6-8 所示。

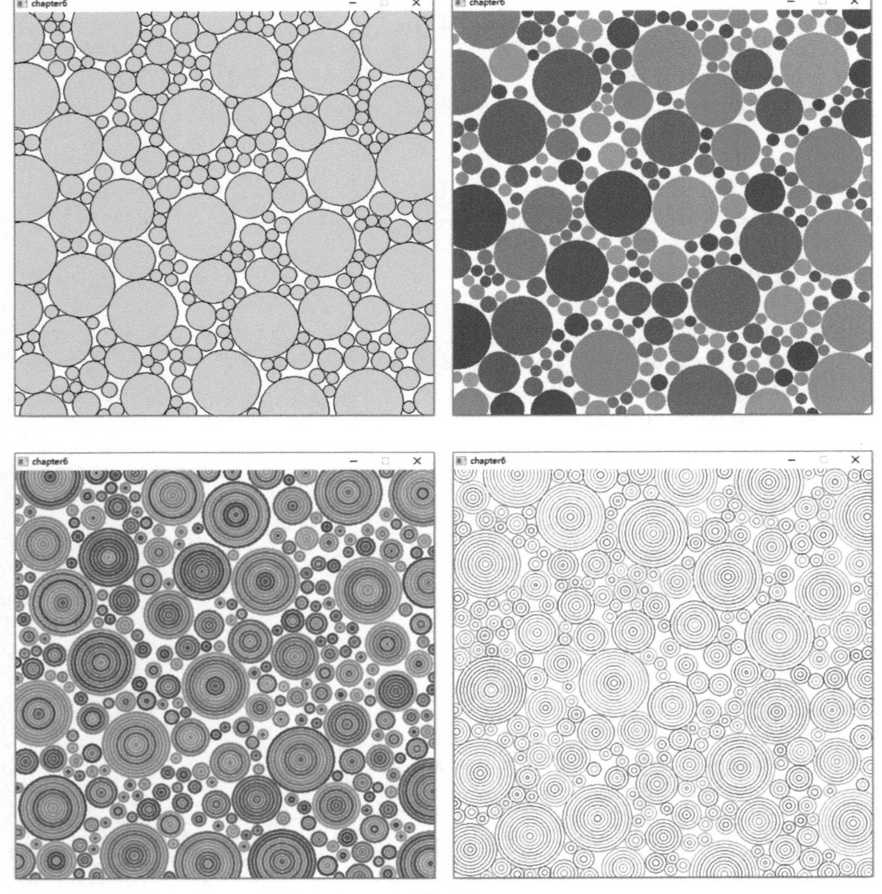

图 6-8

6.7 按键互动

当按下空格键后，将circleNum设为0，相当于清除所有已有的圆；将drawMode加1，从而切换为下一种绘图模式：

6-7.cpp

```
#include <graphics.h>
#include <conio.h>
#include <stdio.h>
#include <time.h>
#include <math.h>

// 求解两个点之间的距离
float Dist2Points(float x1,float y1,float x2,float y2)
{
    float result;
    result = sqrt((x1 - x2)*(x1 - x2) + (y1 - y2)*(y1 - y2));
    return result;
}

// 判断两个圆是否相交
int isTwoCirclesIntersect(float x1,float y1,float r1,float x2,float y2,float r2)
{
    if (Dist2Points(x1,y1,x2,y2)<r1+r2)
        return 1;
    return 0;
}

// 填充黄色圆绘制
void DrawCircles1(float x,float y,float r)
{
    setlinecolor(RGB(0,0,0));
    setfillcolor(RGB(255,255,0));
    fillcircle(x,y,r);
}

// 填充随机颜色圆绘制
void DrawCircles2(float x,float y,float r)
{
    float h = rand()%360;
    COLORREF  color = HSVtoRGB(h,0.6,0.8);
    setlinecolor(RGB(255,255,255));
    setfillcolor(color);
    fillcircle(x,y,r);
}

// 填充随机颜色同心圆绘制
void DrawCircles3(float x,float y,float r)
{
```

```
    while (r>0)
    {
        float h = rand()%360;
        COLORREF  color = HSVtoRGB(h,0.6,0.8);
        setlinecolor(RGB(255,255,255));
        setfillcolor(color);
        fillcircle(x,y,r);
        r=r-5;
    }
}

// 随机颜色同心圆线条绘制
void DrawCircles4(float x,float y,float r)
{
    while (r>0)
    {
        float h = rand()%360;
        COLORREF  color = HSVtoRGB(h,0.9,0.8);
        setlinecolor(color);
        circle(x,y,r);
        r=r-5;
    }
}

int main() // 主函数
{
    int width = 600; // 窗口宽度
    int height = 600; // 窗口高度
    initgraph(width,height); // 新开一个窗口
    setbkcolor(RGB(255,255,255)); // 背景颜色为白色
    cleardevice(); // 以背景颜色清空背景
    srand(time(0));  // 随机种子函数

    int xArray[1000]; // 数组存储所有圆心的x坐标
    int yArray[1000]; // 数组存储所有圆心的y坐标
    int rArray[1000]; // 数组存储所有圆的半径
    int rmin = 8; // 圆的最小半径
    int rmax = 50; // 圆的最大半径
    int circleNum = 0; // 生成的圆的个数
    float x,y,r; // 新增圆的圆心坐标、半径
    int isNewCircleOK; // 用于判断新生成的圆是否OK
    int i,j;
    int drawMode = 3; // 用于设定4种不同的绘制模式，开始设为3

    while (circleNum<1000) // 当圆的个数小于100时，循环运行
    {
        isNewCircleOK = 0; // 假设开始不OK

        while (isNewCircleOK==0) // 当新生成的圆不OK时，重复生成新圆进行比较
        {
```

```
            if (kbhit()) // 当按键时
            {
                char input = _getch(); // 获得用户按键
                if (input==' ') // 空格键
                {
                    circleNum = 0; // 圆的个数为0，相当于画面清除所有已有的圆
                    cleardevice(); // 清屏
                    drawMode = drawMode+1; // 进行下一种绘图模式
                    if (drawMode>4) // 如果大于4，重新回到第1种绘图模式
                        drawMode = 1;
                }
            }

            x = rand() % width; // 新圆的圆心x坐标
            y = rand() % height; // 新圆的圆心y坐标
            r = rmin; // 新圆的半径开始设为最小半径

            for (i=0;i<circleNum;i++)   // 对已有圆遍历
                if (isTwoCirclesIntersect(xArray[i],yArray[i],rArray[i],x,y,r))
                    break; // 如果已有圆和新圆相交,跳出循环，此时i<circleNum

            if (i==circleNum) // 如果上面for语句都不跳出，说明i等于circleNum
                isNewCircleOK = 1; //  这个新生成的圆和已有圆都不相交
        }

        isNewCircleOK = 0; // 继续设为不OK，下面要让这个新圆的半径最大
        while (isNewCircleOK==0 && r<rmax) // 当不OK，并且新圆的半径小于最大半径时
        {
            r++; // 让半径+1
            for (j=0;j<circleNum;j++) // 对所有旧圆遍历
            {
                if (isTwoCirclesIntersect(xArray[j],yArray[j],rArray[j],x,y,r))
                {
                    isNewCircleOK = 1; // 一旦和一个旧圆相交，这时新圆Ok
                    break; // 因为新圆半径已经达到最大的情况，这时跳出循环
                }
            }
        }

        xArray[circleNum] = x; // 把新圆的圆心坐标添加到数组中
        yArray[circleNum] = y;
        rArray[circleNum] = r; // 把新圆的半径添加到数组中
        circleNum++; // 圆的个数+1

        // 根据不同绘图模式进行绘制
        if (drawMode==1)
            DrawCircles1(x,y,r);
```

```
            if (drawMode==2)
                DrawCircles2(x,y,r);
            if (drawMode==3)
                DrawCircles3(x,y,r);
            if (drawMode==4)
                DrawCircles4(x,y,r);

            Sleep(10); // 暂停若干毫秒
        }

        _getch();     // 等待按键输入
        closegraph();  // 关闭窗口
        return 0;
    }
```

练习题6-4：尝试修改6-7.cpp，实现按空格键后清屏，按1、2、3、4键后切换不同的绘制模式，实现混合绘图的效果，如图6-9所示。

图 6-9

6.8　小结

本章主要介绍了函数的概念、while语句的使用方法，以及如何实现“见缝插圆”随机图案的绘制。有了函数之后，我们可以把程序分成多个简单模块分别实现，这样更加容易开发出功能复杂的程序。读者可以尝试把前几章案例中的部分功能用函数封装，进一步理解模块化编程的开发思路。

第 7 章
“贪吃蛇”游戏

在本章我们将探讨如何编写“贪吃蛇”游戏，效果如图 7-1 所示。键盘控制小蛇上、下、左、右移动，吃到食物后长度加 1；蛇头碰到自身或窗口边缘，游戏失败。

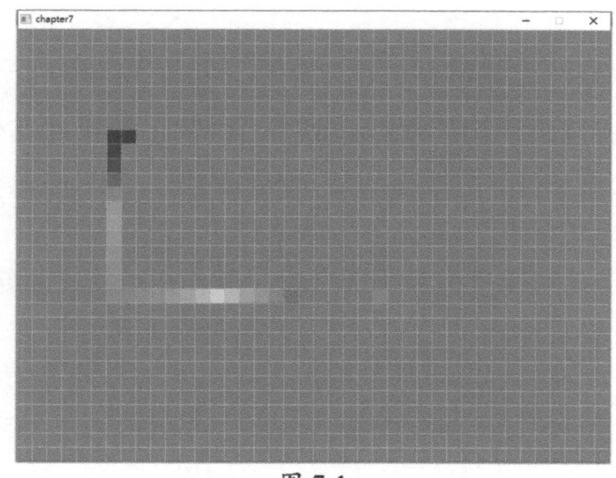

图 7-1

本章首先探讨了如何利用全局变量和函数的知识，设计一个游戏开发框架；然后介绍了二维数组的知识，构造地图和小蛇的方法，解析了如何实现小蛇向4个方向移动；接着讲解了静态变量的概念，以及如何进行时间控制的改进；最后讲解了如何实现失败判断与显示、吃食物增加长度的功能。

本章案例最终一共153行代码，代码项目路径为“配套资源\第7章\chapter7\chapter7.sln”，视频效果参看“配套资源\第7章\贪吃蛇.mp4”。

7.1　变量作用域与游戏框架

在程序中变量起作用的范围，称为变量的作用域。根据作用域的不同，C语言中的变量可分为局部变量和全局变量。

在函数内部定义的变量称为局部变量，其作用域从变量定义处开始，到}处结束。

7-1-1.cpp

```
#include <conio.h>
#include <stdio.h>

void fun()
{
    int a; // 局部变量，仅能在fun函数内部使用
    a = 10;
}

int main()
{
    int x; // 局部变量，仅能在main函数内部使用
    x = 1;
    _getch();
    return 0;
}
```

在7-1-1.cpp中，变量a的作用域在函数fun()内部，如果在其他区域使用变量a，程序报错；变量x的作用域在函数main()内部，如果在其他区域使用变量x，程序报错。

在所有函数之外定义的变量称为全局变量，其作用域从变量定义处开始，到整个程序最后结束。

7-1-2.cpp

```
#include <conio.h>
#include <stdio.h>
```

```

int m = 1; // 全局变量，整个程序都可以访问

void fun()
{
    m = 3;
}

int main()
{
    printf("%d\n",m);
    m = 2;
    printf("%d\n",m);
    fun();
    printf("%d\n",m);
    _getch();
    return 0;
}
```

在7-1-2.cpp中，变量m在函数外定义，为全局变量，因此在函数外、函数fun()与main()内都可以访问。程序运行后输出：

提示 如果全局变量与局部变量同名，则在局部变量的作用域内访问的是局部变量，全局变量将被"屏蔽"。

利用函数和变量作用域的知识，我们设定了一个简化的游戏开发框架：

7-1-3.cpp

```
#include <graphics.h>
#include <conio.h>
#include <stdio.h>

// 全局变量定义

void startup()  //  初始化函数
{
}

void show()  // 绘制函数
{
}

void updateWithoutInput() // 与输入无关的更新
{
```

```
}

void updateWithInput()  // 和输入有关的更新
{
}

int main() // 主函数
{
    startup();  // 初始化函数，仅执行一次
    while (1)   // 一直循环
    {
        show();  // 进行绘制
        updateWithoutInput(); // 和输入无关的更新
        updateWithInput();    // 和输入有关的更新
    }
    return 0;
}
```

首先在函数外定义一些游戏数据变量，这些全局变量在整个程序中均可以访问。具体的游戏功能在startup()、show()、updateWithoutInput()、updateWithInput()这4个函数中实现。

程序从主函数开始，首先运行一次startup()，进行游戏的初始化。然后开始循环执行3个函数：show()进行绘制、updateWithoutInput()执行和输入无关的更新、updateWithInput()执行和输入有关的更新。

7.2 基于二维数组的游戏地图

为了实现图7-1中网格状的游戏地图效果，这一节介绍二维数组的概念。首先输入并运行以下代码：

7-2-1.cpp

```
#include <conio.h>
#include <stdio.h>

int main()
{
    int a[3][5];
    int i,j;
    for (i=0;i<3;i++)
        for (j=0;j<5;j++)
            a[i][j] = i*10 + j;

    for (i=0;i<3;i++)
    {
        for (j=0;j<5;j++)
```

```
                printf("%3d",a[i][j]);
            printf("\n");
        }
        _getch();
        return 0;
    }
```

程序运行后输出：

```
 0  1  2  3  4
10 11 12 13 14
20 21 22 23 24
```

其中，int a[3][5];定义了二维数组a，有3行5列15个元素。通过a[i][j]的形式可以访问二维数组的元素，下标i范围为0～2，下标j范围为0～4。

练习题7-1：生成一个4行4列的二维数组，元素取值为1～5的随机数，输出二维数组。如果二维数组中的元素为5，则将其元素值变为0，输出更新后的二维数组。样例输出如下所示。

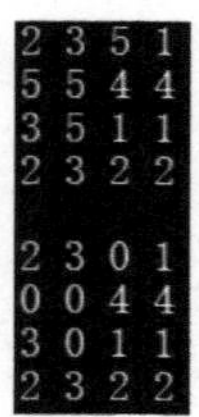

二维数组也可以在定义时直接初始化，例如：

```
int a[3][4] = {{1,2,3,4},{5,6,7,8},{9,10,11,12}};
```

其中，{1,2,3,4}赋给第0行，{5,6,7,8}赋给第1行，{9,10,11,12}赋给第2行：

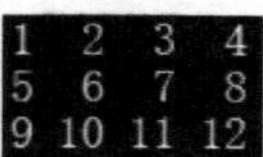

也可以把所有数据写在一个{}内，依次对元素赋初值：

```
int a[3][4]={1,2,3,4,5,6,7,8,9,10,11,12};
```

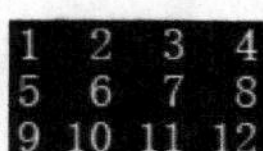

和一维数组类似，如果只对部分元素赋初值，其他元素自动为0：

```
int a[3][4]={1,2,3};
```

首先利用宏定义设定游戏画面高度上的格子数目HEIGHT、宽度上的格子数目WIDTH、每个小格子的大小BLOCK_SIZE：

```
#define HEIGHT 30 // 高度上一共30个小格子
#define WIDTH 40 //  宽度上一共40个小格子
#define BLOCK_SIZE 20 // 每个小格子的长宽大小
```

利用二维数组存储所有格子的信息：

```
int Blocks[HEIGHT][WIDTH] = {0}; //  二维数组，用于记录所有的游戏数据
```

利用两重for循环，可以设定元素Blocks[i][j]的值为随机整数：

```
for (i=0;i<HEIGHT;i++) //  对二维数组所有元素值初始化
    for (j=0;j<WIDTH;j++)
        Blocks[i][j] = rand()%30; // 赋值为随机数
```

新开对应大小的画面：

```
initgraph(WIDTH*BLOCK_SIZE,HEIGHT*BLOCK_SIZE); //  新开画面
```

然后可以根据元素数值设定填充颜色，在对应位置绘制小方格：

```
for (i=0;i<HEIGHT;i++) //  对二维数组所有元素遍历
{
    for (j=0;j<WIDTH;j++)
    {
        setlinecolor(RGB(200,200,200));
        setfillcolor(HSVtoRGB(Blocks[i][j]*10,0.9,1)); // 根据元素值设定填充颜色
            // 在对应位置处，以对应颜色绘制小方格
        fillrectangle(j*BLOCK_SIZE,i*BLOCK_SIZE,(j+1)*BLOCK_SIZE,(i+1)*BLOCK_SIZE);
    }
}
```

完整代码参看配套资源中7-2-2.cpp，效果如图7-2所示。

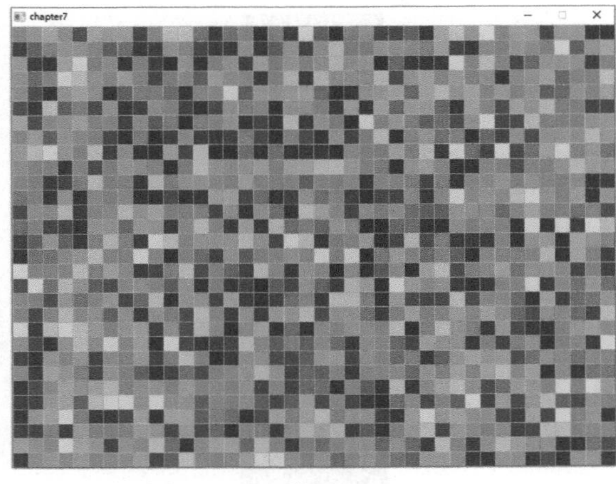

图 7-2

二维数组Blocks[HEIGHT][WIDTH]中也可以记录蛇的信息。设定元素值为0表示空，画出灰色的方格；元素值为1表示蛇头，蛇头后的蛇身依次为2、3、4、5等正整数，画出彩色的方格，如图7-3所示。

0	0	0	0	0	0	0	0	0
0	0	0	0	0	0	0	0	0
0	0	5	4	3	2	1	0	0
0	0	0	0	0	0	0	0	0
0	0	0	0	0	0	0	0	0

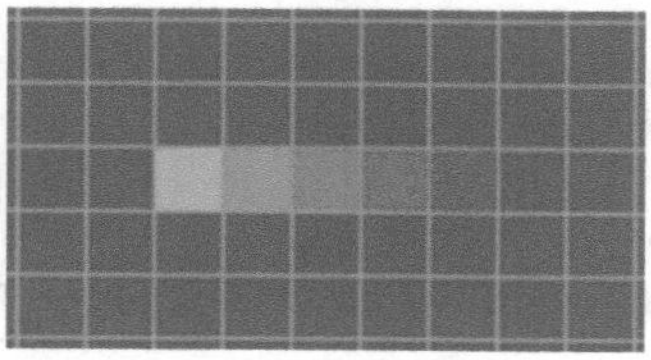

图 7-3

7-2-3.cpp

```
#include <graphics.h>
#include <conio.h>
#include <stdio.h>
#define BLOCK_SIZE 20 // 每个小格子的长宽大小
#define HEIGHT 30 // 高度上一共30个小格子
#define WIDTH 40 //  宽度上一共40个小格子
int main() // 主函数
{
    initgraph(WIDTH*BLOCK_SIZE,HEIGHT*BLOCK_SIZE); //  新开画面
    setlinecolor(RGB(200,200,200)); // 设置线条颜色
    cleardevice(); // 清屏
    int Blocks[HEIGHT][WIDTH] = {0}; // 二维数组，用于记录所有的游戏数据
    int i,j;
    Blocks[HEIGHT/2][WIDTH/2] = 1; // 画面中间画蛇头，数字为1
    for (i=1;i<=4;i++) //  向左依次4个蛇身，数值依次为2、3、4、5
        Blocks[HEIGHT/2][WIDTH/2-i] = i+1;
    for (i=0;i<HEIGHT;i++) //  对二维数组所有元素遍历
    {
        for (j=0;j<WIDTH;j++)
        {
            if (Blocks[i][j]>0) // 元素大于0表示是蛇，这里让蛇的身体颜色色调渐变
                setfillcolor(HSVtoRGB(Blocks[i][j]*10,0.9,1));
            else
                setfillcolor(RGB(150,150,150)); // 元素为0表示为空，颜色为灰色
            // 在对应位置处，以对应颜色绘制小方格
            fillrectangle(j*BLOCK_SIZE,i*BLOCK_SIZE,
 (j+1)*BLOCK_SIZE,(i+1)*BLOCK_SIZE);
        }
    }
    _getch();
    closegraph();
    return 0;
}
```

最后，我们用7.1节的游戏框架重构，将Blocks设为全局变量，初始化代码放到startup()中，绘制功能放到show()中：

7-2-4.cpp

```
#include <graphics.h>
#include <conio.h>
#include <stdio.h>
#define BLOCK_SIZE 20 // 每个小格子的长宽大小
#define HEIGHT 30 // 高度上一共30个小格子
#define WIDTH 40 //  宽度上一共40个小格子

// 全局变量定义
int Blocks[HEIGHT][WIDTH] = {0}; //  二维数组，用于记录所有的游戏数据

void startup()  //  初始化函数
{
int i;
    Blocks[HEIGHT/2][WIDTH/2] = 1; // 画面中间画蛇头，数字为1
    for (i=1;i<=4;i++) //  向左依次4个蛇身，数值依次为2、3、4、5
        Blocks[HEIGHT/2][WIDTH/2-i] = i+1;
    initgraph(WIDTH*BLOCK_SIZE,HEIGHT*BLOCK_SIZE); //  新开画面
    setlinecolor(RGB(200,200,200)); // 设置线条颜色
    BeginBatchDraw(); // 开始批量绘制
}

void show()  // 绘制函数
{
    cleardevice(); // 清屏
    int i,j;
    for (i=0;i<HEIGHT;i++) //  对二维数组所有元素遍历
    {
        for (j=0;j<WIDTH;j++)
        {
            if (Blocks[i][j]>0) // 元素大于0表示是蛇，这里让蛇的身体颜色色调渐变
                setfillcolor(HSVtoRGB(Blocks[i][j]*10,0.9,1));
            else
                setfillcolor(RGB(150,150,150)); // 元素为0表示为空，颜色为灰色
            // 在对应位置处，以对应颜色绘制小方格
            fillrectangle(j*BLOCK_SIZE,i*BLOCK_SIZE,
                (j+1)*BLOCK_SIZE,(i+1)*BLOCK_SIZE);
        }
    }
    FlushBatchDraw(); // 批量绘制
}

void updateWithoutInput() // 与输入无关的更新函数
{
```

```
}

void updateWithInput()  // 和输入有关的更新函数
{
}

int main() //  主函数
{
    startup();  // 初始化函数，仅执行一次
    while (1)   // 一直循环
    {
        show();  // 进行绘制
        updateWithoutInput(); // 和输入无关的更新
        updateWithInput();    // 和输入有关的更新
    }
    return 0;
}
```

7.3 小蛇向右移动

实现小蛇的移动功能是“贪吃蛇”游戏的开发难点，图7-4列出了小蛇向右移动前后二维数组的元素值，虚线框内为对应代码的实现步骤：

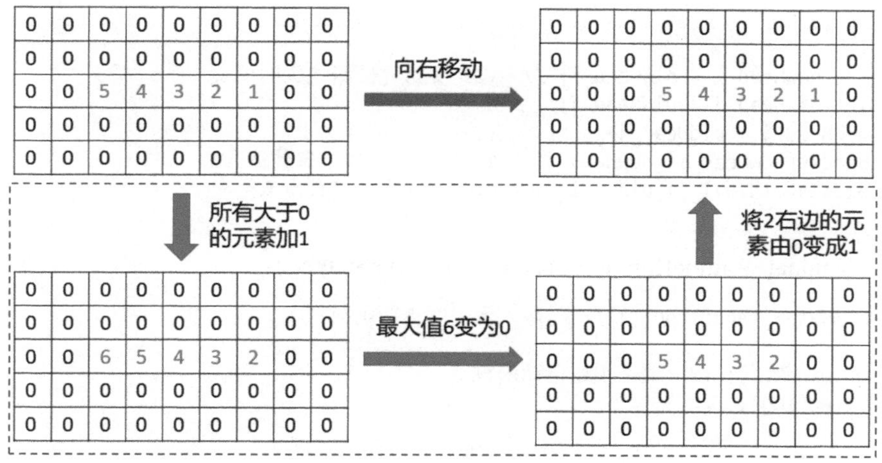

图 7-4

假设小蛇初始元素值为54321，其中1为蛇头、5432为蛇身、最大值5为蛇尾。首先将二维数组中所有大于0的元素加1，得到65432；然后将最大值6变为0，即去除了原来的蛇尾；最后将2右边的元素由0变成1，即实现了小蛇向右移动。

定义函数moveSnake( )处理小蛇移动的相关操作：

```
void moveSnake() //  移动小蛇及相关处理函数
{
    int i,j;
    for (i=0;i<HEIGHT;i++) // 对行遍历
        for (j=0;j<WIDTH;j++) // 对列遍历
            if (Blocks[i][j]>0) // 大于0的为小蛇元素
                Blocks[i][j]++; //  让其+1
    int oldTail_i,oldTail_j,oldHead_i,oldHead_j; // 定义变量，存储旧蛇尾、旧蛇头坐标
    int max = 0; // 用于记录最大值
    for (i=0;i<HEIGHT;i++) //  对行列遍历
    {
        for (j=0;j<WIDTH;j++)
        {
            if (max<Blocks[i][j]) //  如果当前元素值比max大
            {
                max = Blocks[i][j]; // 更新max的值
                oldTail_i = i; //  记录最大值的坐标，就是旧蛇尾的位置
                oldTail_j = j;
            }
            if (Blocks[i][j]==2) // 找到数值为2
            {
                oldHead_i = i; //  数值为2恰好是旧蛇头的位置
                oldHead_j = j;
            }
        }
    }
    int newHead_i = oldHead_i; //  设定变量存储新蛇头的位置
    int newHead_j = oldHead_j;
    newHead_j = oldHead_j+1; // 向右移动，更新蛇头坐标
    Blocks[newHead_i][newHead_j] = 1;  // 新蛇头位置数值为1
    Blocks[oldTail_i][oldTail_j] = 0; // 旧蛇尾位置变成空白
}
```

在updateWithoutInput( )函数中调用moveSnake( )：

```
void updateWithoutInput() // 与输入无关的更新函数
{
    moveSnake(); //  调用小蛇移动函数
    Sleep(100); //  暂停若干毫秒
}
```

通过以上操作则实现了小蛇自动向右移动，完整代码参看配套资源中7-3.cpp，效果如图7-5所示。

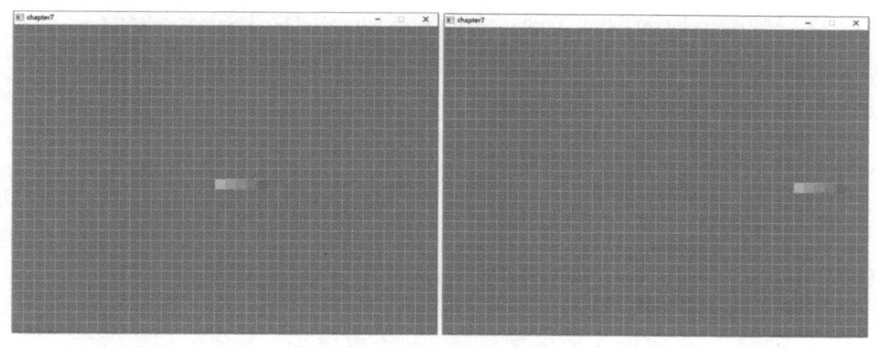

图 7-5

7.4 控制小蛇向 4 个方向移动

变量 oldHead_i、oldHead_j 存储移动前的蛇头位置（对应元素在二维数组中的行号、列号），newHead_i、newHead_j 存储移动后的蛇头位置。小蛇向上移动，只需把新蛇头的坐标设为旧蛇头的上方即可，如图 7-6 所示。

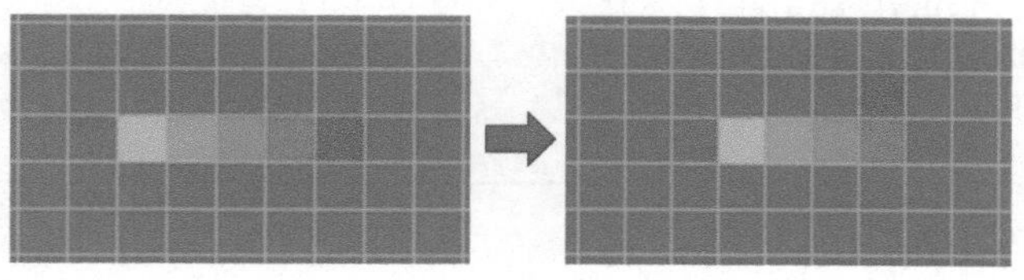

图 7-6

在配套资源中 7-3.cpp 的基础上修改代码就可以让小蛇向上移动：

```
newHead_i = oldHead_i - 1; // 向上移动
```

进一步，我们让玩家用键盘控制小蛇的移动。除了上、下、左、右键外，很多游戏使用 A、S、D、W 键控制游戏角色的移动，如图 7-7 所示。

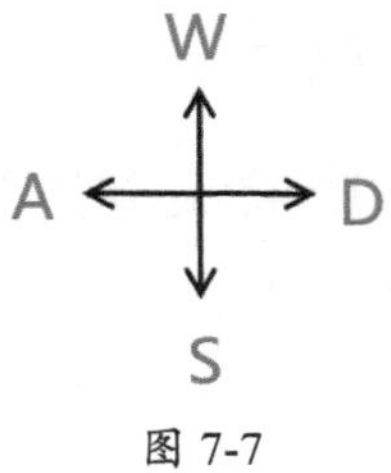

图 7-7

定义字符变量 moveDirection 表示小蛇运动方向，在 moveSnake() 函数中对其值进行判断，取'a'向左运动、'd'向右运动、'w'向上运动、's'向下运动：

```
char moveDirection;  //  小蛇移动方向
if (moveDirection=='a') // 向左移动
    newHead_j = oldHead_j-1;
if (moveDirection=='d') // 向右移动
    newHead_j = oldHead_j+1;
if (moveDirection=='w') // 向上移动
    newHead_i = oldHead_i-1;
if (moveDirection=='s') // 向下移动
    newHead_i = oldHead_i+1;
```

除了if语句，C语言还提供了if-else双选择语句，如7-4-1.cpp所示。

7-4-1.cpp

```
#include <conio.h>
#include <stdio.h>
int main()
{
    int x = 7;
    if (x%2==0)
        printf("%d是偶数",x);
    else
        printf("%d是奇数",x);
    _getch();
    return 0;
}
```

程序运行后输出：

```
7是奇数
```

if语句首先判断条件x%2==0是否满足，如果条件满足，就执行if后面的printf("%d是偶数",x);语句；如果条件不满足，则执行else之后的printf("%d是奇数",x);语句。

提示　else不能单独出现，必须和if配套使用。如果else后面有多条语句，也需要用{}将多条语句包含起来。

当有一系列条件要判断时，C语言还提供了多条件的if语句，以下代码把百分制得分转换为五级评分标准。

7-4-2.cpp

```
#include <conio.h>
#include <stdio.h>
int main()
```

```
{
    int x;
    scanf("%d",&x);

    if (x>=90)
        printf("优秀");
    else if (x>=80)
        printf("良好");
    else if (x>=70)
        printf("中等");
    else if (x>=60)
        printf("及格");
    else
        printf("不及格");

    _getch();
    return 0;
}
```

其中，scanf(“%d” ,&x);等待用户键盘输入整数，按回车键后赋给变量x。scanf()函数的格式和printf()类似，%d为格式控制字符，x为对应变量，不同之处是变量x前需要加一个&符号。

代码首先判断得分是否大于等于90，如果条件满足，就输出“优秀”；

否则，判断得分是否大于等于80，如果条件满足，说明得分在80～89之间，就输出“良好”；

否则，判断得分是否大于等于70，如果条件满足，说明得分在70～79之间，就输出“中等”；

否则，判断得分是否大于等于60，如果条件满足，说明得分在60～69之间，就输出“及格”；

否则，就说明得分小于60，输出“不及格”。

提示 第10章学习完指针的概念后，我们会讲解为何scanf()函数需要在变量前加&符号。

利用else语句，我们可以改进小蛇运动的控制代码，减少不必要的重复判断：

```
if (moveDirection=='a') // 向左移动
    newHead_j = oldHead_j-1;
else if (moveDirection=='d') // 向右移动
    newHead_j = oldHead_j+1;
else if (moveDirection=='w') // 向上移动
    newHead_i = oldHead_i-1;
```

```
else if (moveDirection=='s') // 向下移动
    newHead_i = oldHead_i+1;
```

练习题7-2：身体质量指数（Body Mass Index，BMI）是衡量人体肥胖程度的重要标准，读者可以搜索相应的计算方法与标准，尝试编写程序判断体重是否正常。输入样例，程序运行后输出如下。

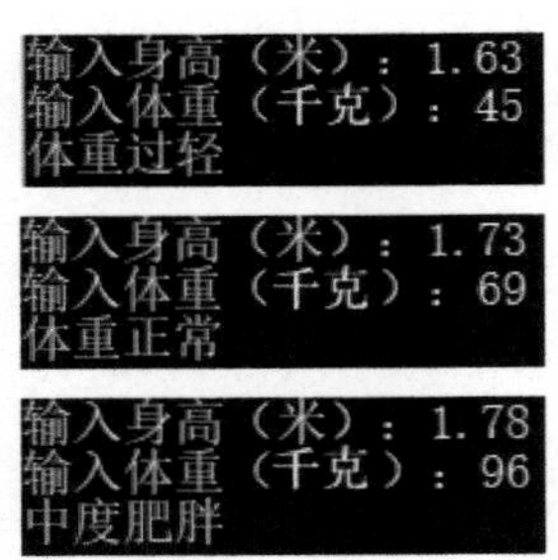

```
输入身高（米）：1.63
输入体重（千克）：45
体重过轻
```

```
输入身高（米）：1.73
输入体重（千克）：69
体重正常
```

```
输入身高（米）：1.78
输入体重（千克）：96
中度肥胖
```

在updateWithInput()函数中获得用户按键输入，如果是A、S、D、W键之一，就更新moveDirection变量，执行moveSnake()函数让小蛇向对应方向移动：

```
void updateWithInput()  // 和输入有关的更新函数
{
    if(kbhit())  //  如果有按键输入
    {
        char input = getch(); //  获得按键输入
        if (input=='a' || input=='s' || input=='d' || input=='w') // 如果是A、S、D、W键
        {
            moveDirection = input;  // 设定移动方向
            moveSnake(); // 调用移动小蛇函数
        }
    }
}
```

完整代码参看配套资源中7-4-3.cpp。

7.5 时间控制的改进

之前代码通过在updateWithoutInput()函数中调用Sleep()函数来降低小蛇的移动速度。然而Sleep()函数运行时，整个程序都会暂停，包括用户输入模块。用户会感觉到卡顿，明明按了键，小蛇却没有反应。

为了解决这一问题，这一节介绍动态变量、静态变量的概念。输入并运行以下代码：

7-5-1.cpp

```
#include <conio.h>
#include <stdio.h>

void fun()
{
    int m=0;
    m++;
    printf("%d\n",m);
}

int main()
{
    fun();
    fun();
    fun();
    _getch();
    return 0;
}
```

程序运行后输出：

```
1
1
1
```

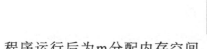

函数中定义的变量默认为动态变量，程序从变量的作用域开始，为其动态分配内存空间；到变量的作用域结束，动态收回变量的内存空间。

主函数中第一次调用fun()时，动态分配内存空间，m初始化为0，加1，输出，fun()运行结束，程序收回m的内存空间。第二次调用fun()，继续动态分配m的内存空间，m初始化为0，加1，输出1，收回内存空间。第三次调用也输出1。

用关键词static修饰的变量称为静态变量，即程序开始运行时就为其分配内存空间，直到程序运行完收回，修改代码如下：

7-5-2.cpp（其他代码同7-5-1）

```
static int m=0;
```

程序运行后输出：

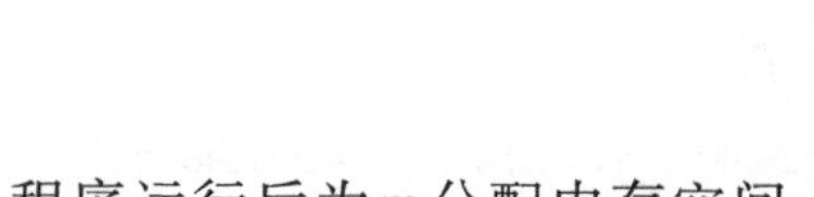

程序运行后为m分配内存空间，并初始化为0。主函数中第一次调用fun()时，m加1，输出1，fun()运行结束，程序不收回m的内存空间。第二次调用fun()，m继续加1，输出2。第三次调用输出3。

利用静态变量，将updateWithoutInput( )修改如下：

```
void updateWithoutInput() // 与输入无关的更新函数
{
    static int waitIndex = 1; // 静态局部变量，初始化时为1
    waitIndex++; // 每一帧+1
    if (waitIndex==10) // 等于10才执行，这样小蛇每隔10帧移动一次
    {
        moveSnake(); //  调用小蛇移动函数
        waitIndex = 1; // 再变成1
    }
}
```

其中，waitIndex为静态变量，程序运行后初始化为1。updateWithoutInput()每次运行时，waitIndex加1，每隔10帧，才执行一次小蛇移动函数moveSnake()。这样可在不影响用户按键输入的情况下，降低小蛇的移动速度。完整代码参看配套资源中7-5-3.cpp。

提示 动态变量如果不赋初值，其初值为随机数；静态变量如果不赋初值，其初值为0。

7.6 失败判断与显示

定义全局变量isFailure表示游戏是否失败，初始化为0：

```
int isFailure = 0; //  是否游戏失败
```

当小蛇碰到画面边界时，则认为游戏失败。由于每次只有蛇头是新生成的位置，所以在moveSnake()函数中只需判断蛇头是否越过边界：

```
if (newHead_i>=HEIGHT || newHead_i<0|| newHead_j>=WIDTH || newHead_j<0)
{
    isFailure = 1;
    return;
}
```

蛇头越过边界，游戏失败，将isFailure设为1；执行return，即函数返回，不运行moveSnake()后面的语句。

另外，当蛇头与蛇自身发生碰撞时，游戏也失败：

```
if ( newHead_i>=HEIGHT || newHead_i<0|| newHead_j>=WIDTH || newHead_j<0
|| Blocks[newHead_i][newHead_j]>0 )
{
```

```
        isFailure = 1;
        return;
    }
```

在 show() 函数中添加游戏失败后的显示信息：

```
void show()  // 绘制函数
{
    // ......
    if (isFailure) //  如果游戏失败
    {
        setbkmode(TRANSPARENT); // 文字字体透明
        settextcolor(RGB(255,0,0));// 设定文字颜色
        settextstyle(80, 0, _T("宋体")); // 设定文字大小、样式
        outtextxy(240,220,_T("游戏失败")); // 输出文字内容
    }
    FlushBatchDraw(); // 批量绘制
}
```

程序运行后输出如图 7-8 所示。

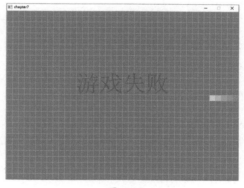

图 7-8

在 updateWithoutInput() 中添加代码，当 isFailure 为 1 时，直接返回，不运行后面的语句：

```
void updateWithoutInput() // 与输入无关的更新函数
{
   if (isFailure) //  如果游戏失败，函数返回
      return;
   // ......
}
```

在 updateWithInput() 中，只有当按下键盘且 isFailure 为 0 时，才进行相应的处理：

```
void updateWithInput()  // 和输入有关的更新函数
{
```

```
    if(kbhit() && isFailure==0)  //  如果有按键输入，并且不失败
    {
        // ……
    }
}
```

完整代码参看配套资源中 7-6.cpp。

7.7　添加食物

添加全局变量记录食物的位置：

```
int food_i,food_j; //  食物的位置
```

在 startup() 函数中初始化食物的位置：

```
void startup()  //  初始化函数
{
    food_i = rand()%(HEIGHT-5) + 2; //  初始化随机食物位置
    food_j = rand()%(WIDTH-5) + 2;
}
```

在 show() 函数中在食物位置处绘制一个绿色的小方块：

```
void show()  // 绘制函数
{
    setfillcolor(RGB(0,255,0)); //  食物颜色为绿色
    //  绘制食物小方块
    fillrectangle(food_j*BLOCK_SIZE,food_i*BLOCK_SIZE,
            (food_j+1)*BLOCK_SIZE,(food_i+1)*BLOCK_SIZE);
}
```

程序运行后输出如图 7-9 所示。

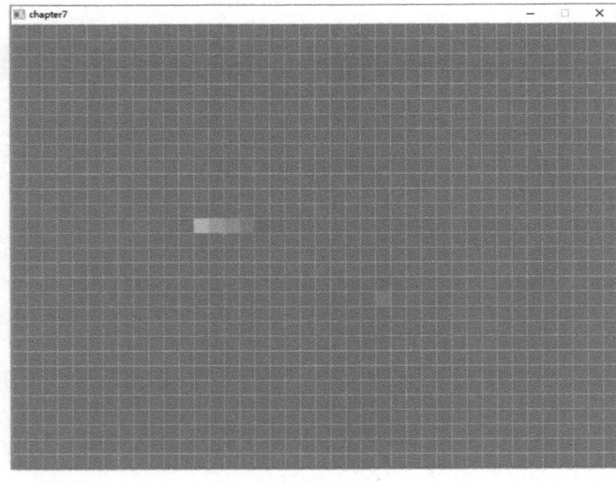

图 7-9

当新蛇头碰到食物时，只需保留原蛇尾，不将最大值变为0，即可让蛇的长度加1，如图7-10所示。

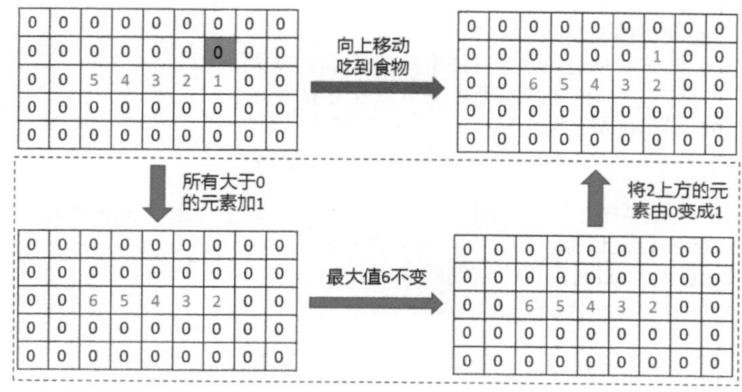

图 7-10

在moveSnake()函数中修改代码，当吃到食物时，食物位置重新随机出现，蛇长度加1；当没有吃到食物时，旧蛇尾变成空白，蛇长度保持不变。

```
Blocks[newHead_i][newHead_j] = 1;  // 新蛇头位置数值为1
if (newHead_i==food_i && newHead_j==food_j) //  如果新蛇头正好碰到食物
{
    food_i = rand()%(HEIGHT-5) + 2; //  食物重新随机位置
    food_j = rand()%(WIDTH-5) + 2; //
    // 不对旧蛇尾处理，相当于蛇的长度+1
}
else // 新蛇头没有碰到食物
    Blocks[oldTail_i][oldTail_j] = 0; // 旧蛇尾变成空白，不吃食物时蛇的长度保
持不变
```

实现效果如图7-11所示，完整代码参看配套资源中7-7.cpp。

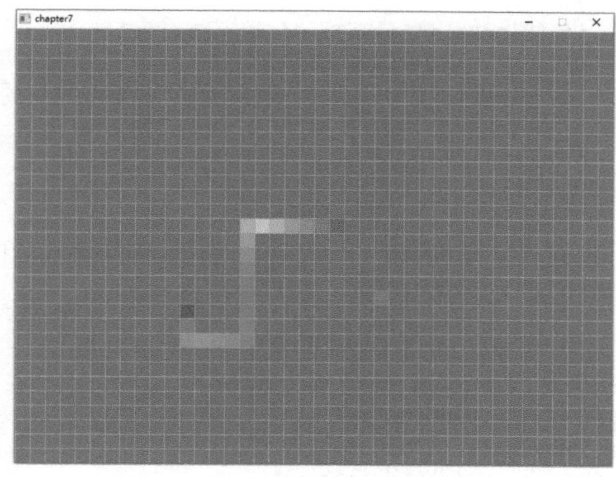

图 7-11

7-7.cpp

```
#include <graphics.h>
#include <conio.h>
#include <stdio.h>
#define BLOCK_SIZE 20 // 每个小格子的长宽大小
#define HEIGHT 30 // 高度上一共30个小格子
#define WIDTH 40 //  宽度上一共40个小格子

// 全局变量定义
int Blocks[HEIGHT][WIDTH] = {0}; //  二维数组，用于记录所有的游戏数据
char moveDirection;  //  小蛇移动方向
int food_i,food_j; //  食物的位置
int isFailure = 0; //  是否游戏失败

void moveSnake() //  移动小蛇及相关处理函数
{
    int i,j;
    for (i=0;i<HEIGHT;i++) // 对行遍历
        for (j=0;j<WIDTH;j++) // 对列遍历
            if (Blocks[i][j]>0) // 大于0的为小蛇元素
                Blocks[i][j]++; //  让其+1
    int oldTail_i,oldTail_j,oldHead_i,oldHead_j; // 定义变量，存储旧蛇尾、旧蛇头坐标
    int max = 0; // 用于记录最大值
    for (i=0;i<HEIGHT;i++) //  对行列遍历
    {
        for (j=0;j<WIDTH;j++)
        {
            if (max<Blocks[i][j]) //  如果当前元素值比max大
            {
                max = Blocks[i][j]; // 更新max的值
                oldTail_i = i; //  记录最大值的坐标，就是旧蛇尾的位置
                oldTail_j = j;
            }
            if (Blocks[i][j]==2) // 找到数值为2
            {
                oldHead_i = i; //  数值为2恰好是旧蛇头的位置
                oldHead_j = j;
            }
        }
    }
    int newHead_i = oldHead_i; //  设定变量存储新蛇头的位置
    int newHead_j = oldHead_j;

    //  根据用户按键，设定新蛇头的位置
    if (moveDirection=='w') // 向上移动
        newHead_i = oldHead_i-1;
    else if (moveDirection=='s') // 向下移动
        newHead_i = oldHead_i+1;
```

```
    else if (moveDirection=='a') // 向左移动
        newHead_j = oldHead_j-1;
    else if (moveDirection=='d') // 向右移动
        newHead_j = oldHead_j+1;

    // 如果蛇头超出边界，或者蛇头碰到蛇身，游戏失败
    if ( newHead_i>=HEIGHT || newHead_i<0|| newHead_j>=WIDTH || newHead_j<0
        || Blocks[newHead_i][newHead_j]>0 )
    {
        isFailure = 1; // 游戏失败
        return; // 函数返回
    }

    Blocks[newHead_i][newHead_j] = 1;  // 新蛇头位置数值为1
    if (newHead_i==food_i && newHead_j==food_j) // 如果新蛇头正好碰到食物
    {
        food_i = rand()%(HEIGHT-5) + 2; // 食物重新随机位置
        food_j = rand()%(WIDTH-5) + 2;
        // 不对旧蛇尾处理，相当于蛇的长度+1
    }
    else // 新蛇头没有碰到食物
        Blocks[oldTail_i][oldTail_j] = 0; // 旧蛇尾变成空白，不吃食物时蛇的长度保持不变
}

void startup()  // 初始化函数
{
    int i;
    Blocks[HEIGHT/2][WIDTH/2] = 1; // 画面中间画蛇头，数字为1
    for (i=1;i<=4;i++) // 向左依次4个蛇身，数值依次为2、3、4、5
        Blocks[HEIGHT/2][WIDTH/2-i] = i+1;
    moveDirection = 'd';     // 初始向右移动
    food_i = rand()%(HEIGHT-5) + 2; // 初始化随机食物位置
    food_j = rand()%(WIDTH-5) + 2;
    initgraph(WIDTH*BLOCK_SIZE,HEIGHT*BLOCK_SIZE); // 新开画面
    setlinecolor(RGB(200,200,200)); // 设置线条颜色
    BeginBatchDraw(); // 开始批量绘制
}

void show()  // 绘制函数
{
    cleardevice(); // 清屏
    int i,j;
    for (i=0;i<HEIGHT;i++) // 对二维数组所有元素遍历
    {
        for (j=0;j<WIDTH;j++)
        {
            if (Blocks[i][j]>0) // 元素大于0表示是蛇，这里让蛇的身体颜色色调渐变
                setfillcolor(HSVtoRGB(Blocks[i][j]*10,0.9,1));
```

```
            else
                setfillcolor(RGB(150,150,150)); // 元素为0表示为空，颜色为灰色
            // 在对应位置处，以对应颜色绘制小方格
            fillrectangle(j*BLOCK_SIZE,i*BLOCK_SIZE,
                    (j+1)*BLOCK_SIZE,(i+1)*BLOCK_SIZE);
        }
    }
    setfillcolor(RGB(0,255,0)); //  食物颜色为绿色
    //  绘制食物小方块
    fillrectangle(food_j*BLOCK_SIZE,food_i*BLOCK_SIZE,
            (food_j+1)*BLOCK_SIZE,(food_i+1)*BLOCK_SIZE);
    if (isFailure) //  如果游戏失败
    {
        setbkmode(TRANSPARENT); // 文字字体透明
        settextcolor(RGB(255,0,0));// 设定文字颜色
        settextstyle(80, 0, _T("宋体")); //  设定文字大小、样式
        outtextxy(240,220,_T("游戏失败")); //  输出文字内容
    }
    FlushBatchDraw(); // 批量绘制
}

void updateWithoutInput() // 与输入无关的更新函数
{
    if (isFailure) //  如果游戏失败，函数返回
        return;
    static int waitIndex = 1; // 静态局部变量，初始化时为1
    waitIndex++; // 每一帧+1
    if (waitIndex==10) // 如果等于10才执行，这样小蛇每隔10帧移动一次
    {
        moveSnake(); //  调用小蛇移动函数
        waitIndex = 1; // 再变成1
    }
}

void updateWithInput()  // 和输入有关的更新函数
{
    if(kbhit() && isFailure==0)  //  如果有按键输入，并且不失败
    {
        char input = getch(); //  获得按键输入
        if (input=='a' || input=='s' || input=='d' || input=='w') // 如果是A、S、D、W键
        {
            moveDirection = input;  // 设定移动方向
            moveSnake(); // 调用小蛇移动函数
        }
    }
}

int main() //  主函数
```

```
{
    startup();  // 初始化函数，仅执行一次
    while (1)   // 一直循环
    {
        show();  // 进行绘制
        updateWithoutInput(); // 和输入无关的更新
        updateWithInput();    // 和输入有关的更新
    }
    return 0;
}
```

7.8 小结

本章主要讲解了二维数组、if-else、scanf、局部变量与全局变量、动态变量与静态变量等语法知识，解析了如何利用游戏开发框架，实现“贪吃蛇”游戏。读者可以尝试在本章代码的基础上继续改进。

（1）实现得分越高、游戏速度越快的效果。

（2）增加道具，吃完可以加命或减速。

（3）尝试双人版贪吃蛇大战，如果碰到对方蛇身则游戏失败。

第8章 “十步万度”游戏

在本章我们将探讨如何编写“十步万度”游戏，效果如图8-1所示。用鼠标点击任意一个小圆圈，其指针顺时针旋转90度，后续被指向的圆圈指针也依次旋转，所有圆圈的旋转度数累积。玩家点击10次，尝试得到尽量高的旋转度数。

本章首先介绍了结构体的概念，并展示利用结构体数组存储所有小圆圈信息；然后讲解了鼠标交互的方法，以及如何实现被鼠标点中的小圆圈的旋转；接着讲解了数组作为函数的参数，以及如何实现旋转的迭代传播；最后解析了如何实现操作步数和旋转度数的统计与显示。

本章案例最终一共141行代码，代码项目路径为“配套资源\第8章\chapter8\chapter8.sln”，视频效果参看“配套资源\第8章\十步万度.mp4”。

图 8-1

8.1 结构体

图8-1中的绘制单元由一个白色圆圈、一个红色指针组成。记录白色圆圈的信息需要定义3个变量：

```
float x,y; // 小圆圈的圆心坐标
float r; // 小圆圈半径
```

红色指针起点在圆心，长度为圆半径，其角度只能有0、PI/2、PI、PI*3/2这4种可能。定义取值范围为[0,3]的整型变量angleNum，其角度值即为angleNum* PI/2：

```
int angleNum;  // 对应的角度种类，只能是0、1、2、3，表示乘以 PI/2 后对应的4个角度值
```

要记录图8-1中的5行5列所有圆圈信息，我们可以采用数组的形式：

```
float x[25],y[25]; // 所有小圆圈的圆心坐标
float r[25]; // 所有小圆圈的半径
int angleNum[25];  // 所有指针对应的角度
```

数组可以处理大量的同类型数据，其中每一个元素都属于同一种数据类型。而利用结构体，可以将一个物体的不同类型数据集合在一起，形成一个整体，使代码更加直观、简洁：

```
struct Round // 定义结构体，用来表示带角度指示的小圆圈
{
    float x,y; // 小圆圈的圆心坐标
    float r; // 小圆圈半径
    int angleNum;  // 对应的角度种类，只能是0、1、2、3
};
```

其中，struct是定义结构体的关键词，Round是自定义的结构体类型名。{}内定义了结构体的成员变量，成员变量的数据类型可以不同。在}后面需要加上一个分号。

定义结构体类型Round后，我们就可以用Round来定义变量：

```
Round round; // 定义结构体变量
```

round可以理解为一种Round类型的变量，可以通过如下形式设定round的成员变量：

```
round.x = 300; // 设定小圆圈的圆心坐标
round.y = 300;
round.r = 30; // 设定小圆圈的半径
round.angleNum = 1; // 1*PI/2角度，也就是向上
```

也可以通过访问round的成员变量，绘制出对应的小圆圈：

```
setlinecolor(RGB(200,200,200));  // 设置圆圈颜色为白灰色
circle(round.x,round.y,round.r); // 画小圆圈
setlinecolor(RGB(255,0,0)); // 设置角度指示线颜色为红色
float angle = round.angleNum * PI/2; // 通过数组记录的变量设定对应的角度
// 用三角函数，画出这根红线
line(round.x,round.y,round.x + round.r*cos(-angle),round.y + round.r*sin(-angle));
```

绘制效果如图8-2所示，完整代码参看配套资源中8-1-1.cpp。

图 8-2

练习题8-1：利用结构体实现小球抛物线运动动画（结果参看练习题2-8）。

进一步，定义结构体二维数组，存储图8-1中5行5列所有圆圈的信息：

```
Round rounds[5][5]; // 结构体二维数组
```

通过如下的形式，可以对结构体数组的元素进行赋值：

```
rounds[i][j].x = 100;
rounds[i][j].y = 200;
rounds[i][j].r = 30;
rounds[i][j].angleNum = 1;
```

利用结构体二维数组和游戏开发框架，实现代码如8-1-2.cpp所示。

8-1-2.cpp

```
#include <graphics.h>
#include <conio.h>
#include <math.h>
#define PI 3.14159 // PI宏定义

struct Round // 定义结构体，用来表示带角度指示的小圆圈
{
    float x,y; // 小圆圈的圆心坐标
    float r; // 小圆圈半径
    int angleNum;  // 对应的角度，这里只能是0、1、2、3。表示乘以 PI/2 后对应的4个角度值
};
// 全局变量定义
Round rounds[5][5]; // 结构体二维数组

void startup()  // 初始化函数
{
    initgraph(600,700); // 新建画面
    setbkcolor(RGB(50,50,50)); // 设置背景颜色
    setlinestyle(PS_SOLID,3); //  设置线条样式、线宽
    cleardevice(); // 清空背景
    BeginBatchDraw(); // 开始批量绘制

    int i,j;
    // 初始化，设定5*5共25个小圆圈
    for (i=0;i<5;i++)
    {
        for (j=0;j<5;j++)
        {
            rounds[i][j].x = 100 + j*100; // 设定小圆圈的圆心坐标
            rounds[i][j].y = 200 + i*100;
            rounds[i][j].r = 30; // 设定小圆圈的半径
            rounds[i][j].angleNum = 1; // 开始都是PI/2角度，也就是都是向上
        }
    }
}

void show() // 绘制函数
{
    int i,j;
    float angle;
    cleardevice();
    // 对所有小圆圈遍历
    for (i=0;i<5;i++)
    {
        for (j=0;j<5;j++)
        {
            setlinecolor(RGB(200,200,200));  // 设置圆圈颜色为白灰色
```

```
            circle(rounds[i][j].x,rounds[i][j].y,rounds[i][j].r); // 画小圆圈
            setlinecolor(RGB(255,0,0)); // 设置角度指示线颜色为红色
            angle = rounds[i][j].angleNum * PI/2; // 通过数组记录的变量设定对应的角度
            // 用三角函数，画出这根红线
            line(rounds[i][j].x, rounds[i][j].y,
                rounds[i][j].x + rounds[i][j].r * cos(-angle),
                rounds[i][j].y + rounds[i][j].r * sin(-angle));
        }
    }
    FlushBatchDraw(); // 开始批量绘制
}

void update()  // 更新函数
{
}

int main() // 主函数
{
    startup();  // 初始化
    while (1)   // 重复循环
    {
        show();  // 绘制
        update();  // 更新
    }
    return 0;
}
```

程序运行后输出如图 8-3 所示。

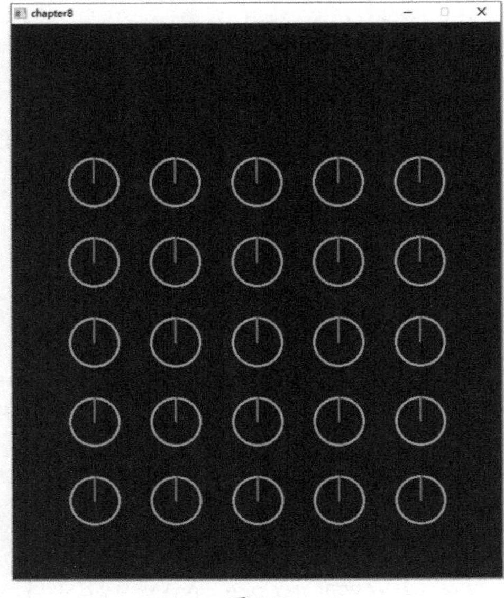

图 8-3

8.2 鼠标交互

回顾7.4节中讲解的键盘交互处理函数：

```
void updateWithInput()  // 和输入有关的更新函数
{
    if(kbhit())  //  如果有按键输入
    {
        char input = getch(); //  获得按键输入
        if (input=='a' || input=='s' || input=='d' || input=='w') // 如果是A、S、D、W键
        {
            // 相应处理语句
        }
    }
}
```

对于很多游戏，鼠标交互是一种更加自然的交互方式。和键盘交互代码结构类似，我们也可以实现基于鼠标的交互处理：

```
void updateWithInput()  // 和输入有关的更新函数
{
    MOUSEMSG m;          // 定义鼠标消息
    if (MouseHit())    // 如果有鼠标消息
    {
        m = GetMouseMsg();        // 获得鼠标消息
        if (m.uMsg == WM_LBUTTONDOWN) // 如果点击鼠标左键
        {
            // 执行相应的操作
            // m.x为当前鼠标的x坐标，m.y为当前鼠标的y坐标
        }
    }
}
```

以下代码实现点击鼠标时，在鼠标位置绘制一个红色圆圈：

8-2-1.cpp

```
#include <graphics.h>
#include <conio.h>
#include <stdio.h>
int main()
{
    initgraph(800,600); // 打开一个窗口
    setbkcolor(WHITE); // 设置背景颜色为白色
    cleardevice();  // 以背景颜色清空画布
    while (1)
    {
        MOUSEMSG m;          //定义鼠标消息
        if (MouseHit())    // 如果有鼠标消息
        {
            m = GetMouseMsg();        // 获得鼠标消息
```

```
            if (m.uMsg == WM_LBUTTONDOWN) // 如果点击鼠标左键
            {
                // 在鼠标点击位置画一个红色圆圈
                setfillcolor(RED);
                fillcircle(m.x,m.y,30);
            }
        }
    }
    return 0;
}
```

程序运行后输出如图 8-4 所示。

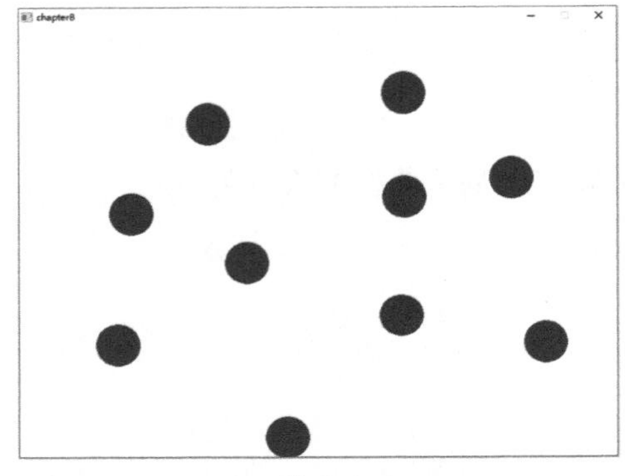

图 8-4

同样，也可以实现鼠标移动时，绘制一系列绿色的小圆圈：

8-2-2.cpp

```
#include <graphics.h>
#include <conio.h>
#include <stdio.h>
int main()
{
    initgraph(800,600); // 打开一个窗口
    setbkcolor(WHITE); // 设置背景颜色为白色
    cleardevice();  // 以背景颜色清空画布
    while (1)
    {
        MOUSEMSG m;          //定义鼠标消息
        if (MouseHit())   // 如果有鼠标消息
        {
            m = GetMouseMsg();        // 获得鼠标消息
            if (m.uMsg == WM_MOUSEMOVE) // 如果鼠标移动时
            {
                // 在鼠标点击位置画一个绿色圆圈
                setfillcolor(GREEN);
                setlinecolor(GREEN);
```

```
                fillcircle(m.x,m.y,3);
            }
        }
    }
    return 0;
}
```

程序运行后输出如图8-5所示。

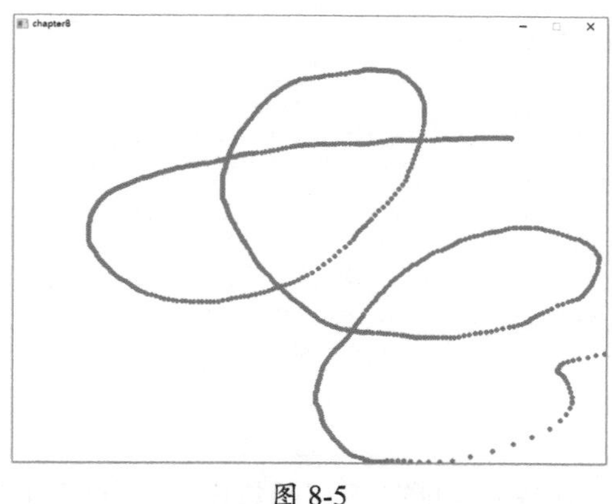

图 8-5

8.3 被鼠标点击后旋转

鼠标点击位置的坐标为(m.x,m.y)，根据图8-3中5行5列小圆圈的坐标设置（代码8-1-2.cpp），被鼠标点中的小圆圈在二维数组rounds中的行、列序号为：

```
int clicked_i = int(m.y -150)/100;
int clicked_j = int(m.x -50)/100;
```

被点中的小圆圈需要顺时针旋转90度，如图8-6所示。

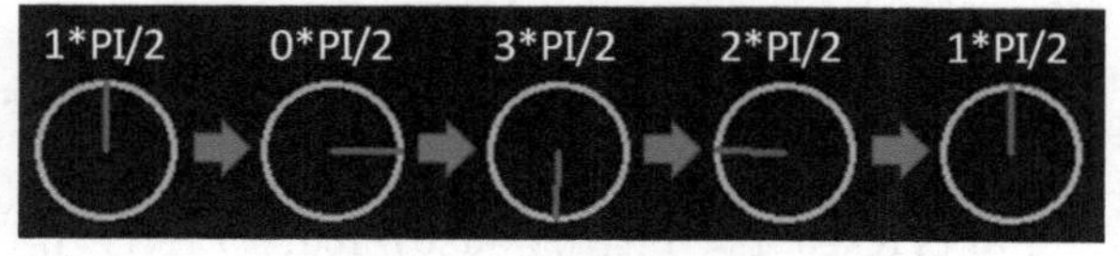

图 8-6

只需要将其angleNum值依次减小即可：

```
rounds[clicked_i][ clicked_j].angleNum -= 1; // 值减1
if (rounds[clicked_i][ clicked_j].angleNum<0) // 如果小于0，再设为3
    rounds[clicked_i][ clicked_j].angleNum = 3;
```

其中“-=”为复合运算符，x -= 1等价于x = x - 1。

练习题8-2：写出以下程序并运行结果。

练习题8-2

```
#include <conio.h>
#include <stdio.h>
int main()
{
    int a = 1;
    a += 4;
    printf("%d\n",a);
    a -= 2;
    printf("%d\n",a);
    a *= 3;
    printf("%d\n",a);
    a /= 2;
    printf("%d\n",a);
    a %= 3;
    printf("%d\n",a);
    _getch();
    return 0;
}
```

把小圆圈顺时针旋转的功能封装在函数rotateRound( )中，修改代码如下：

8-3.cpp（其他代码同8-1-2.cpp）

```
void rotateRound(int i,int j) // 对二维数组中i行j列的小圆圈，顺时针旋转
{
    rounds[i][j].angleNum -= 1; // 值减1
    if (rounds[i][j].angleNum<0) // 如果小于0，再设为3
        rounds[i][j].angleNum = 3;
}

void update()  // 更新函数
{
    MOUSEMSG m;          // 定义鼠标消息
    if (MouseHit())    // 如果有鼠标消息
    {
        m = GetMouseMsg();  // 获得鼠标消息
        if (m.uMsg == WM_LBUTTONDOWN) // 如果点击鼠标左键
        {
            int clicked_i = int(m.y -150)/100; // 获得当前点击圆圈的序号
            int clicked_j = int(m.x -50)/100;
            rotateRound(clicked_i,clicked_j);    // 把当前圆圈顺时针旋转90度
            show(); // 绘制
        }
    }
}
```

8.4 函数的参数传递

在本节我们介绍一般变量、数组元素、数组名作为函数参数的几种情况。输入并运行以下代码：

8-4-1.cpp

```
#include <conio.h>
#include <stdio.h>

void fun(int a)
{
    a++;
    printf("%d\n",a);
}

int main()
{
    int x = 1;
    printf("%d\n",x);
    fun(x);
    printf("%d\n",x);
    _getch();
    return 0;
}
```

程序运行后输出：

程序从主函数开始运行，首先定义变量x并初始化为1，printf("%d\n",x);输出1。

接着执行fun(x);，进入fun()函数，为变量a分配内存空间，将实际参数x的值赋给形式参数a。执行fun()函数内部的语句a++;，printf("%d\n",a);输出2。fun()运行结束后，收回变量a的内存空间。

回到主函数中，x的值没有改变，printf("%d\n",x);仍然输出1。

一般变量作为函数的参数，这种调用方式称为单向值调用，函数内形式参数的值改变不会影响主函数中对应实际参数的值。

以下代码将数组元素传递给函数：

8-4-2.cpp

```
#include <conio.h>
#include <stdio.h>
```

```
void fun(int i,int j)
{
    i++;
    j++;
}

int main()
{
    int x[2] = {1,2};
    printf("%d %d\n",x[0],x[1]);
    fun(x[0],x[1]);
    printf("%d %d\n",x[0],x[1]);
    _getch();
    return 0;
}
```

程序运行后输出：

数组元素作为函数实际参数的用法和一般变量作为实际参数的用法一样，都是单向的值传递。

为了能在函数中修改实际参数的值，我们可以把数组名作为参数进行传递。输入并运行以下代码：

8-4-3.cpp

```
#include <conio.h>
#include <stdio.h>

void fun(int a[2])
{
    a[0] = 3;
    a[1] = 4;
}

int main()
{
    int x[2] = {1,2};
    printf("%d %d\n",x[0],x[1]);
    fun(x);
    printf("%d %d\n",x[0],x[1]);
    _getch();
    return 0;
}
```

程序运行后输出：

```
1 2
3 4
```

在下一节我们将讲解利用数组作为函数的参数，实现圆圈旋转的迭代传播。

8.5 旋转的传播

当鼠标点中一个小圆圈时，小圆圈顺时针旋转90度，然后其指向的下一个圆圈继续旋转90度，如此迭代下去，直到不指向任何小圆圈为止（此时指向边界），如图8-7所示。

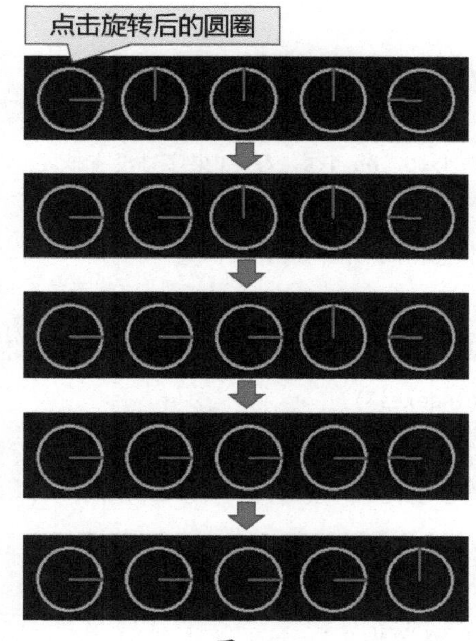

图 8-7

首先定义一维数组indexes存储被鼠标点中的小圆圈在二维数组rounds中的行列序号：

```
int indexes[2] = {clicked_i,clicked_j}; // 数组存储点击小圆圈的行列序号
```

定义函数int GetNextIndexes(int indexes[2])，根据当前小圆圈的序号indexes[0]、indexes[1]和当前小圆圈的角度angleNum，首先求出其指向的小圆圈的序号。如果指向的小圆圈超出边界，函数返回0；如果指向一个有效的小圆圈，就把其序号更新到数组indexes中，函数返回1。

```
// 获得当前圆圈指向的下一个圆圈的序号
// 当前圆圈序号存储在数组int indexes[2]中，下一个圆圈序号也存储在这个数组中
// 如果有下一个指向的圆圈，则返回1；如果指向边界了，则返回0
int GetNextIndexes(int indexes[2])
{
    int i = indexes[0]; // 当前圆圈的i、j序号
    int j = indexes[1];

    // 根据当前圆圈的角度，获得下一个小圆圈的序号
    if (rounds[i][j].angleNum==0) // 指向右边的小圆圈
        j++; // right
    else if (rounds[i][j].angleNum==3) // 指向下边的小圆圈
        i++; // down
    else if (rounds[i][j].angleNum==2) // 指向左边的小圆圈
        j--; // left
    else if (rounds[i][j].angleNum==1) // 指向上边的小圆圈
        i--; // up

    indexes[0] = i; // 在数组中更新指向的下一个圆圈的序号
    indexes[1] = j;

    if (i>=0 && i<5 && j>=0  && j<5) // 如果序号没有越界
        return 1; // 说明指向了一个圆圈，返回1
    else
        return 0; // 没有指向有效圆圈，返回0
}
```

循环调用GetNextIndexes( )函数，即实现了旋转的迭代传播：

```
while (GetNextIndexes(indexes))
// 获得指向的下一个圆圈。如果返回1，就一直重复执行下去
{
    rotateRound(indexes[0],indexes[1]); // 将指向的下一个圆圈也旋转90度
    show(); // 绘制
    Sleep(800); // 暂停若干毫秒
}
```

完整代码参看配套资源中8-5.cpp。

8.6 操作步数与旋转度数

首先定义全局变量step记录还剩下的操作步数，score记录一共旋转的度数：

```
int step; // 还剩下的操作步数
int score; // 得分，也就是一共旋转了多少度
```

在startup( )函数中进行初始化：

```
void startup()  // 初始化函数
{
    step = 10; // 一共可以操作10步
    score = 0; // 初始为0度
}
```

在 show() 函数中输出相关的文字信息：

```
void show() // 绘制函数
{
    TCHAR s[20]; // 要输出的字符串
    setbkmode(TRANSPARENT); // 透明显示文字
    _stprintf(s, _T("%d 步  %d 度"), step, score);    // 把整数转换为字符串
    settextstyle(50, 0, _T("宋体")); // 字体大小、样式
    outtextxy(150, 30, s); // 在xy位置输出字符串文字
    settextstyle(20, 0, _T("宋体"));
    outtextxy(15,100,_T("点击一个圆圈 其指针顺时针旋转90度之后 指向的指针依次
旋转"));
    FlushBatchDraw();
    FlushBatchDraw(); // 开始批量绘制
}
```

每旋转一次，得分增加 90 度：

```
void rotateRound(int i,int j) // 二维数组中i行j列的小圆圈，顺时针旋转
{
    score += 90; // 得分加上90度
}
```

update() 函数中鼠标每操作一次，step 减 1：

```
if (m.uMsg == WM_LBUTTONDOWN  && step>0) // 如果点击鼠标左键，并且还有可以操作
的步数
{
    step--; // 操作步数－1
}
```

完整代码如下：

8-6.cpp

```
#include <graphics.h>
#include <conio.h>
#include <math.h>
#define PI 3.14159 // PI宏定义

struct Round // 定义结构体，用来表示带角度指示的小圆圈
{
    float x,y; // 小圆圈的圆心坐标
    float r; // 小圆圈半径
    int angleNum;  // 对应的角度，这里只能是0、1、2、3。表示乘以 PI/2
后对应的4个角度值
};
```

```
// 全局变量定义
Round rounds[5][5]; // 结构体二维数组
int step; // 还剩下的操作步数
int score; // 得分，即一共旋转了多少度

void rotateRound(int i,int j) // 二维数组中i行j列的小圆圈，顺时针旋转
{
    rounds[i][j].angleNum -= 1; // 值减1
    if (rounds[i][j].angleNum<0) // 如果小于0，再设为3
        rounds[i][j].angleNum = 3;
    score += 90; // 得分加上90度
}

// 获得当前圆圈指向的下一个圆圈序号
// 当前圆圈序号存储在数组int indexes[2]中，下一个圆圈序号也存储在这个数组中
// 如果有下一个指向的圆圈，返回1；如果指向边界了，返回0
int GetNextIndexes(int indexes[2])
{
    int i = indexes[0]; // 当前圆圈的i、j序号
    int j = indexes[1];

    // 根据当前圆圈的角度，获得下一个小圆圈的序号
    if (rounds[i][j].angleNum==0) // 指向右边的小圆圈
        j++; // right
    else if (rounds[i][j].angleNum==3) // 指向下边的小圆圈
        i++; // down
    else if (rounds[i][j].angleNum==2) // 指向左边的小圆圈
        j--; // left
    else if (rounds[i][j].angleNum==1) // 指向上边的小圆圈
        i--; // up

    indexes[0] = i; // 在数组中更新指向的下一个圆圈的序号
    indexes[1] = j;

    if (i>=0 && i<5 && j>=0  && j<5) // 如果序号没有越界
        return 1; // 说明指向了一个圆圈，返回1
    else
        return 0; // 没有指向有效圆圈，返回0
}

void startup()  // 初始化函数
{
    initgraph(600,700); // 新建画面
    setbkcolor(RGB(50,50,50)); // 设置背景颜色
    setlinestyle(PS_SOLID,3); //  设置线条样式、线宽
    cleardevice(); // 清空背景
    BeginBatchDraw(); // 开始批量绘制
    step = 10; // 一共可以操作10步
    score = 0; // 初始化为0度
    int i,j;
```

```
    // 初始化，设定5*5共25个小圆圈
    for (i=0;i<5;i++)
    {
        for (j=0;j<5;j++)
        {
            rounds[i][j].x = 100 + j*100; // 设定小圆圈的圆心坐标
            rounds[i][j].y = 200 + i*100;
            rounds[i][j].r = 30; // 设定小圆圈的半径
            rounds[i][j].angleNum = 1; // 开始都是PI/2弧度，也就是都是向上
        }
    }
}

void show() // 绘制函数
{
    int i,j;
    float angle;
    cleardevice();
    // 对所有小圆圈遍历
    for (i=0;i<5;i++)
    {
        for (j=0;j<5;j++)
        {
            setlinecolor(RGB(200,200,200));  // 设置圆圈颜色为白灰色
            circle(rounds[i][j].x,rounds[i][j].y,rounds[i][j].r); // 画
            小圆圈
            setlinecolor(RGB(255,0,0)); // 设置角度指示线颜色为红色
            angle = rounds[i][j].angleNum * PI/2; // 通过数组记录的变量
            设定对应的角度
            // 用三角函数，画出这根红线
            line(rounds[i][j].x, rounds[i][j].y,
                rounds[i][j].x + rounds[i][j].r * cos(-angle),
                rounds[i][j].y + rounds[i][j].r * sin(-angle));
        }
    }
    TCHAR s[20]; // 要输出的字符串
    setbkmode(TRANSPARENT); // 透明显示文字
    _stprintf(s, _T("%d 步  %d 度"), step, score); // 把整数转换为
    字符串
    settextstyle(50, 0, _T("宋体")); // 字体大小、样式
    outtextxy(150, 30, s); // 在xy位置输出字符串文字
    settextstyle(20, 0, _T("宋体"));
    outtextxy(15,100,_T("点击一个圆圈 其指针顺时针旋转90度之后 指向的指
    针依次旋转"));
    FlushBatchDraw();
    FlushBatchDraw(); // 开始批量绘制
}

void update()  // 更新函数
{
```

```
    MOUSEMSG m;          // 定义鼠标消息
    if (MouseHit())   // 如果有鼠标消息
    {
        m = GetMouseMsg();  // 获得鼠标消息
        if (m.uMsg == WM_LBUTTONDOWN  && step>0) //点击鼠标左键，且还有可以操作的步数
        {
            step--; // 操作步数-1
            int clicked_i = int(m.y -150)/100; // 获得当前点击圆圈的序号
            int clicked_j = int(m.x -50)/100;
            rotateRound(clicked_i,clicked_j);    // 把当前圆圈顺时针旋转90度
            show(); // 绘制
            Sleep(300); // 暂停若干毫秒

            int indexes[2] = {clicked_i,clicked_j}; // 数组存储点击小圆圈的行列序号
            while (GetNextIndexes(indexes)) //获得指向的下一个圆圈，返回1就一直重复执行
            {
                rotateRound(indexes[0],indexes[1]); // 将指向的下一个圆圈也旋转90度
                show(); // 绘制
                Sleep(300); // 暂停若干毫秒
            }
        }
    }
}

int main() // 主函数
{
    startup();  // 初始化
    while (1)   // 重复循环
    {
        show();  // 绘制
        update();  // 更新
    }
    return 0;
}
```

读者可以依次点击序号(2,2)、(3,2)、(4,2)、(5,2)、(2,4)、(2,3)、(2,2)、(5,5)、(1,5)、(1,1)的小圆圈，最终得分如图 8-8 所示。

图 8-8

8.7 小结

本章主要讲解了结构体、复合运算符、值传递、数组作为函数的参数等语法知识，介绍了鼠标交互方法，解析如何实现十步万度游戏。

利用结构体，读者可以尝试让“见缝插针”“见缝插圆”等代码更加清晰、易懂；利用鼠标交互，也可以尝试实现交互绘图的程序。读者也可以参考原版《十步万度》游戏，尝试实现多个不同难易程度的关卡。

第 9 章 “推箱子”游戏

在本章我们将探讨如何编写“推箱子”游戏，即玩家通过键盘控制游戏角色将所有黄色箱子推到白色方块处，效果如图 9-1 所示。

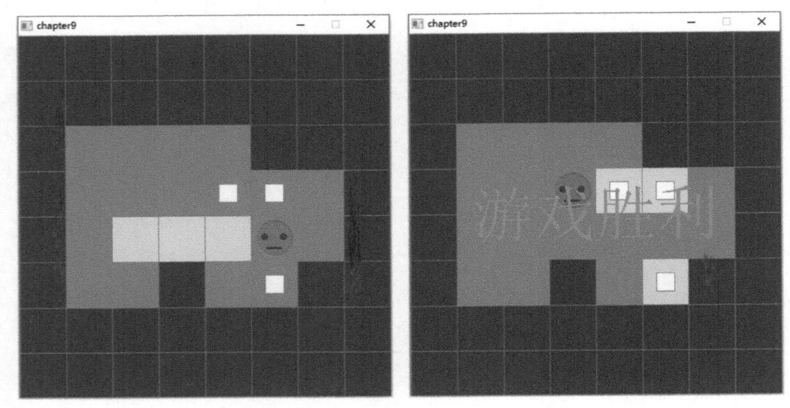

图 9-1

本章首先介绍了字符串与字符数组的概念，以及如何应用字符数组初始化关卡数据；然后讲解如何利用键盘控制游戏角色移动，以及如何实现地图元素更新和游戏胜利的判断；接着讲解如何利用三维字符数组实现多关卡的游戏；最后基于文件的关卡数据读取，讲解如何利用枚举类型改进游戏代码。

本章案例最终一共244行代码，代码项目路径为“配套资源\第9章\chapter9\chapter9.sln”，视频效果参看“配套资源\第9章\推箱子.mp4”。

9.1 字符串与字符数组

语句printf("hello");中双引号包含的多个字符，在C语言中称为字符串。字符串也可以用字符型数组进行存储，输入并运行以下代码：

9-1-1.cpp

```
#include <conio.h>
#include <stdio.h>
int main()
{
    char str1[6] = "hello";
    printf("%s\n",str1);
    char str2[6] = {'h','e','l','l','o','\0'};
    printf("%s\n",str2);
    char str3[10] = "hello";
    printf("%s\n",str3);
    char str4[] = "hello";
    printf("%s\n",str4);
    _getch();
    return 0;
}
```

程序运行后输出：

其中，char str1[6] = "hello";定义了一个字符数组str1，并用字符串"hello"初始化。字符串"hello"在内存中存储了6个字符，分别为'h'、'e'、'l'、'l'、'o'、'\0'（表示字符串结束的结束符）。printf("%s\n",str1);输出字符数组str1，其中格式控制字符%s表示把后面的变量按字符串输出。

字符数组也可以用字符常量的形式对其各个元素初始化：char str2[6] = {'h','e','l','l','o','\0'};。

char str3[10] = "hello"; 表示定义字符数组str3，并用"hello"中的6个字符对数组的前6个元素进行初始化，后面的4个元素值自动赋值为'\0'。

char str4[] = "hello"; 语句在定义时省略数组元素的个数，由于" hello"在内存中有6个字符，因此其等价于char str4[6] = "hello";。

练习题9-1：定义char str[] = "hello world!";，利用while语句统计字符数组str中结束符'\0'前的元素个数。

练习题9-2：定义3个字符数组。

```
char str1[] = "coding ";
char str2[] = "is fun";
char str3[20];
```

编写代码将str1、str2的内容依次复制到str3中，输出：

```
coding is fun
```

要存储多个字符串，也可以应用字符型二维数组：

9-1-2.cpp

```
#include <conio.h>
#include <stdio.h>
int main()
{
    char str[3][10]={"Wuhan", "Beijing", "Shanghai"};
    int i,j;
    // 通过二维数组元素输出
    for (i=0;i<3;i++)
    {
        for (j=0;j<10;j++)
            printf("%c",str[i][j]);
        printf("\n");
    }
    // 通过字符串形式输出
    for (i=0;i<3;i++)
        printf("%s\n",str[i]);
    _getch();
    return 0;
}
```

程序运行后输出：

其中，char str[3][10]={"Wuhan", "Beijing", "Shanghai"};定义了3行10列的字符型二维数组str，并用3个字符串进行初始化，如图9-2所示。

str[0] →	W	u	h	a	n	\0	\0	\0	\0	\0
str[1] →	B	e	i	j	i	n	g	\0	\0	\0
str[2] →	S	h	a	n	g	h	a	i	\0	\0

图 9-2

对于字符型二维数组，可以通过printf("%c",str[i][j]);输出所有的字符元素，也可以通过printf("%s\n",str[i]);依次输出3个字符串。

提示 字符在内存中实际存储的也是一个整数值，该整数值称为该字符的ASCII码。读者可以尝试输入并运行以下代码：

```
char x = 'a';
printf("%c",x);
printf("%d",x);
```

为了处理中文等复杂字符，Visual Studio中使用TCHAR数据类型作为char的扩展：

9-1-3.cpp

```
#include <graphics.h>
#include <conio.h>
#include <stdio.h>
int main()
{
    initgraph(600,350); // 新开一个窗口
    setbkcolor(RGB(255,255,255)); // 背景颜色为白色
    cleardevice(); // 以背景颜色清空背景
    setbkmode(TRANSPARENT); // 透明显示文字

    settextcolor(RED);  // 设置字体颜色
    settextstyle(50, 0, _T("宋体")); // 设置文字大小、字体
    outtextxy(50, 30, _T("你好")); // 输出文字

    TCHAR str1[20] = _T("这是输出文字测试");  // 定义字符数组
    settextcolor(GREEN);  // 设置字体颜色
    settextstyle(40, 0, _T("黑体")); // 设置文字大小、字体
    outtextxy(50, 130, str1); // 输出文字

    TCHAR str2[20]; // 定义字符数组
    int score = 10;  // 得分整型变量
    _stprintf(str2, _T("得分：%d"),  score); // 将score转换为字符串
    settextcolor(BLUE);  // 设置字体颜色
    settextstyle(60, 0, _T("隶书")); // 设置文字大小、字体
```

```
    outtextxy(50, 230, str2); // 输出文字

    _getch();
    return 0;
}
```

程序运行后输出如图 9-3 所示。

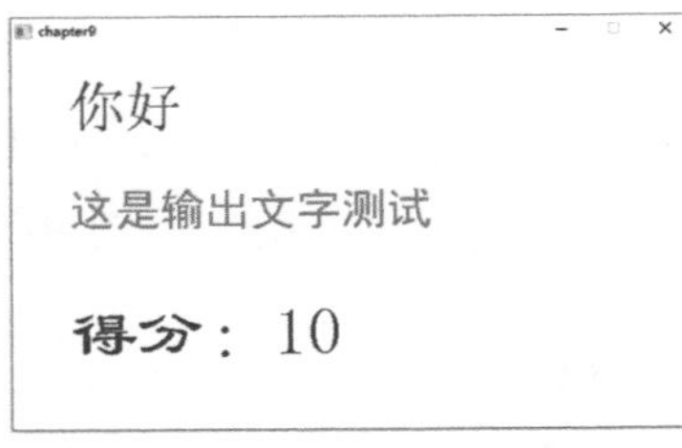

图 9-3

其中，_T("你好")为TCHAR型字符常量，outtextxy(50, 30, _T("你好"));可以在窗口中输出对应的字符串。

TCHAR str1[20] = _T("这是输出文字测试");定义了字符数组str1，并用字符串进行初始化，outtextxy(50, 130, str1);输出。

TCHAR str2[20];定义字符数组str2，int score = 10;定义整型变量score，_stprintf(str2, _T("得分：%d"), score); 将score替换格式控制字符%d，生成字符串_T ("得分：10")，存储在str2中。

9.2 应用字符数组存储关卡数据

推箱子游戏效果如图 9-4 所示。

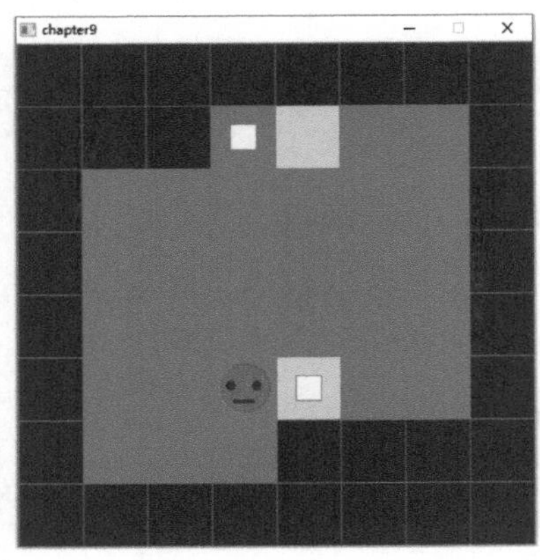

图 9-4

图9-4中的“推箱子”游戏一共有表9-1所示的几种元素。

表9-1

元素图片	功能描述	英文名称	缩写字符
	空白区域：玩家可以穿过，箱子可以推上去	empty	'e'
	墙：玩家不能经过，箱子不能推过去	wall	'w'
	箱子：在前方没有障碍物的情况下，玩家可以推动	box	'b'
	空白目标：需要玩家将箱子推上去	target	't'
	完成目标：一个箱子在目标上的叠加状态	achieved	'a'
	游戏角色：可以键盘控制移动，推动箱子到达目标	player	'p'

我们可以采用二维字符数组的形式描述关卡地图数据。用表9-1中对应的缩写字符，图9-4的地图可以表示为：

```
char level[8][8] = {'w','w','w','w','w','w','w','w',
                    'w','w','w','t','b','e','e','w',
                    'w','e','e','e','e','e','e','w',
                    'w','e','e','e','e','e','e','w',
                    'w','e','e','e','e','e','e','w',
                    'w','e','e','p','a','e','e','w',
                    'w','e','e','e','w','w','w','w',
                    'w','w','w','w','w','w','w','w'};
```

用字符串的形式对二维数组初始化，代码可写为：

```
char level[8][9] = {"wwwwwwww","wwwtbeew","weeeeeew","weeeeeew",
                    "weeeeeew","weepaeew","weeewwww","wwwwwwww"};
```

注意，用字符串初始化时，二维数组需要多加一列来存储字符串的结束符'\0'。

定义全局变量level储存地图数据，在show()函数中根据level[i][j]的值绘制出表9-1中的对应图案，完整代码如9-2.cpp所示。

9-2.cpp

```
#include <graphics.h>
#include <conio.h>
#include <stdio.h>
#define B_SIZE 60 // 方块大小
#define B_NUM 8  // 方块个数，一共8*8个方块

// 用字符型二维数组存储地图数据
// e: empty   w: wall   t: target   b: box   a: achieved   p:player
char level[B_NUM][B_NUM+1]= {"wwwwwwww","wwwtbeew","weeeeeew","weeeeeew",
                             "weeeeeew","weepaeew","weeewwww","wwwwwwww"};

void startup()  // 初始化函数
{
    initgraph(B_NUM*B_SIZE,B_NUM*B_SIZE); // 新开一个画面
    setbkcolor(RGB(150,150,150)); // 灰色背景
    BeginBatchDraw(); // 开始批量绘图
}

void show() // 绘制函数
{
    int i,j;
    cleardevice(); // 以背景颜色清空屏幕
    // 遍历关卡二维数组数据
    for (i=0;i<B_NUM;i++)
    {
        for (j=0;j<B_NUM;j++)
        {
            if (level[i][j]=='e') // empty元素是空白区域
            {
                setfillcolor(RGB(150,150,150)); // 绘制灰色地面
                setlinecolor(RGB(150,150,150));
                fillrectangle(j*B_SIZE,i*B_SIZE,(j+1)*B_SIZE,(i+1)*B_SIZE);
            }
            else if (level[i][j]=='w')  // wall元素是墙
            {
                setfillcolor(RGB(155,0,0));
                setlinecolor(RGB(150,150,150)); // 绘制淡红色、灰色线的方框
                fillrectangle(j*B_SIZE,i*B_SIZE,(j+1)*B_SIZE,(i+1)*B_SIZE);
            }
            else if (level[i][j]=='b') // box元素是可移动的箱子
            {
                setfillcolor(RGB(255,255,0)); // 绘制一个黄色的方块
                setlinecolor(RGB(150,150,150));
                fillrectangle(j*B_SIZE,i*B_SIZE,(j+1)*B_SIZE,(i+1)*B_SIZE);
            }
            else if (level[i][j]=='t') // target元素是目标
            {
                setfillcolor(RGB(250,250,250)); // 绘制一个白色的小方块
```

```
                    fillrectangle((j+0.3)*B_SIZE,(i+0.3)*B_SIZE,
                                  (j+0.7)*B_SIZE,(i+0.7)*B_SIZE);
                }
                else if (level[i][j]=='a') // achieved 元素是已完成目标
                {
                    setlinecolor(RGB(150,150,150));
                    setfillcolor(RGB(255,255,0)); // 绘制一个黄色的方块
                    fillrectangle(j*B_SIZE,i*B_SIZE,(j+1)*B_SIZE,(i+1)*B_SIZE);
                    setfillcolor(RGB(250,250,250)); // 绘制一个白色的小方块
                    fillrectangle((j+0.3)*B_SIZE,(i+0.3)*B_SIZE,
                                  (j+0.7)*B_SIZE,(i+0.7)*B_SIZE);
                }
                else if (level[i][j]=='p') // player 元素是玩家，绘制一个人脸图案
                {
                    setfillcolor(RGB(255,0,0));
                    fillcircle((j+0.5)*B_SIZE,(i+0.5)*B_SIZE,0.4*B_SIZE); //一个红色圆脸
                    setfillcolor(RGB(80,80,80));
                    setlinecolor(RGB(80,80,80));
                    fillcircle((j+0.3)*B_SIZE,(i+0.45)*B_SIZE,0.08*B_SIZE); //两个黑色眼睛
                    fillcircle((j+0.7)*B_SIZE,(i+0.45)*B_SIZE,0.08*B_SIZE);
                    setlinestyle(PS_SOLID,3);
                    line((j+0.35)*B_SIZE,(i+0.7)*B_SIZE,
                        (j+0.65)*B_SIZE,(i+0.7)*B_SIZE); // 一个深灰色嘴巴
                    setlinestyle(PS_SOLID,1);
                }
            }
        }
        FlushBatchDraw(); // 开始批量绘制
    }

    void update()  // 每帧更新运行
    {
    }

    int main() // 主函数
    {
        startup();  // 初始化
        while (1)  // 游戏主循环
        {
            show();      // 绘制
            update();    // 更新
        }
        return 0;
    }
```

9.3 键盘控制游戏角色移动

为了实现键盘控制游戏角色移动，首先定义结构体用于记录玩家位置：

```
struct Player // 结构体，用于记录玩家位置
{
    int i;
    int j;
};
```

定义全局变量player储存游戏角色的位置：

```
Player player; // 玩家全局变量
```

在初始化时，找到二维数组level中值为'p'的元素，得到玩家位置赋给变量player，再把元素值变成'e'：

```
void startup()  // 初始化函数
{
    int i,j;
    // 对二维数组遍历
    for (i=0;i<B_NUM;i++)
        for (j=0;j<B_NUM;j++)
            if (level[i][j]=='p') // 找到地图中player的位置
            {
                player.i = i; // 设定player的位置
                player.j = j;
                level[i][j]='e'; // 把地图元素变成空白empty
            }
}
```

修改show()函数，根据player中存储的位置，绘制出玩家图案：

```
void show() // 绘制函数
{
    // 以下绘制玩家，绘制一个人脸图案
    i = player.i;
    j = player.j;
    setfillcolor(RGB(255,0,0));
    fillcircle((j+0.5)*B_SIZE,(i+0.5)*B_SIZE,0.4*B_SIZE);//一个红色圆脸
    setfillcolor(RGB(80,80,80));
    setlinecolor(RGB(80,80,80));
    fillcircle((j+0.3)*B_SIZE,(i+0.45)*B_SIZE,0.08*B_SIZE);//两个黑色眼睛
    fillcircle((j+0.7)*B_SIZE,(i+0.45)*B_SIZE,0.08*B_SIZE);
    setlinestyle(PS_SOLID,3);
    line((j+0.35)*B_SIZE,(i+0.7)*B_SIZE,(j+0.65)*B_SIZE,(i+0.7)*B_SIZE);//深灰色嘴巴
    setlinestyle(PS_SOLID,1);
}
```

在update()函数中，根据用户按下的A、S、D、W键，控制角色向左、下、右、上移动：

```
void update()  // 每帧更新运行
{
    if(kbhit() )  // 如果按键
    {
        char input = getch(); // 获取按键
        if (input=='a' || input=='s' || input=='d' || input=='w') // 如果是有效按键
        {
            if (input=='a') // 向左
                player.j = player.j -1;
            else if (input=='d') // 向右
                player.j = player.j +1 ;
            else if (input=='s') // 向下
                player.i = player.i+1;
            else if (input=='w') // 向上
                player.i = player.i-1;
        }
    }
}
```

完整代码参看配套资源中9-3.cpp，玩家移动效果如图9-5所示。

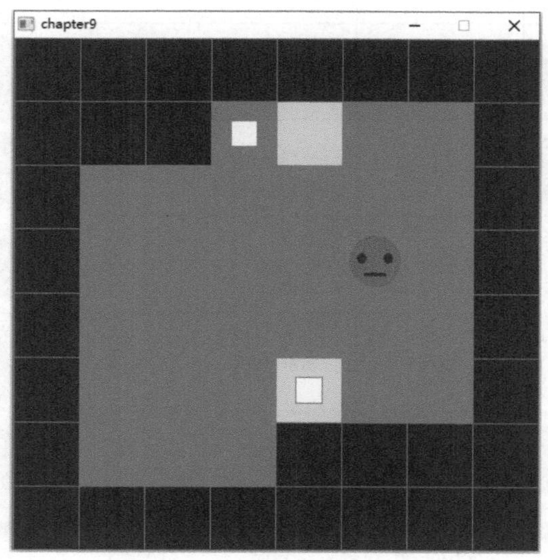

图 9-5

9.4 元素更新的实现

假设键盘控制游戏角色向右移动，根据其右侧目标位置、再右侧位置的元素，有表9-2所示情况。

表 9-2

移动前	角色右侧	再右侧	能否移动	按下 D 键后
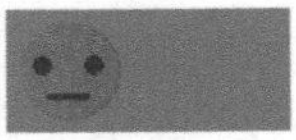	empty		√	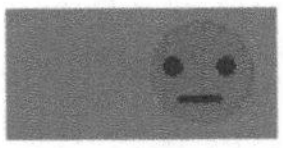
	target		√	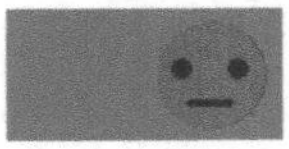
	wall		×	
	box	empty	√	
	box	target	√	
	achieved	empty	√	
	achieved	target	√	
	box	wall	×	
	box	box	×	
	box	achieved	×	
	achieved	wall	×	
	achieved	box	×	
	achieved	achieved	×	

根据用户的不同输入，变量goal_i、goal_j存储游戏角色移动的目标位置，goalNext_i、goalNext_j存储目标位置再向前的一个位置。根据表9-2，共有6种情况会移动游戏角色及更新关卡元素，在update()函数中实现相应的处理：

```
void update()  // 每帧更新运行
{
    if(kbhit() )  // 如果按键
    {
        char input = getch(); // 获取按键
        if (input=='a' || input=='s' || input=='d' || input=='w') // 如果是有效按键
        {
            int goal_i = player.i; // 移动的目标位置
            int goal_j = player.j;
            int goalNext_i = goal_i; // 目标位置再向前的一个位置
            int goalNext_j = goal_j;
            // 根据用户的不同按键输入，获得目标位置、再向前的一个位置
            if (input=='a') // 向左
            {
                goal_j = player.j -1 ; // 目标位置在玩家位置的左边
                goalNext_j = goal_j-1; // 目标的下一个位置，在其再左边
            }
            else if (input=='d') // 向右
            {
                goal_j = player.j +1 ; // 目标位置在玩家位置的右边
                goalNext_j = goal_j+1; // 目标的下一个位置，在其再右边
            }
            else if (input=='s') // 向下
            {
                goal_i = player.i+1; // 目标位置在玩家位置的下边
                goalNext_i = goal_i+1; // 目标的下一个位置，在其再下边
            }
            else if (input=='w') // 向上
            {
                goal_i = player.i-1; // 目标位置在玩家位置的上边
                goalNext_i = goal_i-1; // 目标的下一个位置，在其再上边
            }

            // 根据不同地图元素的情况，判断如何移动角色和更新地图元素
            if (level[goal_i][goal_j]=='e' || level[goal_i][goal_j]=='t' )
            {   // 如果目标位置是empty，或者target
                player.i = goal_i; // 玩家移动到目标位置
                player.j = goal_j;
            }
            else if (level[goal_i][goal_j]=='b' && level[goalNext_i]
[goalNext_j]=='e' )
            {   // 如果目标位置是box，再前面一个是empty
                player.i = goal_i; // 玩家移动到目标位置
                player.j = goal_j;
                level[goal_i][goal_j]='e';  // 目标位置变成empty
                level[goalNext_i][goalNext_j]='b';  // 再前面变成box
            }
            else if (level[goal_i][goal_j]=='b' && level[goalNext_i]
[goalNext_j]=='t')
            {   // 如果目标位置是box，再前面一个是target
```

```
                player.i = goal_i; // 玩家移动到目标位置
                player.j = goal_j;
                level[goal_i][goal_j] = 'e';  // 目标位置变成empty
                level[goalNext_i][goalNext_j] = 'a';    // 再前面变成achieved
            }
            else if (level[goal_i][goal_j]=='a' && level[goalNext_i]
[goalNext_j]== 'e')
            {    // 如果目标位置是achieved，再前面一个是empty
                player.i = goal_i; // 玩家移动到目标位置
                player.j = goal_j;
                level[goal_i][goal_j] = 't';  // 目标位置变成target
                level[goalNext_i][goalNext_j] = 'b'; // 再前面变成box
            }
            else if (level[goal_i][goal_j]=='a' && level[goalNext_i]
[goalNext_j]== 't')
            {    // 如果目标位置是achieved，再前面一个是target
                player.i = goal_i; // 玩家移动到目标位置
                player.j = goal_j;
                level[goal_i][goal_j] = 't';  // 目标位置变成target
                level[goalNext_i][goalNext_j] = 'a'; // 再前面变成achieved
            }
            else // 其他情况都推不动
                return; // 不做任何处理，函数直接返回
        }
    }
}
```

完整代码参看配套资源中9-4.cpp。

9.5 游戏胜利判断

当玩家把所有箱子推到目标位置时游戏胜利，如图9-6所示。

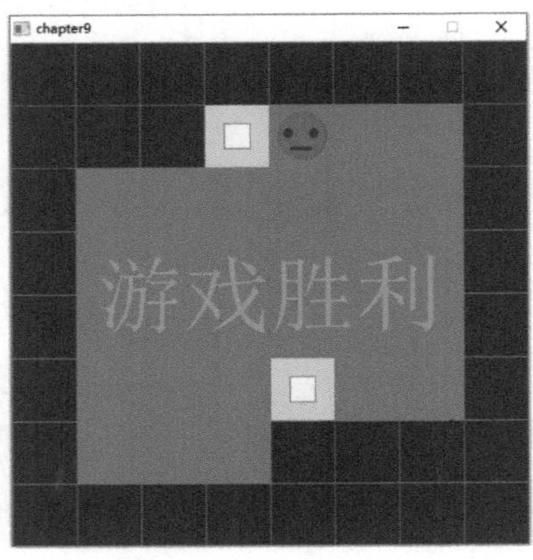

图 9-6

首先定义全局变量存储地图中目标位置的个数、完成目标的个数：

```
int targetNum,achievedNum; // 目标位置个数、完成目标个数
```

在startup()函数中对二维数组进行遍历，如果地图元素为target或achieved，则将目标个数targetNum加1：

```
void startup()  // 初始化函数
{
    int i,j;
    targetNum = 0; // 目标个数，初始为0
    // 对二维数组遍历
    for (i=0;i<B_NUM;i++)
        for (j=0;j<B_NUM;j++)
            if (level[i][j]=='t' || level[i][j]=='a' ) // 如果元素是target或achieved
                targetNum++; // 目标个数+1
}
```

在update( )函数中统计元素更新后的完成目标个数：

```
void update()  // 每帧更新运行
{
    if(kbhit() && (achievedNum<targetNum) ) // 如果按键，并且游戏没有胜利
    {
        achievedNum = 0; // 完成目标个数，初始为0
        int i,j;
        for (i=0;i<B_NUM;i++) // 对二维数组遍历
            for (j=0;j<B_NUM;j++)
                if (level[i][j]=='a') // 如果元素是achieved
                    achievedNum++; // 完成目标个数+1
    }
}
```

如果完成目标个数等于目标个数，在show( )函数中显示游戏胜利信息：

```
void show() // 绘制函数
{
    if (achievedNum==targetNum) // 如果完成目标个数等于目标个数
    {
        setbkmode(TRANSPARENT); // 透明显示文字
        settextcolor(RGB(0,255,255)); // 设置字体颜色
        settextstyle(80, 0, _T("宋体")); // 设置字体大小、样式
        outtextxy(80,200,_T("游戏胜利")); // 显示游戏胜利文字
    }
}
```

完整代码参看配套资源中9-5.cpp。

9.6　多关卡的实现

为了实现多个关卡的游戏，首先利用宏定义设定关卡数目：

```
#define LEVEL_TOTALNUM 3 // 一共多少关卡
```

假设一共有3关，则可以设定三维字符数组levels，存储这3关的所有地图数据：

```
char levels[LEVEL_TOTALNUM][B_NUM][B_NUM+1] =
{
    {"wwwwwwww","wwwtbeew","weeeeeew","weeeeeew",
    "weeeeeew","wepbteew","weeewwww","wwwwwwww"}, // 第1关
    {"wwwwwwww","wwweewww","wpetbwww","weeebeww",
    "wewteeww","weeeeeww","weepwwww","wwwwwwww"}, // 第2关
    {"wwwwwwww","wwpeewww","weeweeww","webabeww",
    "weeteeww","wwetewww","wwwwwwww","wwwwwwww"}  // 第3关
};
```

定义currentLevelNum表示当前玩到第几关，二维数组level存储正在玩的这一关的地图数据，则可以在startup()函数中进行初始化：

```
int currentLevelNum = 0; // 当前玩到第几关
char level[B_NUM][B_NUM+1]; // 当前正在玩的关卡数据
void startup()  // 初始化函数
{
    // 首先获得当前关的地图数据
    for (i=0;i<B_NUM;i++)
        for (j=0;j<B_NUM;j++)
            level[i][j] = levels[currentLevelNum][i][j];
}
```

在update()函数中，如果当前关卡完成，就将currentLevelNum加1，并调用startup()开始下一关的初始化：

```
if (achievedNum==targetNum) // 如果完成当前关卡了
{
    show(); // 调用显示信息，显示游戏胜利画面
    if (currentLevelNum<LEVEL_TOTALNUM-1)
    {
        currentLevelNum++;  // 进入下一关
        startup(); // 开始下一关卡的初始化
    }
}
```

在show()函数中，如果还有未完成的关卡，显示将要开始第几关游戏；如果所有关卡都完成了，提示游戏胜利：

```
void show() // 绘制函数
{
    if (achievedNum==targetNum) // 如完成目标个数等于目标个数
    {
        setbkmode(TRANSPARENT); // 透明显示文字
        settextcolor(RGB(0,255,100)); // 设置字体颜色
        TCHAR str[20];  // 定义字符数组
        if (currentLevelNum<LEVEL_TOTALNUM-1) // 还有未完成的关卡可以玩
        {
            settextstyle(50, 0, _T("宋体")); // 设置字体大小、样式
            _stprintf(str, _T("开始第%d关"),currentLevelNum+2); // 提示开始第
几关游戏
            outtextxy(120,160,str); // 显示游戏胜利文字
            outtextxy(10,250,_T("按空格键重玩当前关")); // 显示提示文字
        }
        else // 所有关卡都完成了
        {
            settextstyle(80, 0, _T("宋体")); // 设置字体大小、样式
            outtextxy(80,200,_T("游戏胜利")); // 显示游戏胜利文字
        }
        FlushBatchDraw(); // 开始批量绘制
        Sleep(3000); // 提示信息显示3秒暂停
    }
    FlushBatchDraw(); // 开始批量绘制
}
```

另外，在update()函数中添加代码，按空格键可以重玩当前关卡：

```
if (input==' ') // 如果按下空格键，这一关重新开始
    startup();
```

读者可以尝试设计更多关卡，游戏第1关～第5关效果如图9-7所示，完整代码参看配套资源中9-6.cpp。

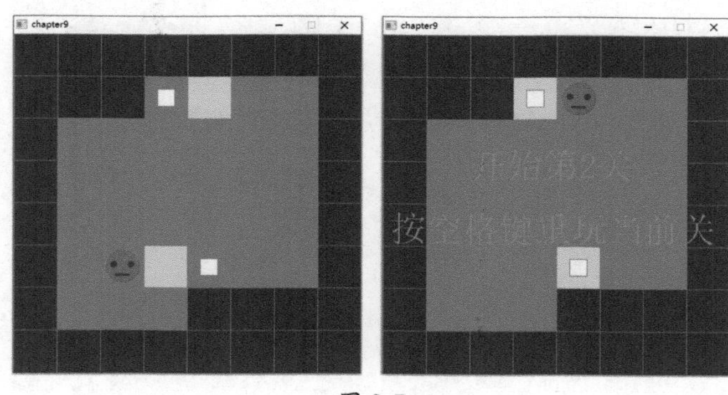

图 9-7

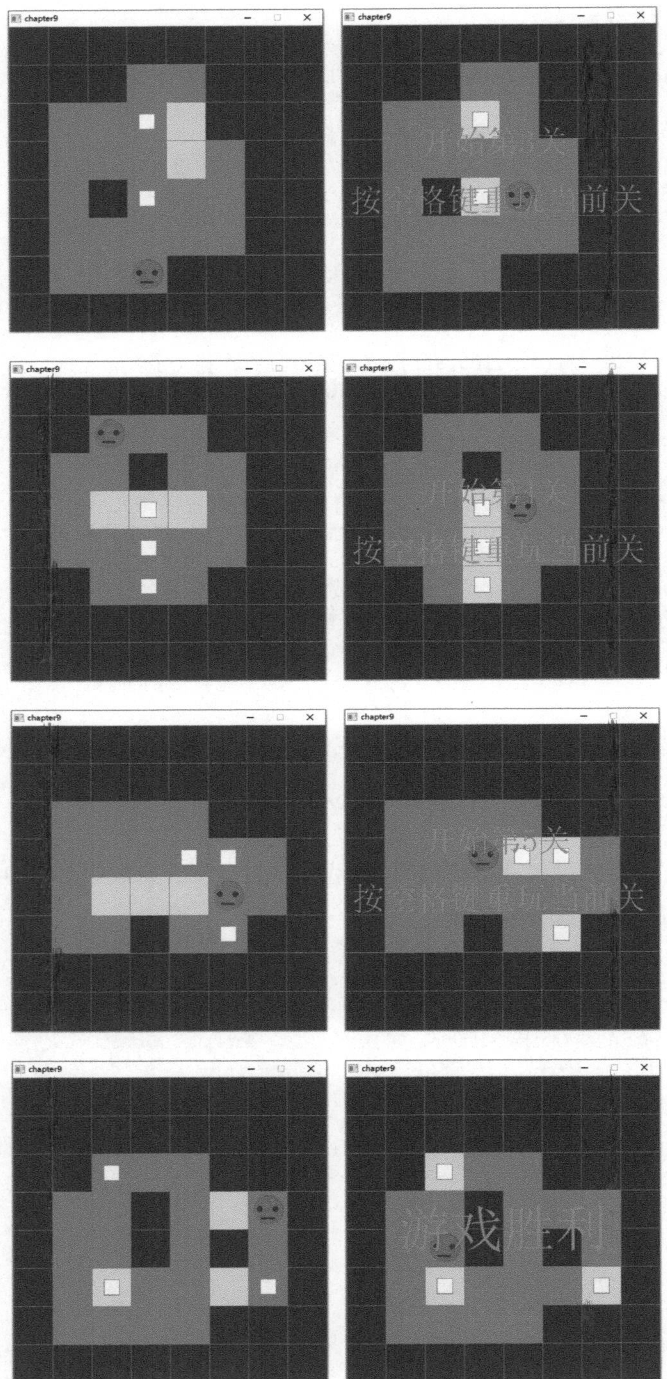

图 9-7（续）

9-6.cpp

```
#include <graphics.h>
#include <conio.h>
#include <stdio.h>
#define B_SIZE 60 // 方块大小
#define B_NUM 8 // 方块个数，一共8*8个方块
#define LEVEL_TOTALNUM 5 // 一共多少关卡

struct Player // 结构体，用于记录玩家位置
{
    int i;
    int j;
};
Player player; // 玩家全局变量

// 用字符型三维数组，存储所有关的关卡信息
// e: empty    w: wall    t: target    b: box    a: achieved    p:player
char levels[LEVEL_TOTALNUM][B_NUM][B_NUM+1] =
{
    {"wwwwwwww","wwwtbeew","weeeeeew","weeeeeew",
    "weeeeeew","wepbteew","weeewwww","wwwwwwww"}, // 第1关
    {"wwwwwwww","wwweewww","wpetbwww","weeebeww",
    "wewteeww","weeeeeww","weepwwww","wwwwwwww"}, // 第2关
    {"wwwwwwww","wwpeewww","weeweeww","webabeww",
    "weeteeww","wwetewww","wwwwwwww","wwwwwwww"}, // 第3关
    {"wwwwwwww","wwwwwwww","weeeewww","weeettew",
    "webbbpew","weewetww","wwwwwwww","wwwwwwww"}, // 第4关
    {"wwwwwwww","wwwwwwww","wwteewww","weewebpw",
    "weewewew","weaeebtw","weeeewww","wwwwwwww"}  // 第5关
};
int currentLevelNum = 0; // 当前玩到第几关
char level[B_NUM][B_NUM+1]; // 当前正在玩的关卡数据
int targetNum,achievedNum; // 目标位置个数、完成目标个数

void startup()  // 初始化函数
{
    initgraph(B_NUM*B_SIZE,B_NUM*B_SIZE); // 新开一个画面
    setbkcolor(RGB(150,150,150)); // 灰色背景
    BeginBatchDraw(); // 开始批量绘图
    int i,j;

    // 首先获得当前关的地图数据
    for (i=0;i<B_NUM;i++)
        for (j=0;j<B_NUM;j++)
            level[i][j] = levels[currentLevelNum][i][j];

    targetNum = 0; // 目标个数初始化为0
    achievedNum = 0; // 完成目标个数初始化为0
    // 对二维数组遍历
```

```
    for (i=0;i<B_NUM;i++)
        for (j=0;j<B_NUM;j++)
        {
            if (level[i][j]=='p') // 找到地图中player位置
            {
                player.i = i; // 设定player位置
                player.j = j;
                level[i][j]='e'; // 把地图元素变成空白empty
            }
            else if (level[i][j]=='t' || level[i][j]=='a' ) // 如果元素是target或achieved
                targetNum++; // 目标个数+1
        }
}

void show() // 绘制函数
{
    int i,j;
    cleardevice(); // 以背景颜色清空屏幕
    // 遍历关卡二维数组数据
    for (i=0;i<B_NUM;i++)
    {
        for (j=0;j<B_NUM;j++)
        {
            if (level[i][j]=='e') // empty 元素是空白区域
            {
                setfillcolor(RGB(150,150,150)); // 绘制灰色地面
                setlinecolor(RGB(150,150,150));
                fillrectangle(j*B_SIZE,i*B_SIZE,(j+1)*B_SIZE,(i+1)*B_SIZE);
            }
            else if (level[i][j]=='w')  // wall 元素是墙
            {
                setfillcolor(RGB(155,0,0));
                setlinecolor(RGB(150,150,150)); // 绘制淡红色、灰色线的方框
                fillrectangle(j*B_SIZE,i*B_SIZE,(j+1)*B_SIZE,(i+1)*B_SIZE);
            }
            else if (level[i][j]=='b') // box 元素是可移动的箱子
            {
                setfillcolor(RGB(255,255,0)); // 绘制一个黄色的方块
                setlinecolor(RGB(150,150,150));
                fillrectangle(j*B_SIZE,i*B_SIZE,(j+1)*B_SIZE,(i+1)*B_SIZE);
            }
            else if (level[i][j]=='t') // target 元素是目标
            {
                setfillcolor(RGB(250,250,250)); // 绘制一个白色的小方块
                fillrectangle((j+0.3)*B_SIZE,(i+0.3)*B_SIZE,
                    (j+0.7)*B_SIZE,(i+0.7)*B_SIZE);
            }
            else if (level[i][j]=='a') // achieved 元素是已完成目标
            {
```

```
                    setlinecolor(RGB(150,150,150));
                    setfillcolor(RGB(255,255,0)); // 绘制一个黄色的方块
                    fillrectangle(j*B_SIZE,i*B_SIZE,(j+1)*B_SIZE,(i+1)*B_SIZE);
                    setfillcolor(RGB(250,250,250)); // 绘制一个白色的小方块
                    fillrectangle((j+0.3)*B_SIZE,(i+0.3)*B_SIZE,
                        (j+0.7)*B_SIZE,(i+0.7)*B_SIZE);
                }
            }
        }
        // 以下绘制玩家，绘制一个人脸图案
        i = player.i;
        j = player.j;
        setfillcolor(RGB(255,0,0));
        fillcircle((j+0.5)*B_SIZE,(i+0.5)*B_SIZE,0.4*B_SIZE);//一个红色圆脸
        setfillcolor(RGB(80,80,80));
        setlinecolor(RGB(80,80,80));
        fillcircle((j+0.3)*B_SIZE,(i+0.45)*B_SIZE,0.08*B_SIZE);//两个黑色眼睛
        fillcircle((j+0.7)*B_SIZE,(i+0.45)*B_SIZE,0.08*B_SIZE);
        setlinestyle(PS_SOLID,3);
        line((j+0.35)*B_SIZE,(i+0.7)*B_SIZE,(j+0.65)*B_SIZE,(i+0.7)*B_SIZE);
        //深灰色嘴巴
        setlinestyle(PS_SOLID,1);

        if (achievedNum==targetNum) // 如完成目标个数等于目标个数
        {
            setbkmode(TRANSPARENT); // 透明显示文字
            settextcolor(RGB(0,255,100)); // 设置字体颜色
            TCHAR str[20];  // 定义字符数组
            if (currentLevelNum<LEVEL_TOTALNUM-1) // 还有未完成的关卡可以玩
            {
                settextstyle(50, 0, _T("宋体")); // 设置字体大小、样式
                _stprintf(str, _T("开始第%d关"),currentLevelNum+2); // 提示开
                始第几关游戏
                outtextxy(120,160,str); // 显示游戏胜利文字
                outtextxy(10,250,_T("按空格键重玩当前关")); // 显示提示文字
            }
            else // 所有关卡都完成了
            {
                settextstyle(80, 0, _T("宋体")); // 设置字体大小、样式
                outtextxy(80,200,_T("游戏胜利")); // 显示游戏胜利文字
            }
            FlushBatchDraw(); // 开始批量绘制
            Sleep(2500); // 提示信息显示暂停
        }
        FlushBatchDraw(); // 开始批量绘制
    }

    void update()  // 每帧更新运行
    {
        if(kbhit() && (achievedNum<targetNum))  // 如果按键，并且游戏没有胜利
```

```
	{
		char input = getch(); // 获取按键
		if (input==' ') // 如果按下空格键，这一关重新开始
			startup();
		if (input=='a' || input=='s' || input=='d' || input=='w')
		// 如果是有效按键
		{
			int goal_i = player.i; // 移动的目标位置
			int goal_j = player.j;
			int goalNext_i = goal_i; // 目标位置再向前的一个位置
			int goalNext_j = goal_j;
			// 根据用户的不同按键输入，获得目标位置、再向前的一个位置
			if (input=='a') // 向左
			{
				goal_j = player.j -1 ; // 目标位置在玩家位置的左边
				goalNext_j = goal_j-1; // 目标的下一个位置，在其再左边
			}
			else if (input=='d') // 向右
			{
				goal_j = player.j +1 ; // 目标位置在玩家位置的右边
				goalNext_j = goal_j+1; // 目标的下一个位置，在其再右边
			}
			else if (input=='s') // 向下
			{
				goal_i = player.i+1; // 目标位置在玩家位置的下边
				goalNext_i = goal_i+1; // 目标的下一个位置，在其再下边
			}
			else if (input=='w') // 向上
			{
				goal_i = player.i-1; // 目标位置在玩家位置的上边
				goalNext_i = goal_i-1; // 目标的下一个位置，在其再上边
			}

			// 根据不同地图元素的情况，判断如何移动角色和更新地图元素
			if (level[goal_i][goal_j]=='e' || level[goal_i][goal_j]=='t')
			{	// 如果目标位置是empty，或者target
				player.i = goal_i; // 玩家移动到目标位置
				player.j = goal_j;
			}
			else if (level[goal_i][goal_j]=='b' &&
			level[goalNext_i][goalNext_j]=='e' )
			{	// 如果目标位置是box，再前面一个是empty
				player.i = goal_i; // 玩家移动到目标位置
				player.j = goal_j;
				level[goal_i][goal_j]='e';  // 目标位置变成empty
				level[goalNext_i][goalNext_j]='b';  // 再前面变成box
			}
			else if (level[goal_i][goal_j]=='b' &&
			level[goalNext_i][goalNext_j]=='t')
			{	// 如果目标位置是box，再前面一个是target
```

```
                player.i = goal_i; // 玩家移动到目标位置
                player.j = goal_j;
                level[goal_i][goal_j] = 'e';  // 目标位置变成empty
                level[goalNext_i][goalNext_j] = 'a';
                // 再前面变成achieved
            }
            else if (level[goal_i][goal_j]=='a' && level[goalNext_i]
            [goalNext_j]== 'e')
            {   // 如果目标位置是achieved，再前面一个是empty
                player.i = goal_i; // 玩家移动到目标位置
                player.j = goal_j;
                level[goal_i][goal_j] = 't';  // 目标位置变成target
                level[goalNext_i][goalNext_j] = 'b'; // 再前面变成box
            }
            else if (level[goal_i][goal_j]=='a' && level[goalNext_i]
            [goalNext_j]== 't')
            {   // 如果目标位置是achieved，再前面一个是target
                player.i = goal_i; // 玩家移动到目标位置
                player.j = goal_j;
                level[goal_i][goal_j] = 't';  // 目标位置变成target
                level[goalNext_i][goalNext_j] = 'a'; // 再前面变成achieved
            }
            else // 其他情况都推不动
                return; // 不做任何处理，函数直接返回
        }

        achievedNum = 0; // 完成目标个数，初始为0
        int i,j;
        for (i=0;i<B_NUM;i++) // 对二维数组遍历
            for (j=0;j<B_NUM;j++)
                if (level[i][j]=='a') // 如果元素是achieved
                    achievedNum++; // 完成目标个数+1

        if (achievedNum==targetNum) // 如果完成当前关卡了
        {
            show(); // 调用显示信息，显示游戏胜利画面
            if (currentLevelNum<LEVEL_TOTALNUM-1)
            {
                currentLevelNum++;  // 进入下一关
                startup(); // 开始下一关卡的初始化
            }
        }
    }
}

int main() // 主函数
{
    startup();  // 初始化
    while (1)  // 游戏主循环
    {
```

```
            show();         // 绘制
            update();   // 更新
        }
        return 0;
    }
```

9.7 基于文件的关卡数据读取

C语言提供了文件读写的功能，输入并运行以下代码：

9-7-1.cpp

```
#include <conio.h>
#include <stdio.h>
int main()
{
    char str[] = "文件测试";
    FILE *fp=fopen("test.txt","w");
    fputs(str,fp);
    fclose(fp);
    return 0;
}
```

其中，FILE *fp=fopen("test.txt","w");以可写模式打开文本文件，"test.txt"为文件的名字，"w"为write的缩写，表示把数据写入到文件中。fputs(str,fp);将字符串str存储到文件中，fclose(fp);关闭文件。

在Visual Studio 2010下编译运行后，程序在项目目录“配套资源\第10章\chapter9\chapter9”下新生成了一个test.txt文本文件，用记事本打开，内容如图9-8所示。

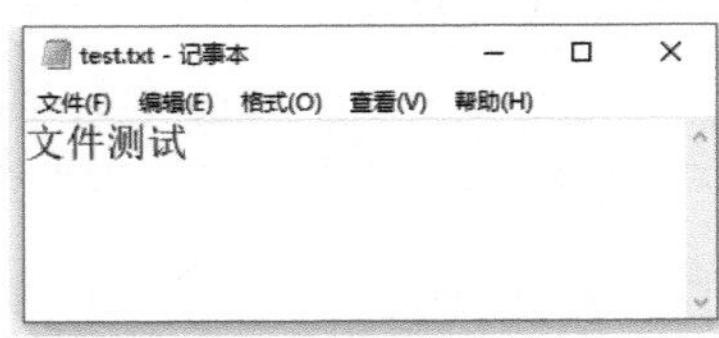

图 9-8

我们也可以读取文本文件的内容，在项目目录下新建文本文件，如图9-9所示。

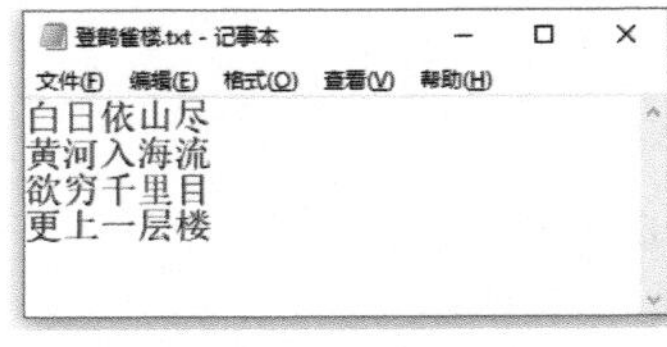

图 9-9

输入并运行以下代码：

9-7-2.cpp

```
#include <conio.h>
#include <stdio.h>
int main()
{
    char str[80];
    FILE *fp=fopen("登鹳雀楼.txt","r");
    while (!feof(fp))
    {
        fgets(str,80,fp);
        printf("%s",str);
    }
    fclose(fp);
    _getch();
    return 0;
}
```

程序运行后输出：

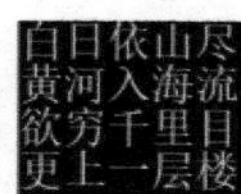

fopen()函数第二个参数"r"为read的缩写，表示读取文件中的数据。fgets(str,80,fp);读取文本文件的一行字符串到str中，printf("%s",str);输出字符串的信息，feof(fp)判断文件是否读取结束。

为了便于关卡数据的编辑与保存，新建文本文件level.txt并写入地图元素缩写字符，如图9-10所示。

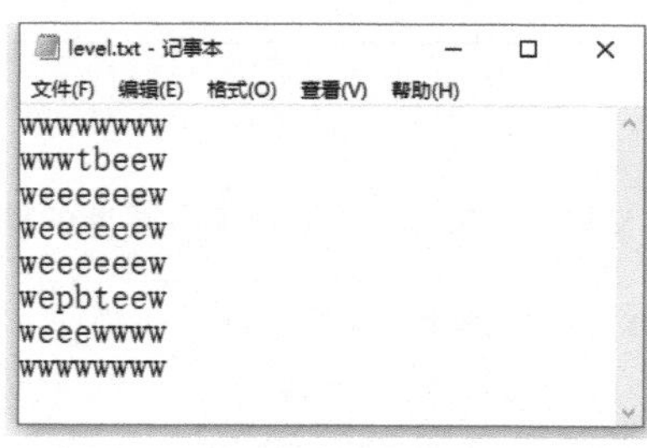

图 9-10

以下代码就可以读取文本文件中的地图信息。

9-7-3.cpp

```
#include <conio.h>
#include <stdio.h>
```

```
#define B_NUM 8
int main()
{
    char level[B_NUM][B_NUM+1];
    FILE *fp=fopen("level.txt","r");
    char str[80];
    int i,j;
    for (i=0;i<B_NUM;i++)
    {
        fgets(str,80,fp);
        printf("%s",str);
        for (j=0;j<B_NUM;j++)
            level[i][j] = str[j];
    }
    fclose(fp);
    _getch();
    return 0;
}
```

读者可以尝试将9-5.cpp的代码修改为读取关卡文件数据，代码参看配套资源中9-7-4.cpp。

提示　当直接运行编译成功的exe文件时，要读写的文件应和其放在同一个目录下。

9.8　枚举类型

如果一个变量只有几种可能的值，则该变量可以定义为枚举类型：

9-8-1.cpp

```
#include <conio.h>
#include <stdio.h>

enum Element // 定义枚举类型，小方块所有的可能的种类
{
    wall,target,box,empty,achieved,role
};

int main()
{
    Element e;
    e = box;
    // 用于存储地图数据，用枚举类型实现
    Element level[8][8] =
    {{wall,wall,wall,wall,wall,wall,wall,wall},
    {wall,wall,wall,target,box,empty,empty,wall},
```

```
    {wall,empty,empty,empty,empty,empty,empty,wall},
    {wall,empty,empty,empty,empty,empty,empty,wall},
    {wall,empty,empty,empty,empty,empty,empty,wall},
    {wall,role,empty,box,target,wall,wall,wall},
    {wall,empty,empty,empty,empty,wall,wall,wall},
    {wall,wall,wall,wall,wall,wall,wall,wall}};

    _getch();
    return 0;
}
```

其中，enum为定义枚举类型的关键词，Element为用户定义的枚举类型的名称，{}内列出了所有可能的取值。

定义枚举类型后，就可以定义枚举类型变量，并进行赋值：

```
Element e;
e = box;
```

也可以直接定义枚举类型二维数组level，存储所有的地图数据。将level由字符型调整为枚举类型，这样程序的可读性更好，也可以避免赋值不当造成的问题，修改配套资源中9-5.cpp为枚举类型变量的代码参看配套资源中9-8-2.cpp。

9.9 小结

本章主要讲解了字符串与字符数组、文件读写、枚举类型等语法知识，以及如何实现“推箱子”游戏。读者可以尝试在本章代码的基础上继续改进。

（1）实现多关卡的选择界面。

（2）实现某一步移动的撤销功能（类似于下棋游戏中的悔棋功能）。

（3）实现按H键后进行提示，播放正确步骤动画的功能。

（4）实现一个图形编辑器，并将设计的关卡信息保存为txt文件。

读者可以参考本章的开发思路，尝试设计并分步骤实现《走迷宫》《华容道》等小游戏。

第 10 章 “十字消除”游戏

在本章我们将探讨如何编写“十字消除”游戏，用户点击空白方块，沿其上、下、左、右方向寻找第一个彩色方块，如果有两个或两个以上颜色一致，就将其消除。在进度条时间结束前消除足够的方块，可以进入下一关，效果如图 10-1 所示。

本章首先讲解了如何实现随机颜色方块的表示与绘制，鼠标点击与十字消除算法；然后讲解了如何绘制提示框和倒计时进度条；接着讲解了如何开发得分计算、胜负判断、多关卡功能；接下来介绍了地址与指针的概念，并讲解了如何利用地址传递使得程序更加模块化；最后介绍了指针和数组的知识，应用动态数组讲解了如何实现游戏尺寸的动态大小调整。

本章案例最终一共255行代码，代码项目路径为“配套资源\第 10 章\chapter10\chapter10.sln”，视频效果参看“配套资源\第 10 章\十字消除 .mp4”。

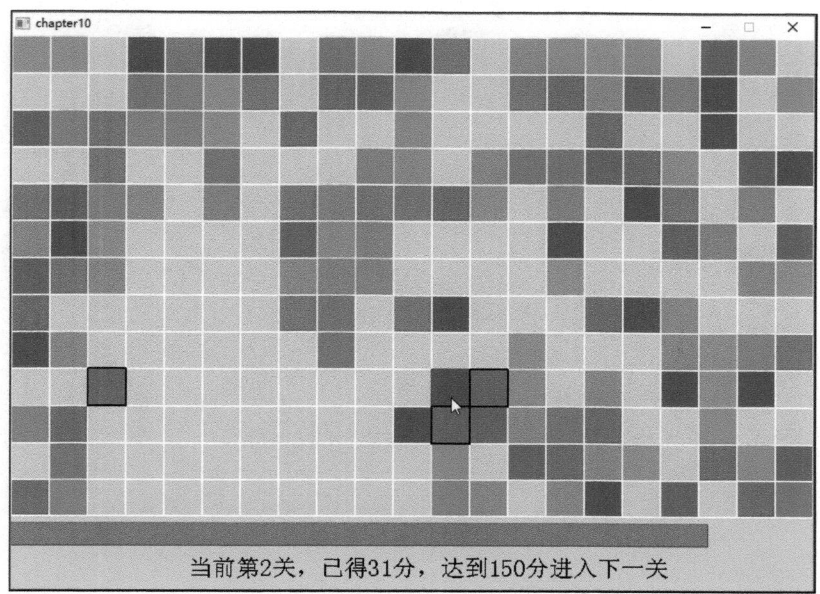

图 10-1

10.1 红色方块的表示与绘制

十字消除游戏画面由很多小方块组成，首先进行宏定义：

```
# define BlockSize 40 // 小方块的边长
# define RowNum 13 // 游戏画面一共RowNum行小方块
# define ColNum 21 // 游戏画面一共ColNum列小方块
```

定义小方块结构体：

```
struct Block // 小方块结构体
{
    int x,y; // 小方块在画面中的x,y坐标
    int i,j;  // 小方块在二维数组中的i,j下标
};
```

利用Block结构体类型，定义二维数组blocks全局变量，存储游戏画面中所有小方块的信息：

```
Block blocks[RowNum][ColNum]; // 构建二维数组，存储所有数据
```

在startup()中初始化blocks，将其设置为红色填充、白色线条；show()函数中绘制出所有的小方块，显示效果如图10-2所示。

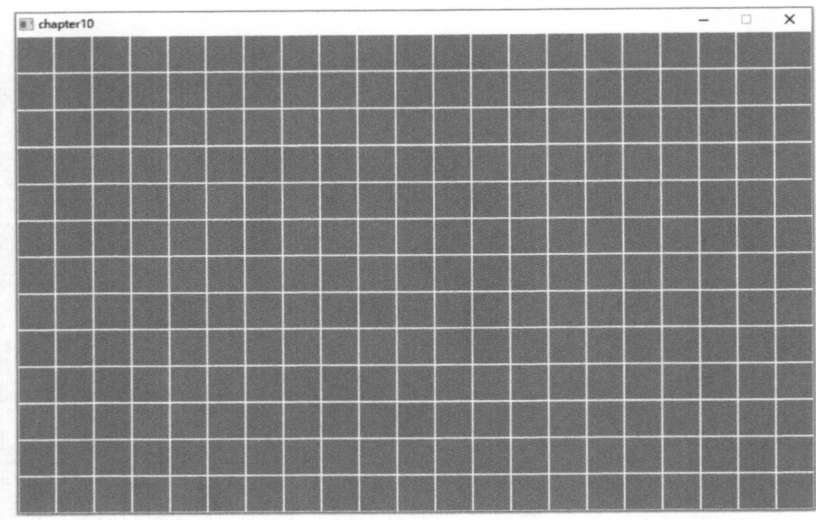

图 10-2

10-1.cpp

```
#include <graphics.h>
#include <conio.h>
#include <stdio.h>
#define BlockSize 40 // 小方块的边长
#define RowNum 13 // 游戏画面一共RowNum行小方块
#define ColNum 21 // 游戏画面一共ColNum列小方块

struct Block // 小方块结构体
{
    int x,y; // 小方块在画面中的x,y坐标
    int i,j;  // 小方块在二维数组中的i,j下标
};

// 全局变量
Block blocks[RowNum][ColNum]; // 构建二维数组，存储所有数据

void startup() // 初始化函数
{
    int i,j;

    int width = BlockSize*ColNum;   // 设定游戏画面的大小
    int height = BlockSize*RowNum;
    initgraph(width,height);        // 新开窗口
    setbkcolor(RGB(220,220,220));   // 设置背景颜色
    setfillcolor(RGB(255,0,0));     // 设置填充颜色
    setlinestyle(PS_SOLID,2);       // 设置线型、线宽
    cleardevice();     // 以背景颜色清屏
    BeginBatchDraw(); // 开始批量绘制
```

```

	// 对blocks二维数组进行初始化
	for (i=0;i<RowNum;i++)
	{
		for (j=0;j<ColNum;j++)
		{
			blocks[i][j].x = j*BlockSize; // 小方块左上角的坐标
			blocks[i][j].y = i*BlockSize;
			blocks[i][j].i = i;    // 存储当前小方块在二维数组中的下标
			blocks[i][j].j = j;
		}
	}
}

void show() // 绘制函数
{
	cleardevice(); // 清屏
	setlinecolor(RGB(255,255,255)); // 白色线条
	int i,j;
	for (i=0;i<RowNum;i++)
	{
		for (j=0;j<ColNum;j++)
		{
			// 以对应的颜色、坐标画出所有的小方块
			fillrectangle(blocks[i][j].x,blocks[i][j].y,
						blocks[i][j].x+BlockSize,blocks[i][j].y+BlockSize);
		}
	}
	FlushBatchDraw(); // 开始批量绘制
}

int main() // 主函数
{
	startup();  // 初始化
	while (1)  // 循环执行
		show();  // 绘制
	return 0;
}
```

10.2 随机颜色方块的实现

为了实现随机颜色的方块，首先进行宏定义：

```
#define ColorTypeNum 9 // 方块颜色为彩色的个数
```

定义全局变量colors数组记录ColorTypeNum+1种颜色，其中第0种为灰白色（表示空白），其他为彩色：

```
COLORREF  colors[ColorTypeNum+1]; // 颜色数组，小方块可能的几种颜色
```

在startup()函数中对颜色数组进行初始化：

```
colors[0] = RGB(220,220,220); // 颜色数组第一种颜色为灰白色，表示空白小方块
for (i=1;i<ColorTypeNum+1;i++) // 其他几种颜色为彩色
    colors[i] = HSVtoRGB((i-1)*40,0.6,0.8);
```

为了记录小方块的颜色，为Block结构体添加成员变量colorId：

```
struct Block // 小方块结构体
{
    int x,y; // 小方块在画面中的x,y坐标
    int i,j;  // 小方块在二维数组中的i,j下标
    int colorId; // 对应颜色的下标
};
```

在startup()中对blocks初始化时，设置其颜色序号为[0, ColorTypeNum]的随机数：

```
int t = rand()%(ColorTypeNum+1);  // 取随机数
blocks[i][j].colorId = t; // 小方块的颜色序号
```

在show()函数中以对应颜色绘制出所有的小方块：

```
setfillcolor(colors[blocks[i][j].colorId]);
fillrectangle(blocks[i][j].x,blocks[i][j].y,
              blocks[i][j].x+BlockSize,blocks[i][j].y+BlockSize);
```

实现效果如图10-3所示，完整代码参看配套资源中10-2.cpp。

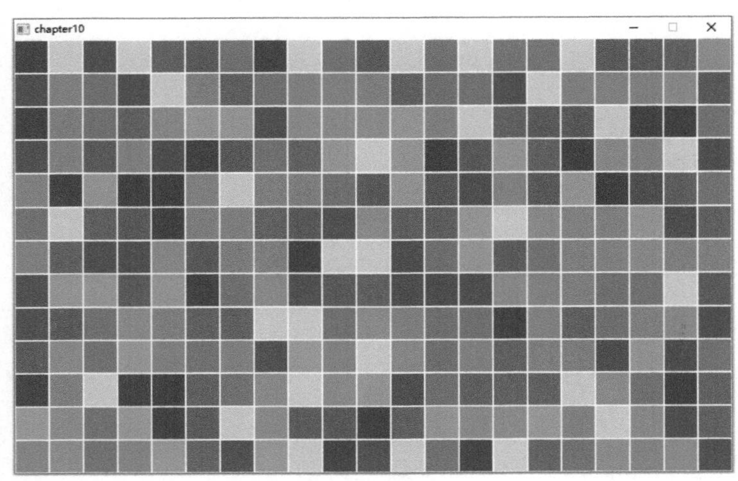

图 10-3

练习题10-1：修改10-2.cpp中随机颜色的生成代码，使得1/3的方块颜色为灰白色，更符合“十字消除”游戏的玩法，如图10-4所示。

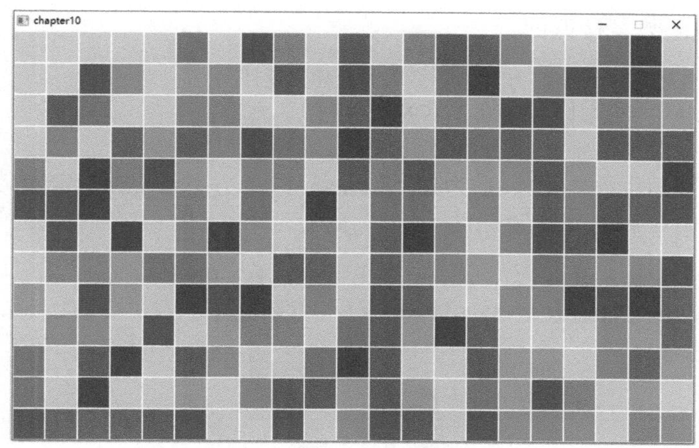

图 10-4

10.3 鼠标点击与十字消除

首先添加updateWithInput()函数，根据鼠标点击位置(m.x, m.y)计算点中的小方块在二维数组中的行列序号(clicked_i, clicked_j)。为了方便调试，可以将blocks[clicked_i][clicked_j].colorId设为0，即将其颜色设为灰白色：

10-3-1.cpp（其他代码同练习题10-1.cpp）

```
void updateWithInput() // 和输入有关的更新
{
	MOUSEMSG m;
	if (MouseHit())   // 当有鼠标消息时
	{
		m = GetMouseMsg();
		if(m.uMsg == WM_LBUTTONDOWN) // 当点击鼠标左键时
		{
			// 通过鼠标位置计算出点击的小方块在二维数组中的下标
			int clicked_i = int(m.y)/BlockSize;
			int clicked_j = int(m.x)/BlockSize;

			// 将点击方块颜色序号设为0，也就是空白的灰白色
			blocks[clicked_i][clicked_j].colorId = 0;
		}
	}
}
```

下一步，寻找被鼠标点中的方块的上、下、左、右4个方向，分别找到4个方向上第一个不是空白颜色的彩色方块。

在updateWithInput()函数中，首先判断被鼠标点中的方块是否为空白方

块，如果是函数直接返回：

```
// 如果当前点击的不是空白方块，则不需要处理，返回
if (blocks[clicked_i][clicked_j].colorId!=0)
    return;
```

如图10-5所示，假设C为被鼠标点中的方块，首先定义数组Block fourBlocks[4]，并将其元素初始化为方块C：

```
// 定义数组，存储上、下、左、右4个方向找到第一个不是空白的方块
Block fourBlocks[4] = {blocks[clicked_i][clicked_j]}; //初始化为点击的方块
```

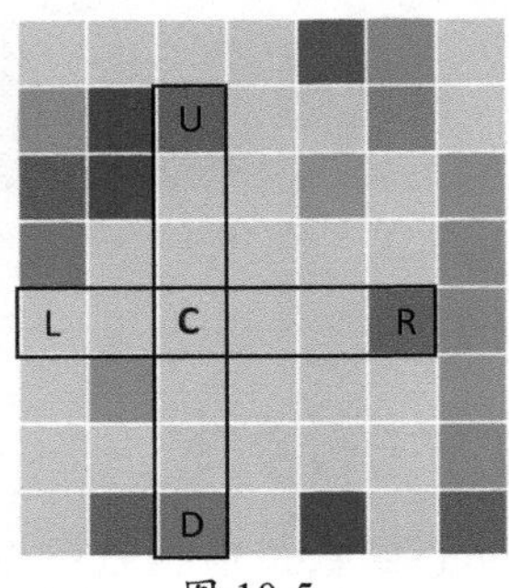

图 10-5

首先向上寻找，找到第一个不是空白的方块，比如图10-5中的U，存储在fourBlocks[0]中：

```
int search; // 寻找下标
// 向上找到第一个颜色不是空白的方块
for (search=0;clicked_i-search>=0;search++)
{
    if (blocks[clicked_i-search][clicked_j].colorId!=0)
    {
        fourBlocks[0] = blocks[clicked_i-search][clicked_j];//赋给数组元素
        break;
    }
}
```

注意search从0开始向上寻找，且满足clicked_i-search>=0（不超过上面的边界）。当找到一个颜色序号不是0的方块时，赋值后执行break语句，停止循环。

同样从方块C开始向下、向左、向右找到第一个颜色不是空白的方块，分别存放到fourBlocks[1]、fourBlocks[2]、fourBlocks[3]中：

```
// 向下找到第一个颜色不是空白的方块
for (search=0;clicked_i+search<RowNum;search++)
{
    if (blocks[clicked_i+search][clicked_j].colorId!=0)
```

```
    {
        fourBlocks[1] = blocks[clicked_i+search][clicked_j];//赋给数组元素
        break;
    }
}
// 向左找到第一个颜色不是空白的方块
for (search=0;clicked_j-search>=0;search++)
{
    if (blocks[clicked_i][clicked_j-search].colorId!=0)
    {
        fourBlocks[2] = blocks[clicked_i][clicked_j-search];//赋给数组元素
        break;
    }
}
// 向右找到第一个颜色不是空白的方块
for (search=0;clicked_j+search<ColNum;search++)
{
    if (blocks[clicked_i][clicked_j+search].colorId!=0)
    {
        fourBlocks[3] = blocks[clicked_i][clicked_j+search];//赋给数组元素
        break;
    }
}
```

假如某一方向一直找到边界仍然没有彩色方块，比如图10-5中的向左寻找，则fourBlocks[2]中储存其初值，即为空白方块C。

进一步，统计数组fourBlocks的4个元素，检查是否有2个或2个以上相同颜色的彩色方块，如果有就将其消除。

首先定义数组colorStatistics存储各种颜色的小方块的个数：

```
int colorStatistics[ColorTypeNum+1] = {0};
```

遍历fourBlocks，统计对应颜色彩色方块的个数。如果某种颜色的方块个数colorStatistics[i] >=2，则将对应方块的颜色序号设为0：

```
for (i=1;i<=ColorTypeNum;i++) // i=0表示空白颜色，不要统计
{
    for (j=0;j<4;j++) // 遍历fourBlocks
    {
        if (fourBlocks[j].colorId==i)
            colorStatistics[i]++; //方块颜色序号i，对应统计个数+1
    }
    if (colorStatistics[i]>=2) // 如果这种颜色方块个数大于等于2
    {
        // 把对应十字区域要消除的方块颜色改成空白颜色
        for (j=0;j<4;j++) // 遍历fourBlocks
        {
            if (fourBlocks[j].colorId==i)
```

```
                {
                    // 颜色序号设为0，也就是空白的灰白色
                    blocks[fourBlocks[j].i][fourBlocks[j].j].colorId = 0;
                }
            }
        }
}
```

实现效果如图10-6所示，完整代码参考配套资源中10-3-2.cpp。

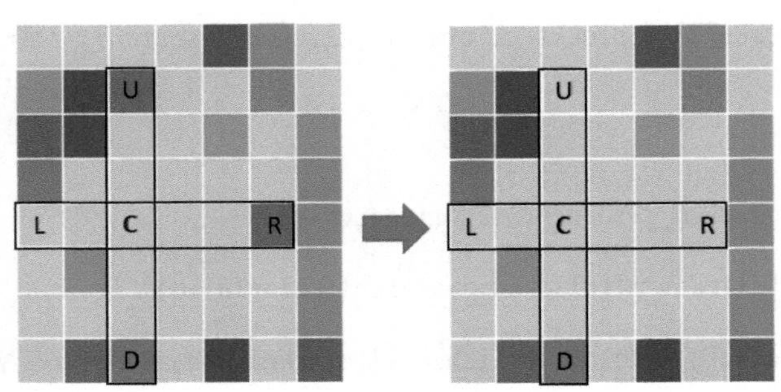

图 10-6

10.4 方块提示框的绘制

为了便于玩家看到自己点击的方块、十字区域内可以消除的方块，需要绘制方块提示框。首先定义绘制提示框的函数：

```
// 对于blocks[i][j]，绘制一个颜色为color，isfill填充的提示方框
void drawBlockHint(int i,int j,COLORREF color,int isfill)
{
    setlinecolor(color); // 设置线条颜色
    setfillcolor(color); // 设置填充颜色
    if (isfill==1) // 画填充方块
        fillrectangle(blocks[i][j].x,blocks[i][j].y,
                      blocks[i][j].x+BlockSize,blocks[i][j].y+BlockSize);
    if (isfill==0) // 画非填充的方块线框
        rectangle(blocks[i][j].x,blocks[i][j].y,
                  blocks[i][j].x+BlockSize,blocks[i][j].y+BlockSize);
}
```

其中，函数参数i、j为对应方块在二维数组blocks中的行列序号，color为要绘制的颜色。isfill为1绘制填充方块，isfill为0则绘制非填充的方块。

在updateWithInput()函数中，如果点击的是空白方块，则执行：

```
show(); // 先显示其他方块，再绘制提示框，后绘制的在最前面
// 被点击到的空白方块，绘制填充灰色的方块提示框
drawBlockHint(clicked_i,clicked_j,RGB(100,100,100),1);
```

如果十字区域有要消除的彩色方块，则执行：

```
if (fourBlocks[j].colorId==i)
{
    // 要消除的方块区域绘制提示框
    drawBlockHint(fourBlocks[j].i,fourBlocks[j].j,RGB(0,0,0),0);
}
```

最后调用批量绘制，并暂停一段时间：

```
FlushBatchDraw(); // 批量绘制
Sleep(300); // 绘制好提示框后暂停300毫秒
```

实现效果如图10-7所示，点击的空白方块用灰色填充提示，十字区域待消除的方块用黑色方形线框提示，完整代码参看配套资源中10-4.cpp。

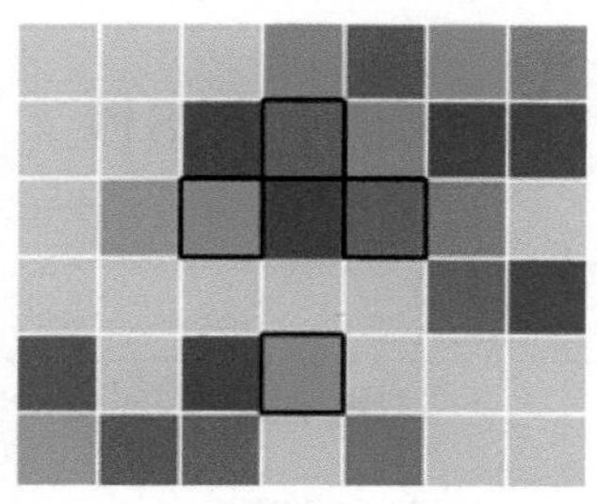

图 10-7

10.5 倒计时与进度条

输入并运行以下代码，窗口显示出程序运行了多少秒：

10-5-1.cpp

```
#include <graphics.h>
#include <conio.h>
#include <stdio.h>
#include <time.h>
int main()
{
    initgraph(600,400); // 新开一个窗口
    setbkcolor(RGB(255,255,255)); // 背景颜色为白色
    setbkmode(TRANSPARENT); // 透明显示文字
    settextcolor(BLACK);  // 设置字体颜色
    settextstyle(60, 0, _T("宋体")); // 设置文字大小、字体
    TCHAR str[20]; // 定义字符数组
    clock_t start, now; // 用于计时的变量
    start = clock(); // 记录当前运行时刻

    while (1)// 循环
```

```
        {
            now = clock(); // 获得当前时刻
            // 计算程序一共运行了多少秒
            double duration =( double(now - start) / CLOCKS_PER_SEC);
            _stprintf(str, _T("程序运行了%d秒"),  int(duration)); //转换为字符串
            cleardevice(); // 清屏
            outtextxy(100, 150, str); // 输出文字
            Sleep(20); // 暂停20毫秒
        }
        return 0;
    }
```

程序运行后输出如图 10-8 所示。

chapter10

程序运行了18秒

图 10-8

首先定义两个用于计时的变量（需要导入 time.h 文件）：

```
clock_t start, now; // 用于计时的变量
```

程序开始运行时获得当前时刻：

```
start = clock(); // 记录当前运行时刻
```

在 while 循环语句中，再次获得程序运行到此的时刻：

```
now = clock(); // 获得当前时刻
```

将 finish 减去 now 并做单位转换，即可得到程序一共运行了多少秒：

```
double duration =( double(now - start) / CLOCKS_PER_SEC);
```

最后将 duration 转换为字符串进行输出：

```
_stprintf(str, _T("程序运行了%d秒"),  int(duration));
```

注意，int(duration) 先将浮点型变量强制转换为整型，再通过 %d 格式控制字符转换为字符串。

进一步修改代码如下：

10-5-2.cpp

```
#include <graphics.h>
#include <conio.h>
```

```
#include <stdio.h>
#include <time.h>
int main()
{
    initgraph(600,400); // 新开一个窗口
    setbkcolor(RGB(255,255,255)); // 背景颜色为白色
    setbkmode(TRANSPARENT); // 透明显示文字
    settextcolor(BLACK);  // 设置字体颜色
    settextstyle(60, 0, _T("宋体")); // 设置文字大小、字体
    TCHAR str[20]; // 定义字符数组
    clock_t start, now; // 用于计时的变量
    start = clock(); // 记录当前运行时刻

    float maxTime = 20; // 游戏允许的总时长
    float remainTime = maxTime; // 游戏剩余时间

    while (remainTime>=0)// 循环
    {
        now = clock(); // 获得当前时刻
        // 计算程序一共运行了多少秒
        double duration =( double(now - start) / CLOCKS_PER_SEC);
        remainTime = maxTime - duration; // 计算游戏剩余时间
        _stprintf(str, _T("剩余时间：%d秒"),  int(remainTime)); //转换为字符串
        cleardevice(); // 清屏
        outtextxy(100, 150, str); // 输出文字

        setlinecolor(RGB(255,0,0)); // 设置进度条的颜色
        setfillcolor(RGB(255,0,0));
        fillrectangle(0,10,remainTime*600/maxTime,50); // 绘制进度条

        Sleep(20); // 暂停20毫秒
    }
    return 0;
}
```

程序运行后输出如图 10-9 所示。

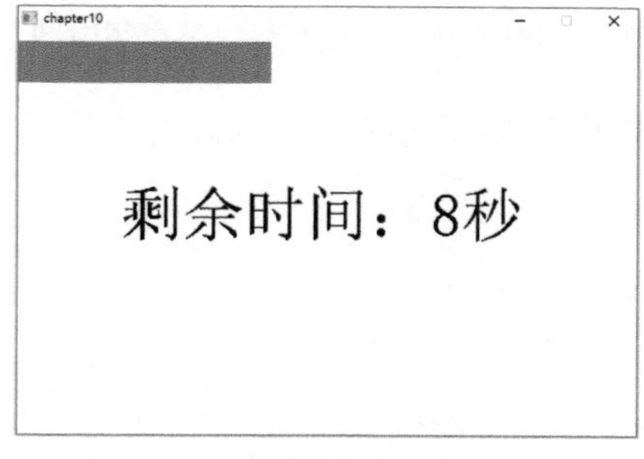

图 10-9

其中，变量maxTime记录游戏允许的总时长，remainTime记录游戏剩余时间：

```
int maxTime = 20; // 游戏允许的总时长
float remainTime = maxTime; // 游戏剩余时间
```

当剩余时间remainTime>=0时，求出剩余时间并显示：

```
remainTime = maxTime - duration; // 计算游戏剩余时间
```

最后根据remainTime计算长方形最右边的x坐标，绘制出一个随剩余时间变短的进度表：

```
fillrectangle(0,10,remainTime*600/maxTime,50); // 绘制进度条
```

应用以上知识，在10-4.cpp的基础上添加全局变量：

```
float maxTime; // 游戏允许的总时长
float remainTime; // 游戏剩余时间
```

在start()初始化函数中，加大窗口高度用于显示倒计时进度条，并对时间变量进行初始化：

```
void startup() // 初始化函数
{
    int height = BlockSize*(RowNum+1); // 最下面用来显示一些提示信息

    maxTime = 200; // 游戏允许的总时长
    remainTime = maxTime; // 游戏剩余时间
}
```

updateWithoutInput()函数中，首先定义静态变量start，start仅初始化一次。然后每次updateWithoutInput()运行时，获得当前时刻now。计算程序已运行时间duration，进而求出游戏剩余时间remainTime：

```
void updateWithoutInput() // 和输入无关的更新
{
    static clock_t start = clock(); // 记录第一次运行时刻
    clock_t now = clock(); // 获得当前时刻
    // 计算程序一共运行了多少秒
    double duration =( double(now - start) / CLOCKS_PER_SEC);
    remainTime = maxTime - duration; // 计算游戏剩余时间
}
```

最后在show( )函数中添加代码绘制出倒计时进度条：

```
void show() // 绘制函数
{
    setlinecolor(RGB(255,0,0)); // 设置进度条的颜色
    setfillcolor(RGB(255,0,0));
    // 根据剩余时间，绘制一个倒计时进度条，进度条按最大时间maxTime秒绘制
    fillrectangle(0,BlockSize*(RowNum+0.2),
            remainTime*BlockSize*ColNum/maxTime,BlockSize*(RowNum+0.8));
}
```

实现效果如图10-10所示，完整代码参看配套资源中10-5-3.cpp。

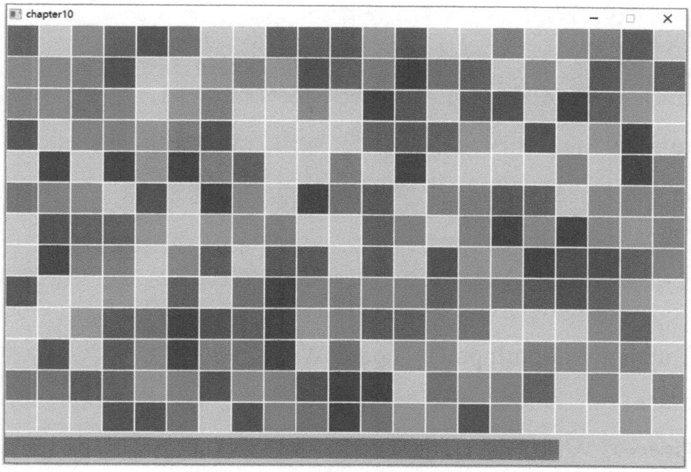

图10-10

10.6 得分计算与胜负判断

首先定义变量score记录玩家消去的方块个数，noZeroBlockNum记录游戏开始时彩色砖块的总数，设定当score>=0.9*noZeroBlockNum时游戏胜利：

```
int score; // 得分数，也就是消去的方块的个数
int noZeroBlockNum; // 非空白区域的砖块的个数
```

在startup()初始化函数中统计随机生成的彩色砖块总数：

```
noZeroBlockNum = 0;

if (blocks[i][j].colorId != 0)
    noZeroBlockNum++; // 统计随机产生的方块中，非零方块的个数
```

将得分初始化为0：

```
score = 0; // 得分数，也就是消去的方块的个数
```

在updateWithInput()函数中，更新十字区域消除的方块个数：

```
if (colorStatistics[i]>=2) // 如果这种颜色方块个数大于等于2
{
    score += colorStatistics[i]; // 得分加上消除的方块数
}
```

在show()函数中，显示当前得分score，游戏胜利要求的得分数0.9*noZeroBlockNum：

```
TCHAR s[80]; // 定义字符数组
setbkmode(TRANSPARENT); // 透明显示文字
settextcolor(RGB(0,0,0));  // 设置字体颜色
settextstyle(22, 0, _T("宋体")); // 设置文字大小、字体
_stprintf(s, _T("当前%d分，达到%d分游戏胜利"), score,int(0.9*noZeroBlockNum));
outtextxy(BlockSize*(ColNum/3-0.1), BlockSize*(RowNum+1.2), s); // 输出文字
```

当score>=0.9*noZeroBlockNum时，输出游戏胜利信息：

```
if (score>=0.9*noZeroBlockNum) // 消去足够的方块，游戏胜利
{
    settextstyle(130, 0, _T("黑体")); // 设置文字大小、字体
    outtextxy(BlockSize*(ColNum/6.0), BlockSize*(RowNum/3.0), _T("游戏胜利!"));
}
```

最后在updateWithoutInput()、updateWithInput()中添加代码，时间结束后游戏停止更新：

```
if (remainTime<=0) // 时间到了，不要操作
    return;
```

实现效果如图10-11所示，完整代码参看配套资源中10-6.cpp。

图 10-11

10.7　多关卡与增加游戏难度

首先，定义level表示当前为第几关：

```
int level = 1; // 当前关卡序号
```

在start()函数中，随着level的增加，当前关的游戏总时长越来越短：

```
maxTime = 200 - level*10;
```

show()函数中显示当前为第几关、已得分数、得到多少分可以进入下一关：

```
_stprintf(s, _T("当前第%d关，已得%d分，达到%d分进入下一关"),
    level,score,int(0.9*noZeroBlockNum));
```

updateWithoutInput()函数中，如果得分达到要求，则将level加1，重新计时，并调用startup()函数进入下一关；如果得分没有达到要求且时间到了，则继续重新开始这一关的游戏：

```
void updateWithoutInput() // 和输入无关的更新
{
    static clock_t start = clock(); // 记录第一次运行时刻
    clock_t now = clock(); // 获得当前时刻
    // 计算程序一共运行了多少秒
    double duration = double(now - start) / CLOCKS_PER_SEC;
    remainTime = maxTime - duration; // 计算游戏剩余时间

    if (score>= int(0.9*noZeroBlockNum)) // 得分达到要求
    {
        level ++; // 如果得分达到要求，进入下一关
        start = clock();  // 重新开始计时
        startup(); // 调用初始化函数，重新开始游戏
    }
    else if (remainTime<=0) // 得分没有达到要求且时间到了
    {
        start = clock();  // 重新开始计时
        startup(); // 调用初始化函数，重新开始这一关游戏
    }
}
```

实现效果如图10-12所示，完整代码参看配套资源中10-7-1.cpp。

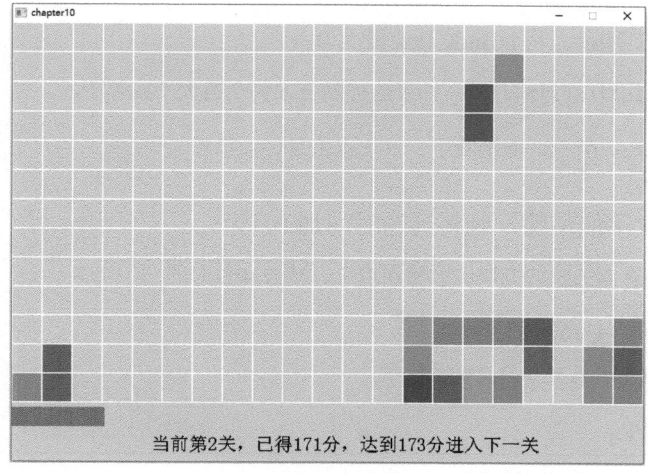

图 10-12

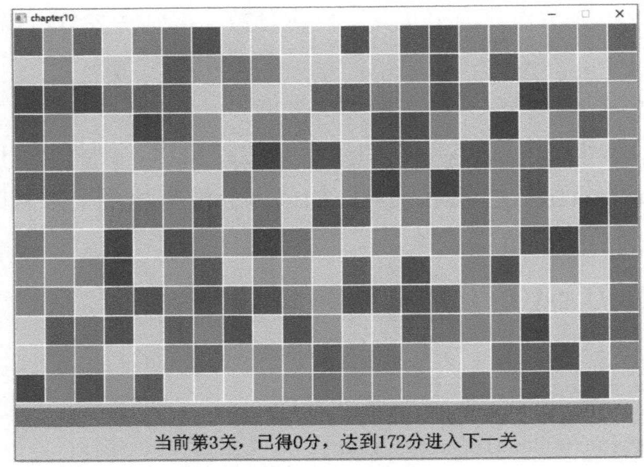

图 10-12（续）

进一步可为游戏添加惩罚机制，如果被鼠标点中的方块的十字区域上不能消除，则将游戏剩余时间减少 10 秒。增加全局变量记录惩罚扣除时间：

```
float punishTime; // 玩家点错扣除的时间
```

在 startup() 函数中初始化为 0：

```
punishTime = 0;
```

updateWithoutInput() 中剩余时间的计算公式也需调整：

```
remainTime = maxTime - duration - punishTime; // 计算游戏剩余时间
```

在 updateWithInput() 函数中首先假设点击的方块不合适：

```
int isBadClick = 1; // 假设点击的方块不合适，十字区域没有有效消除的方块
```

如果可以消除，将 isBadClick 设为 0：

```
if (colorStatistics[i]>=2) // 如果这种颜色方块个数大于或等于2
{
    isBadClick = 0; // 能消除了，这次点击是好的操作
}
```

如果这次不能消除，则将惩罚时间加 10 秒：

```
// 十字区域没有能消除的方块，为错误点击，减去10秒时间
if (isBadClick==1)
    punishTime += 10;
```

完整代码如 10-7-2.cpp 所示。

10-7-2.cpp

```
#include <graphics.h>
#include <conio.h>
```

```
#include <stdio.h>
#include <time.h>
# define BlockSize 40 // 小方块的边长
# define RowNum 13 // 游戏画面一共RowNum行小方块
# define ColNum 21 // 游戏画面一共ColNum列小方块
# define ColorTypeNum 9 // 方块彩色颜色的个数

struct Block // 小方块结构体
{
    int x,y; // 小方块在画面中的x,y坐标
    int i,j;  // 小方块在二维数组中的i,j下标
    int colorId; // 对应颜色的下标
};

// 全局变量
Block blocks[RowNum][ColNum]; // 构建二维数组，存储所有数据
COLORREF  colors[ColorTypeNum+1]; // 颜色数组，小方块可能的几种颜色
float maxTime; // 游戏允许的总时长
float remainTime; // 游戏剩余时间
float punishTime; // 玩家点错扣除的时间
int score; // 得分数，即消去的方块的个数
int noZeroBlockNum; // 非空白区域的砖块的个数
int level = 1; // 当前关卡序号

// 对于blocks[i][j]，绘制一个颜色为color，isfill填充的提示方框
void drawBlockHint(int i,int j,COLORREF color,int isfill)
{
    setlinecolor(color); // 设置线条颜色
    setfillcolor(color); // 设置填充颜色
    if (isfill==1) // 画填充方块
        fillrectangle(blocks[i][j].x,blocks[i][j].y,
        blocks[i][j].x+BlockSize,blocks[i][j].y+BlockSize);
    if (isfill==0) // 画非填充的方块线框
        rectangle(blocks[i][j].x,blocks[i][j].y,
        blocks[i][j].x+BlockSize,blocks[i][j].y+BlockSize);
}

void startup() // 初始化函数
{
    int i,j;

    int width = BlockSize*ColNum;    // 设定游戏画面的大小
    int height = BlockSize*(RowNum+2); // 最下面用来显示一些提示信息
    initgraph(width,height);          // 新开窗口
    setbkcolor(RGB(220,220,220));    // 设置背景颜色
    setfillcolor(RGB(255,0,0));     // 设置填充颜色
    setlinestyle(PS_SOLID,2);       // 设置线型、线宽
    cleardevice();     // 以背景颜色清屏
    BeginBatchDraw(); // 开始批量绘制
    srand(time(0)); // 随机种子初始化
```

```

        maxTime = 200 - level*10; // 游戏允许的总时长，关卡越高时间越短
        remainTime = maxTime; // 游戏剩余时间
        punishTime = 0;  // 玩家点错扣除的时间

        colors[0] = RGB(220,220,220); // 颜色数组第一种颜色为灰白色，表示空白小方块
        for (i=1;i<ColorTypeNum+1;i++) // 其他几种颜色为彩色
            colors[i] = HSVtoRGB((i-1)*40,0.6,0.8);

        noZeroBlockNum = 0;
        // 对blocks二维数组进行初始化
        for (i=0;i<RowNum;i++)
        {
            for (j=0;j<ColNum;j++)
            {
                // 取随机数，1-ColorTypeNum为彩色，其他为空白色
                // 这样为空白色的比例更高，符合游戏的设定
                int t = rand()%(int(ColorTypeNum*1.5));  // 取随机数
                if (t<ColorTypeNum+1)
                    blocks[i][j].colorId = t; // 小方块的颜色序号
                else // 其他情况，都为空白颜色方块
                    blocks[i][j].colorId = 0; // 小方块的颜色序号

                blocks[i][j].x = j*BlockSize; // 小方块左上角的坐标
                blocks[i][j].y = i*BlockSize;
                blocks[i][j].i = i;   // 存储当前小方块在二维数组中的下标
                blocks[i][j].j = j;
                if (blocks[i][j].colorId != 0)
                    noZeroBlockNum++; // 统计随机产生的方块中，非零方块的个数
            }
        }
        score = 0; // 得分数，也就是消去的方块的个数
    }

    void show() // 绘制函数
    {
        cleardevice(); // 清屏
        setlinecolor(RGB(255,255,255)); // 白色线条

        int i,j;
        for (i=0;i<RowNum;i++)
        {
            for (j=0;j<ColNum;j++)
            {
                // 以对应的颜色、坐标画出所有的小方块
                setfillcolor(colors[blocks[i][j].colorId]);
                fillrectangle(blocks[i][j].x,blocks[i][j].y,
                    blocks[i][j].x+BlockSize,blocks[i][j].y+BlockSize);
            }
```

```
    }
    setlinecolor(RGB(255,0,0)); // 设置进度条的颜色
    setfillcolor(RGB(255,0,0));
    // 根据剩余时间，绘制一个倒计时进度条，进度条按最大时间maxTime秒绘制
    fillrectangle(0,BlockSize*(RowNum+0.2),
        remainTime*BlockSize*ColNum/maxTime,BlockSize*(RowNum+0.8));

    // 输出提示文字信息
    TCHAR s[80]; // 定义字符数组
    setbkmode(TRANSPARENT); // 透明显示文字
    settextcolor(RGB(0,0,0));  // 设置字体颜色
    settextstyle(25, 0, _T("宋体")); // 设置文字大小、字体
    _stprintf(s, _T("当前第%d关，已得%d分，达到%d分进入下一关"),
        level,score,int(0.9*noZeroBlockNum));
    outtextxy(BlockSize*(ColNum/4.5), BlockSize*(RowNum+1.1), s); // 输出文字
    FlushBatchDraw(); // 开始批量绘制
}

void updateWithoutInput() // 和输入无关的更新
{
    static clock_t start = clock(); // 记录第一次运行时刻
    clock_t now = clock(); // 获得当前时刻
    // 计算程序一共运行了多少秒
    double duration = double(now - start) / CLOCKS_PER_SEC;
    remainTime = maxTime - duration - punishTime; // 计算游戏剩余时间

    if (score>=int(0.9*noZeroBlockNum)) // 得分达到要求
    {
        level ++; // 如果得分达到要求，进入下一关
        start = clock();  // 重新开始计时
        startup(); // 调用初始化函数，重新开始游戏
    }
    else if (remainTime<=0) // 得分没有达到要求且时间到了
    {
        start = clock();  // 重新开始计时
        startup(); // 调用初始化函数，重新开始这一关游戏
    }
}

void updateWithInput() // 和输入有关的更新
{
    if (remainTime<=0) // 时间到了，不要操作
        return;
    int i,j;
    MOUSEMSG m;
    if (MouseHit())   // 当有鼠标消息时
    {
        m = GetMouseMsg();
        if(m.uMsg == WM_LBUTTONDOWN) // 当点击鼠标左键时
```

```
        {
            // 通过鼠标点击位置计算出被点击的小方块在二维数组中的下标
            int clicked_i = int(m.y)/BlockSize;
            int clicked_j = int(m.x)/BlockSize;

            // 如果当前点击的不是空白方块，不需要处理，返回
            if (blocks[clicked_i][clicked_j].colorId!=0)
                return;

            show(); // 先显示其他方块，再绘制提示框，后绘制的在最前面
            // 被点击到的空白方块，绘制填充灰色的方块提示框
            drawBlockHint(clicked_i,clicked_j,RGB(100,100,100),1);

            // 定义数组存储上、下、左、右4个方向找到第一个不是空白的方块
            Block fourBlocks[4] = {blocks[clicked_i][clicked_j]}; //初始化为点击的方块
            int search; // 寻找下标

            // 向上找到第一个颜色不是空白的方块
            for (search=0;clicked_i-search>=0;search++)
            {
                if (blocks[clicked_i-search][clicked_j].colorId!=0)
                {
                    fourBlocks[0] = blocks[clicked_i-search][clicked_j]; //赋给数组元素
                    break;
                }
            }
            // 向下找到第一个颜色不是空白的方块
            for (search=0;clicked_i+search<RowNum;search++)
            {
                if (blocks[clicked_i+search][clicked_j].colorId!=0)
                {
                    fourBlocks[1] = blocks[clicked_i+search][clicked_j]; //赋给数组元素
                    break;
                }
            }
            // 向左找到第一个颜色不是空白的方块
            for (search=0;clicked_j-search>=0;search++)
            {
                if (blocks[clicked_i][clicked_j-search].colorId!=0)
                {
                    fourBlocks[2] = blocks[clicked_i][clicked_j-search]; //赋给数组元素
                    break;
                }
            }
            // 向右找到第一个颜色不是空白的方块
            for (search=0;clicked_j+search<ColNum;search++)
```

```
                {
                    if (blocks[clicked_i][clicked_j+search].colorId!=0)
                    {
                        fourBlocks[3] = blocks[clicked_i][clicked_j+search]; //赋给数组元素
                        break;
                    }
                }

                // 统计fourBlocks的4个小方块，有没有同样颜色数目大于或等于2的
                int colorStatistics[ColorTypeNum+1] = {0}; // 初始化个数为0
                int isBadClick = 1; // 假设点击的方块不合适，十字区域没有有效消除的方块
                for (i=1;i<=ColorTypeNum;i++) // i=0是空白颜色，不要统计
                {
                    for (j=0;j<4;j++) // 遍历fourBlocks
                    {
                        if (fourBlocks[j].colorId==i)
                            colorStatistics[i]++; //方块颜色序号i，对应统计个数+1
                    }
                    if (colorStatistics[i]>=2) // 如果这种颜色方块个数大于或等于2
                    {
                        isBadClick = 0; // 能消除了，这次点击是好的操作
                        // 把对应十字区域要消除的方块颜色改成空白颜色
                        for (j=0;j<4;j++) // 遍历fourBlocks
                        {
                            if (fourBlocks[j].colorId==i)
                            {
                                // 要消除的方块区域绘制提示框
                                drawBlockHint(fourBlocks[j].i,fourBlocks[j].j,
                                              RGB(0,0,0),0);
                                // 颜色序号设为0，也就是空白的灰白色
                                blocks[fourBlocks[j].i][fourBlocks[j].j].colorId = 0;
                            }
                        }
                        score += colorStatistics[i]; // 得分加上消除的方块数
                    }
                }

                // 十字区域没有能消除的方块，为错误点击，减去10秒时间
                if (isBadClick==1)
                    punishTime += 10;

                FlushBatchDraw(); // 批量绘制
                Sleep(300); // 绘制好提示框后暂停300毫秒

            } // if 当点击鼠标左键时
        }
```

```
}

int main() // 主函数
{
    startup();  // 初始化
    while (1)  // 循环执行
    {
        show();  // 绘制
        updateWithoutInput(); // 和输入无关的更新
        updateWithInput();   // 和输入有关的更新
    }
    return 0;
}
```

10.8 地址与指针

C语言中所有变量都存储在内存中，而存放变量特定内存单元的编号就称为地址，输入并运行以下代码：

10-8-1.cpp

```
#include <conio.h>
#include <stdio.h>
int main()
{
    int a;
    a = 1;
    printf("%d\n",a);
    printf("%d\n",&a);
    _getch();
    return 0;
}
```

程序运行后输出：

```
1
20314248
```

其中&称为取地址运算符，&a即为变量a的地址。注意，每次运行时，程序为变量a分配的地址可能不一样。

为了处理地址，我们可以定义一类特殊的变量——指针（变量）：

10-8-2.cpp

```
#include <conio.h>
#include <stdio.h>
int main()
{
```

```
    int a = 1;
    int *p;
    p = &a;
    printf("%d\n",&a);
    printf("%d\n",p);
    printf("%d\n",a);
    printf("%d\n",*p);
    _getch();
    return 0;
}
```

程序运行后输出：

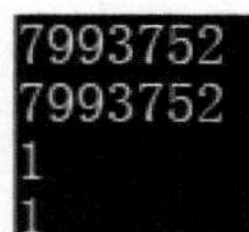
7993752
7993752
1
1

其中，int *p;定义了指针变量p，*表示后面的变量为指针变量，int表示p可以记录整型变量的地址。

p = &a;将变量a的地址赋给指针p，这样p就指向a所在的内存空间。因此printf("%d\n",&a);和printf("%d\n",p);输出同样的结果。

printf("%d\n",*p);中，*为取内容运算符，表示取p指向的内存空间的内容，即为a的值1。

同一般变量一样，指针变量之间也可以相互赋值：

10-8-3.cpp

```
#include <conio.h>
#include <stdio.h>
int main()
{
    int a = 1;
    int *p,*q;
    p = &a;
    q = p;
    *q = 2;
    printf("%d\n",a);
    printf("%d\n",*p);
    printf("%d\n",*q);
    _getch();
    return 0;
}
```

经过赋值后，指针变量p、q均指向整型变量a。因此通过*q=2赋值后，a、*p的值也变成2，程序输出：

利用指针，我们可以在调用函数时修改实际参数的值：

10-8-4.cpp

```
#include <conio.h>
#include <stdio.h>

void fun(int *a)
{
    *a = *a + 1;
}

int main()
{
    int x = 1;
    printf("%d\n",x);
    fun(&x);
    printf("%d\n",x);
    _getch();
    return 0;
}
```

程序运行后输出：

main()函数中运行fun(&x);，将变量x的地址传递给形式参数a。a即为实际参数x的地址。在fun()函数中通过*a修改x的内存空间，返回到主函数后，x的值也改变了。

和8.4节中讲解的值调用不同，这种参数传递方式称为地址传递。回顾scanf("%d",&x);语句可以将用户输入值赋给变量，也是因为采用了地址传递的原因。

练习题10-2：定义函数void swap(int *x, int *y)，实现两个整数变量值的交换。

提示　使用指针可以减少全局变量的使用，使得程序更加模块化。比如，将全局变量改为函数内部的局部变量，当需要调用其他函数修改变量值时，可以利用地址传递的方式。

除了利用地址传递外，我们还可以利用引用传递在调用函数时修改实际参数的值：

10-8-5.cpp

```
#include <conio.h>
#include <stdio.h>

void fun(int &a)
{
    a = a + 1;
}

int main()
{
    int x = 1;
    printf("%d\n",x);
    fun(x);
    printf("%d\n",x);
    _getch();
    return 0;
}
```

程序运行后输出：

void fun(int &a) 中的 & 符号表示引用传递，a 相当于是实际参数 x 的一个别名，在 fun() 函数中修改 a 的值，main() 函数中实际参数 x 的值也随之变化。

10.9 指针与数组

数组名作为函数参数时可以修改实际参数的值（8.4 节），这是因为数组的名字就是一个指针：

10-9-1.cpp

```
#include <conio.h>
#include <stdio.h>

int main()
{
    int a[5] = {1,2,3,4,5};
    printf("%d\n",a);
    printf("%d\n",&a[0]);
    printf("%d\n",*a);
    printf("%d\n",a[0]);
```

```
    _getch();
    return 0;
}
```

程序运行后输出：

其中，a是数组的地址，也是数组第0号元素的地址&a[0]。因此对a取内容，*a的值就等于a[0]。

将指针变量p赋为数组的首地址，则可以通过以下方式访问数组元素：

10-9-2.cpp

```
#include <conio.h>
#include <stdio.h>

int main()
{
    int a[5] = {1,2,3,4,5};
    int *p = a;
    int i;
    for (i=0;i<5;i++)
        printf("%d ",a[i]);
    printf("\n");
    for (i=0;i<5;i++)
        printf("%d ",*(a+i));
    printf("\n");
    for (i=0;i<5;i++)
        printf("%d ",*(p+i));
    printf("\n");
    for (i=0;i<5;i++)
        printf("%d ",p[i]);
    printf("\n");
    _getch();
    return 0;
}
```

程序运行后输出：

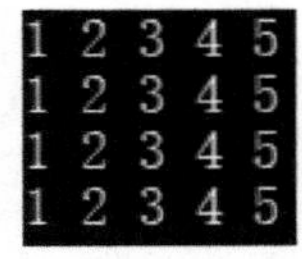

由于数组元素在内存中是依次排列的，因此规定(a+i)表示数组第i个元素的地址。由于p=a，因此*(p+i)等于*(a+i)，p[i]也等于a[i]。

提示　数组一旦定义后，其存储在内存空间中的地址就是固定的，因此数组名字是常量，不能进行赋值。

在消除类游戏中，经常会有游戏难度越大、画面越大的需求，这时就需要用变量设定数组的大小，比如：

10-9-3.cpp

```
#include <conio.h>
#include <stdio.h>
int main()
{
    int n = 10;
    int x[n];
    _getch();
    return 0;
}
```

然而程序编译后报错，提示定义数组的大小必须是常量。利用指针，我们可以实现动态大小的数组：

10-9-4.cpp

```
#include <conio.h>
#include <stdio.h>
#include <stdlib.h>
int main()
{
    int n,i;
    scanf("%d",&n);
    int *p = (int *) malloc(n * sizeof(int));
    for (i=0;i<n;i++)
        p[i] = i+1;
    for (i=0;i<n;i++)
        printf("%d ",p[i]);
    free(p);
    _getch();
    return 0;
}
```

样例输入程序，运行后输出：

其中，scanf("%d",&n); 首先让用户输入整数值，赋给变量n。

malloc(n * sizeof(int)); 分配n个int内存空间（需要包含stdlib.h文件），并强制转换为(int *)型，赋给指针变量p。

如此就实现了一个有n个元素的一维动态数组，其使用方式和一般数组一样，可以通过p[i]访问p的第i个元素。

使用结束后，通过free(p);收回动态分配的内存空间。

利用指针和malloc语句，同样可以实现动态二维数组：

10-9-5.cpp

```
#include <conio.h>
#include <stdio.h>
#include <stdlib.h>
int main()
{
    int height,width,i,j;
    scanf("%d%d",&height,&width); // 用户自定义输入长宽

    // 分配动态二维数组的内存空间
    int **blocks=(int**)malloc(height*sizeof(int*));
    for(i=0;i<height;i++)
        blocks[i]=(int*)malloc(width*sizeof(int));

    // blocks可以当成一般二维数组来使用了
    for (i=0;i<height;i++)
        for (j=0;j<width;j++)
            blocks[i][j] = i*width+j+1;

    for (i=0;i<height;i++)
    {
        for (j=0;j<width;j++)
            printf("%3d",blocks[i][j]);
        printf("\n");
    }

    // 使用完清除动态数组的内存空间
    for(i=0; i<height; i++)
        free(blocks[i]);
    free(blocks);
    _getch();
    return 0;
}
```

样例输入程序，运行后输出：

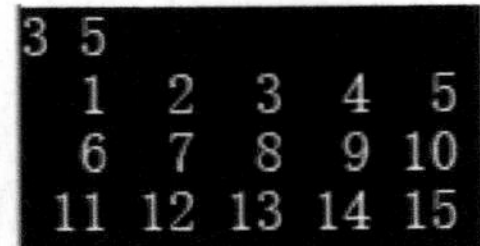

读者可以修改10-7-2.cpp的代码，实现随着游戏关卡数的增加，游戏画面越来越大、方块个数越来越多的效果，如图10-13所示，样例代码参看配套资

源中10-9-6.cpp。

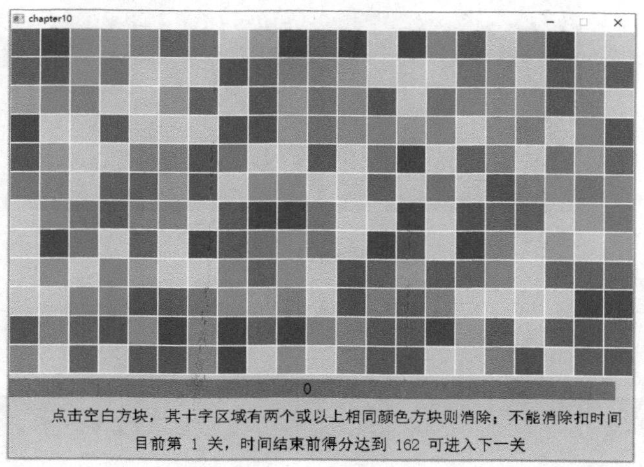

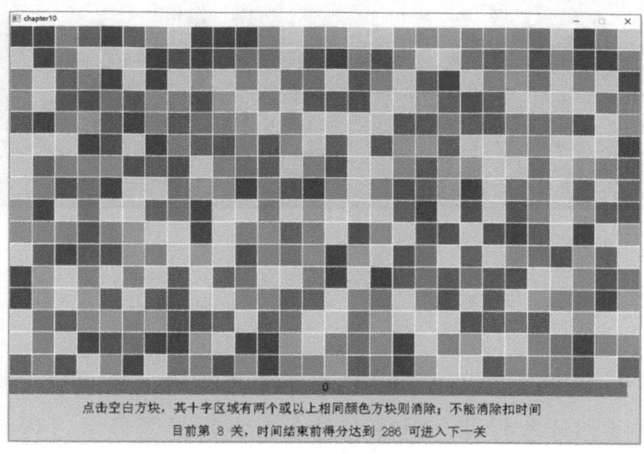

图 10-13

10.10 小结

本章主要讲解了指针的相关语法知识，介绍了倒计时的方法，讲解如何实现“十字消除”游戏。读者可以尝试在本章代码的基础上继续改进。

（1）实现随着游戏的进行，通过关卡要求消除方块的比例越来越高。

（2）利用文件读写，实现关卡数据与最高分的记录与读取。

读者也可以参考本章的开发思路，尝试设计并分步骤实现《消消乐》《消灭星星》《宝石迷阵》等各种消除类游戏。

第11章 樱花树

在本章我们将探讨如何绘制一些漂亮的樱花树，如图11-1所示。通过鼠标交互设定樱花树的高度和分散程度，鼠标右键点击设置是否显示过程动画，鼠标左键点击开始绘制。

本章首先介绍了递归的概念，以及如何实现汉诺塔问题的求解；然后介绍了分形的概念，以及如何利用递归调用绘制一棵分形树；最后讲解了如何修改分形树的生成与绘制参数，实现随机樱花树的绘制。

本章案例最终一共141行代码，代码项目路径为“配套资源\第11章\chapter11\chapter11.sln”，视频效果参看“配套资源\第11章\樱花树.mp4”。

图 11-1

11.1 递归

函数在定义时可以调用其他的函数。输入并运行以下代码：

11-1-1.cpp

```
#include <conio.h>
#include <stdio.h>

void fun1( )
{
    printf("a\n");
}

void fun2( )
{
    fun1( );
    printf("b\n");
}

int main()
```

```
    {
        fun2( );
        printf("c\n");
        _getch();
        return 0;
    }
```

程序运行后输出：

程序运行流程如图 11-2 所示。

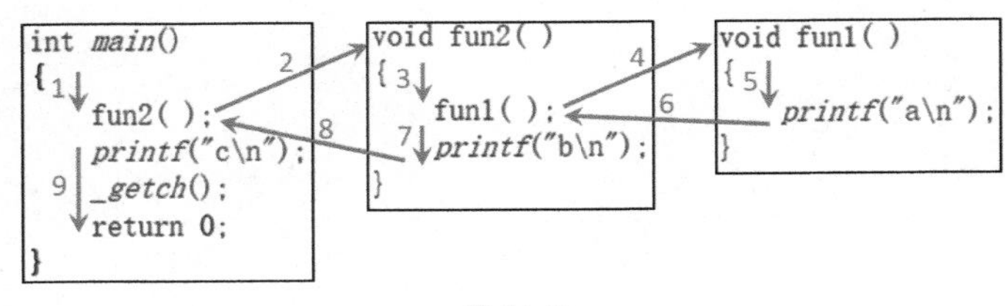

图 11-2

（1）代码首先从主函数开始运行，调用 fun2() 函数。

（2）进入 fun2() 函数内部。

（3）在 fun2() 内，首先调用 fun1() 函数。

（4）进入 fun1() 函数内部。

（5）在 fun1() 内，首先输出“a”。

（6）fun1() 运行结束，返回到 fun2() 函数内部。

（7）在 fun2() 内部继续运行，输出“b”。

（8）fun2() 运行结束，返回到 main() 函数内部。

（9）main() 函数内部继续运行，输出“c”，等待按键之后 return 0 程序结束。

提示　如果在函数定义前的代码中调用函数，代码编译会报错。这时可以用函数的原型说明，复制函数定义的第一行代码，并在末尾加一个分号。

一个函数直接或间接地调用自身的形式被称为递归调用，比如，求一个整数 n 的阶乘 $n!=n(n-1)(n-2)\times\cdots\times 1$ 可以转换为递归调用的形式：

$$n!=\begin{cases}1 & (n=1)\\ n\times(n-1)! & (n>1)\end{cases}$$

当n大于1时，n的阶乘等于n乘以$n-1$的阶乘；当$n=1$时，n的阶乘等于1。定义求阶乘函数fac()如下：

11-1-2.cpp

```
#include <conio.h>
#include <stdio.h>

int fac(int n)
{
    int f;
    if(n==1)
        f=1;
    else
        f=n*fac(n-1);
    return (f);
}

int main()
{
    int num = fac(5);
    printf("5!= %d \n",num);
    _getch();
    return 0;
}
```

主函数中调用fac(5)，程序运行后输出：

```
5!= 120
```

程序运行流程如图11-3所示。

（1）从主函数中调用fac(5)进入fac()函数内部，n=5，是大于1的，因此fac(5)=5*fac(4)。

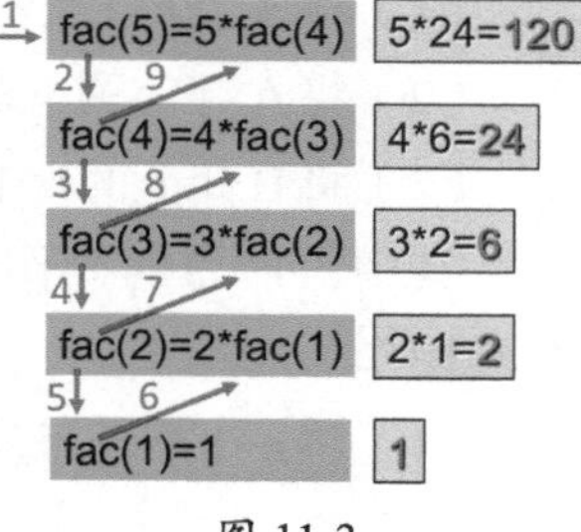

图 11-3

（2）调用fac(4)进入fac()函数内部，n=4，是大于1的，因此fac(4)=4*fac(3)。

（3）调用fac(3)进入fac()函数内部，n=3，是大于1的，因此fac(3)=3*fac2)。

（4）调用fac(2)进入fac()函数内部，n=2，是大于1的，因此fac(2)=2*fac(1)。

（5）调用fac(1)进入fac()函数内部，n=1使得fac(1)=1，fac(1)运行结束。

（6）返回fac(2)，即fac(2)=2*fac(1)=2*1=2，fac(2)运行结束。

（7）返回fac(3)，即fac(3)=3*fac(2)=3*2=6，fac(3)运行结束。

（8）返回fac(4)，即fac(4)=4*fac(3)=4*6=24，fac(4)运行结束。

（9）返回 fac(5)，即 fac(5)=5*fac(4)=5*24=120，fac(5) 运行结束。

（10）返回 main() 函数，最终输出 120。

提示　要使用函数递归调用，首先需能写成递归调用的形式，比如，求 n 的阶乘可以转换为求 $n-1$ 阶乘。另外需要有结束递归的条件，比如，$n=1$ 时结束求阶乘递归调用，否则程序会一直重复运行。

汉诺塔问题：有 3 根针 A、B、C。A 针上有 n 个盘子。盘子大小不等，大的在下，小的在上。要求将 n 个盘子从 A 针移到 C 针，可以借助 B 针，每次只许移动 1 个盘子，3 根针上始终保持大盘在下小盘在上。

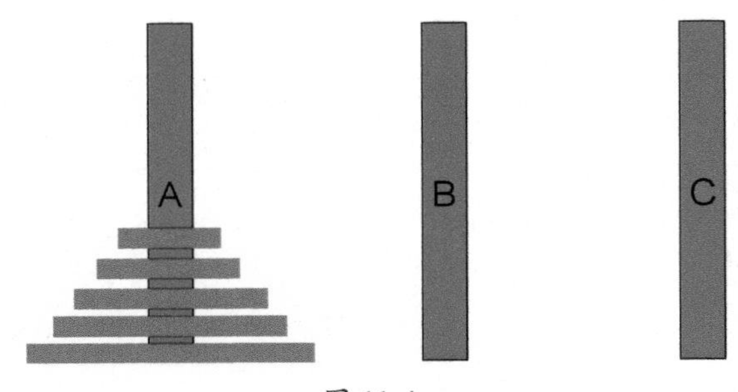

图 11-4

汉诺塔问题是可用递归求解的一个经典问题，将 n 个盘子从 A 针移到 C 针可分解为 3 个步骤。

（1）将 A 上 $n-1$ 个盘子借助 C 针移到 B 针。

（2）将 A 针上剩下的一个盘子移到 C 针。

（3）将 B 针上的 $n-1$ 个盘子借助 A 移到 C 针。

其中，1、3 的操作是相同的，只是针的名称不同，因此 3 个步骤可分成两类操作：

（1）将 $n-1$ 个盘子从一根针移到另一根针上（$n>1$）；

（2）将一个盘子从一根针移到另一根针上。

分别用两个函数实现以上两个操作：

（1）hanoi(n,one,two,three) 表示将 n 个盘子从 one 针借助 two 移到 three 针；

（2）move(getone,putone) 表示将一个盘子从 getone 针移到 putone 针。

one、two、three、getone、putone 都代表 A、B、C 之一，根据各次不同情况取 A、B、C 代入。

11-1-3.cpp

```
#include <stdio.h>
#include <conio.h>

void move(char x, char  y)
{
    printf("Move  %c to %c \n", x,y);
}

void hanoi(int n,char A,char B,char C)
{
    if(n==1)
        move(A,C);
    else
    {
        hanoi(n-1,A,C,B);
        move(A,C);
        hanoi(n-1,B,A,C);
    }
}

int main()
{
    int n;
    printf("Input number of plates: ");
    scanf("%d",&n);
    hanoi(n,'A','B','C');
    _getch();
    return 0;
}
```

输入3，程序运行后输出3个盘子的汉诺塔问题操作步骤：

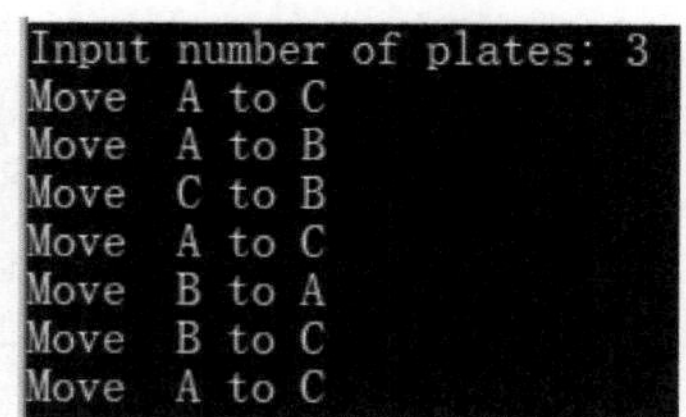

提示 《扫雷》《泡泡龙》《迷宫》《八皇后》等很多常见的游戏都可以利用递归调用，读者可以在线搜索问题描述和求解方法，并尝试编写递归调用程序求解。

11.2　分形与递归

雪花、果实、闪电、叶子、树枝、河道等自然界中很多对象的图形都具有以下两个特征：

（1）整体上看，物体图形是处处不规则的；

（2）在不同尺度上，图形的结构又有一定的相似性。

如图 11-5 所示。

图 11-5

满足这些特征的图形可以称为分形（Fractal），图 11-6 展示了用分形方法绘制一棵树的过程：

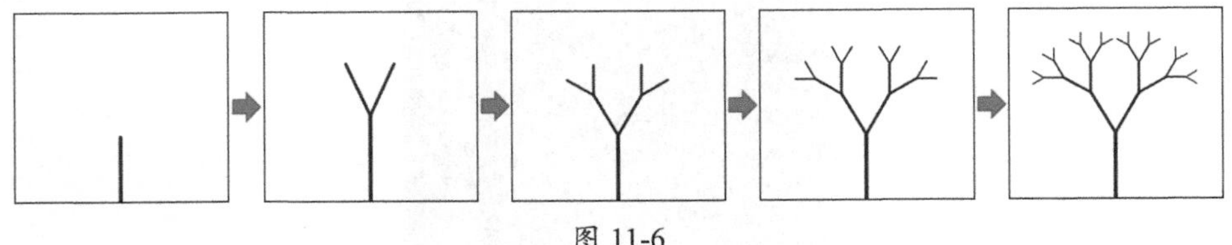

图 11-6

绘制过程可抽象为如下步骤。

（1）绘制一个树干。

（2）绘制其左边的子树干，绘制其右边的子树干。

（3）当到第 n 代树干时停止生成子树干。

输入并运行以下代码：

11-2-1.cpp

```
#include <graphics.h>
#include <conio.h>
#include <stdio.h>
#include <math.h>
#define  PI 3.1415926
#define  WIDTH 800   // 画面宽度
#define  HEIGHT 600  // 画面高度

// 枝干生成和绘制递归函数
// 输入参数：枝干起始x,y坐标，枝干角度，第几代
void brunch(float x_start,float y_start,float angle,int generation)
{
    // 利用三角函数求出当前枝干的终点x,y坐标
    float x_end,y_end;
    x_end = x_start+ 150* cos(angle);
    y_end = y_start+ 150* sin(angle);

    line(x_start,y_start,x_end,y_end); // 画出当前枝干（画线）

    // 求出子枝干的代数
    int childGeneration = generation + 1;
    // 当子枝干并且代数小于或等于4，画出当前枝干，并递归调用产生子枝干
    if (childGeneration<=4)
    {
        // 产生左右的子枝干
        brunch(x_end,y_end,angle+PI/6,childGeneration);
        brunch(x_end,y_end,angle-PI/6,childGeneration);
    }
}

int main() // 主函数
{
    initgraph(WIDTH,HEIGHT); // 新开一个画面
    setbkcolor(RGB(255,255,255)); // 白色背景
    setlinecolor(RGB(0,0,0)); // 设定线条颜色为黑色
    setlinestyle(PS_SOLID,3); // 设定线宽
    cleardevice(); // 清屏
    BeginBatchDraw(); // 开始批量绘制
    brunch(WIDTH/2,HEIGHT,-PI/2,1); // 递归函数调用
    FlushBatchDraw(); // 批量绘制
    _getch();
    return 0;
}
```

定义函数brunch(float x_start,float y_start,float angle,int generation)，绘制起点坐标(x_start, y_start)、长度150、角度angle、代数generation的树枝。主函数中调用brunch(WIDTH/2,HEIGHT,-PI/2,1);绘制主枝干。

brunch() 函数内部，首先利用三角函数求出当前枝干的终点坐标 (x_end,y_end)，利用 line(x_start,y_start,x_end,y_end);绘制当前枝干线条。

```
// 利用三角函数求出当前枝干的终点x,y坐标
float x_end,y_end;
x_end = x_start+ 150* cos(angle);
y_end = y_start+ 150* sin(angle);
line(x_start,y_start,x_end,y_end); // 画出当前枝干（画线）
```

然后对子枝干的代数加 1，如果代数小于或等于 4，则通过递归调用绘制左、右子枝干，两个子枝干的角度在父枝干基础上偏移 PI/6：

```
brunch(x_end,y_end,angle+PI/6,childGeneration);
brunch(x_end,y_end,angle-PI/6,childGeneration);
```

实现效果如图 11-7 所示。

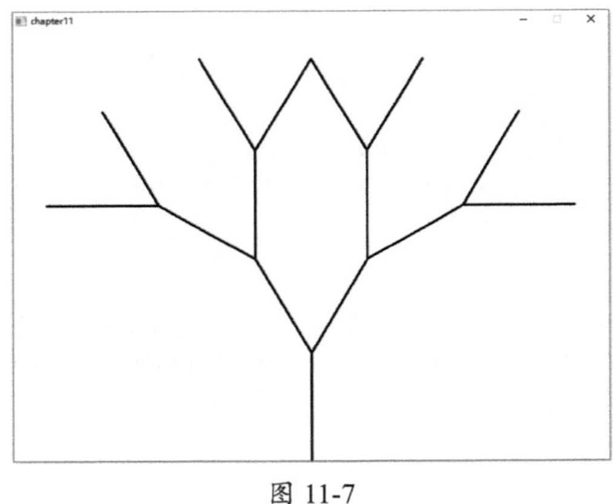

图 11-7

进一步改进代码，使得子枝干的长度逐渐变短，枝干画线逐渐变细：

11-2-2.cpp

```
#include <graphics.h>
#include <conio.h>
#include <stdio.h>
#include <math.h>
#define  PI 3.1415926
#define  WIDTH 800   // 画面宽度
#define  HEIGHT 600  // 画面高度

float offsetAngle = PI/6; // 左右枝干和父枝干偏离的角度
float shortenRate = 0.65;  // 左右枝干长度与父枝干长度的比例

// 枝干生成和绘制递归函数
// 输入参数：枝干起始x，y坐标，枝干长度，枝干角度，枝干绘图线条宽度，第几代
```

```
void brunch(float x_start,float y_start,float length,float angle,
float thickness,int generation)
{
    // 利用三角函数求出当前枝干的终点x,y坐标
    float x_end,y_end;
    x_end = x_start+ length* cos(angle);
    y_end = y_start+ length* sin(angle);

    setlinestyle(PS_SOLID,thickness); // 设定当前枝干线宽
    setlinecolor(RGB(0,0,0)); // 设定当前枝干颜色为黑色
    line(x_start,y_start,x_end,y_end); //画出当前枝干（画线）

    // 求出子枝干的代数
    int childGeneration = generation + 1;
    // 生成子枝干的长度，逐渐变短
    float childLength = shortenRate*length;

    // 当子枝干长度大于2，并且代数小于或等于10，递归调用产生子枝干
    if (childLength>=2 && childGeneration<=9)
    {
        // 生成子枝干的粗细，逐渐变细
        float childThickness = thickness*0.8;
        if (childThickness<2) // 枝干绘图最细的线宽为2
            childThickness = 2;

        // 产生左右的子枝干
        brunch(x_end,y_end,childLength,angle+offsetAngle,childThickness,childGeneration);
        brunch(x_end,y_end,childLength,angle-offsetAngle,childThickness,childGeneration);
    }
}

int main() // 主函数
{
    initgraph(WIDTH,HEIGHT); // 新开一个画面
    setbkcolor(RGB(255,255,255)); // 白色背景
    setlinecolor(RGB(0,0,0)); // 设定线条颜色为黑色
    setlinestyle(PS_SOLID,3); // 设定线宽
    cleardevice(); // 清屏
    BeginBatchDraw(); // 开始批量绘制
    brunch(WIDTH/2,HEIGHT,0.45*HEIGHT*shortenRate,-PI/2,15*shortenRate,1);
    //递归调用
    FlushBatchDraw(); // 批量绘制
    _getch();
    return 0;
}
```

程序运行后输出如图11-8所示。

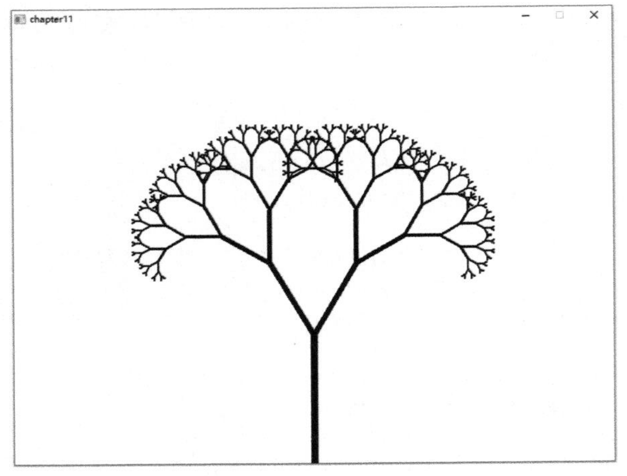

图 11-8

练习题 11-1：尝试将鼠标位置的 x 坐标用于调整子枝干和父枝干之间偏离角度，鼠标位置的 y 坐标用于调整树枝的高度。当用户移动鼠标时，可以绘制出不同高低形态的分形树，如图 11-9 所示。

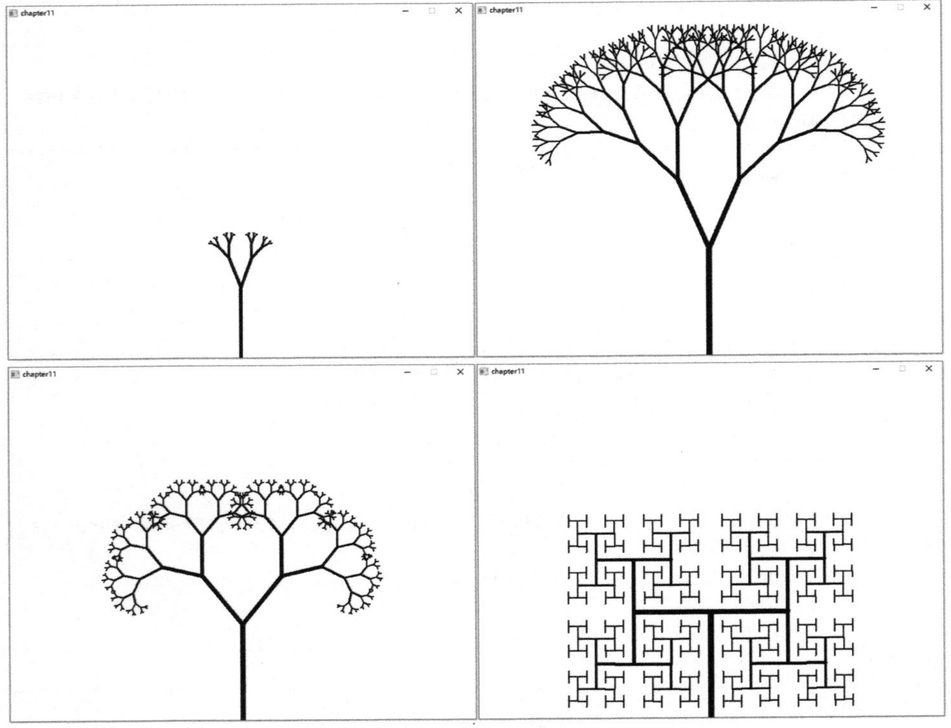

图 11-9

11.3 绘制樱花树

修改练习题11-1.cpp中的brunch()函数，当第10代树枝或树枝长度小于2时，绘制一个粉色填充圆，表示樱花：

```
if ( !(childLength>=2 && childGeneration<=9) )
{
    setlinestyle(PS_SOLID,1); // 线宽
    setlinecolor(HSVtoRGB(325,0.3,1)); // 设定线条颜色为粉色
    setfillcolor(HSVtoRGB(325,0.3,1)); // 设定填充颜色为粉色
    if (childLength<=4) // 如果子枝干长度小于或等于4
        fillcircle(x_end,y_end,2); // 圆的半径为2（再小就看不清了）
    else
        fillcircle(x_end,y_end,childLength/2); // 画一个圆，半径为子枝干长度的一半
}
```

另外，为了使得生成的樱花树更加稠密，除了产生左右子枝干外，再生成一个中间的子枝干：

```
// 产生中间的子枝干
brunch(x_end,y_end,childLength,angle,childThickness,childGeneration);
```

修改update()函数，当鼠标移动时调整递归函数参数，鼠标左键点击时绘制一棵新的樱花树：

```
if(m.uMsg == WM_MOUSEMOVE) // 当鼠标移动时，设定递归函数的参数
{
    // 鼠标从左到右移动，左右子枝干偏离父枝干的角度逐渐变大
    offsetAngle = mapValue(m.x,0,WIDTH,PI/10,PI/4);
    // 鼠标从上到下移动，子枝干的长度比父枝干的长度缩短得更快
    shortenRate = mapValue(m.y,0,HEIGHT,0.7,0.3);
}
if (m.uMsg == WM_LBUTTONDOWN) // 当鼠标左键点击时，以当前参数开始绘制一棵新数
{
    cleardevice(); // 清屏
    brunch(WIDTH/2,HEIGHT,0.45*HEIGHT*shortenRate,-PI/2,15*shortenRate,1);
    // 递归调用
    FlushBatchDraw(); // 批量绘制
}
```

mapValue( )函数定义如下：

```
// 把[inputMin,inputMax]范围的input变量，映射为[outputMin,outputMax]范围的output
变量
float mapValue(float input,float inputMin,float inputMax,float outputMin,float
outputMax)
{
    float output;
    if (abs(input-inputMin)<0.000001) // 防止除以0的bug
        output = outputMin;
```

```
    else
        output = (input-inputMin)*(outputMax-outputMin)/(inputMax-inputMin) +
outputMin;
    return output;
}
```

绘制效果如图 11-10 所示，完整代码参看配套资源中 11-3-1.cpp。

图 11-10

下面我们引入一些随机性，首先定义函数 randBetween( ) 生成 [min,max] 之间的随机小数：

```
// 生成[min,max]之间的随机小数
float randBetween(float min,float max)
{
    float t = rand()/double(RAND_MAX); // 生成[0,1]的随机小数
    // 调用mapValue函数，把值范围从[0,1]映射到[min,max]
    float r = mapValue(t,0,1,min,max);
    return r;
}
```

左、右、中间 3 个子枝干的长度逐渐变短，并有一定随机性：

```
float childLength = shortenRate*length;
float leftChildLength = childLength*randBetween(0.9,1.1);
float rightChildLength = childLength*randBetween(0.9,1.1);
float centerChildLength = childLength*randBetween(0.8,1.1);
```

有一定概率产生左、右、中间的子枝干，并且子枝干的旋转角度也有一定的随机性：

```
if(randBetween(0,1)<0.95)  // 一定概率生成左边的子枝干
    brunch(x_end,y_end,leftChildLength,angle+offsetAngle*randBetween(0.5,1),
        childThickness,childGeneration);
if(randBetween(0,1)<0.95)  // 一定概率生成右边的子枝干
```

```
    brunch(x_end,y_end,rightChildLength,angle-offsetAngle*randBetween(0.5,1),
        childThickness,childGeneration);
if(randBetween(0,1)<0.85)  // 一定概率生成中间的子枝干
    brunch(x_end,y_end,centerChildLength, offsetAngle/5*randBetween(-1,1),
        childThickness,childGeneration);
```

绘制效果如图 11-11 所示，完整代码参看配套资源中 11-3-2.cpp。

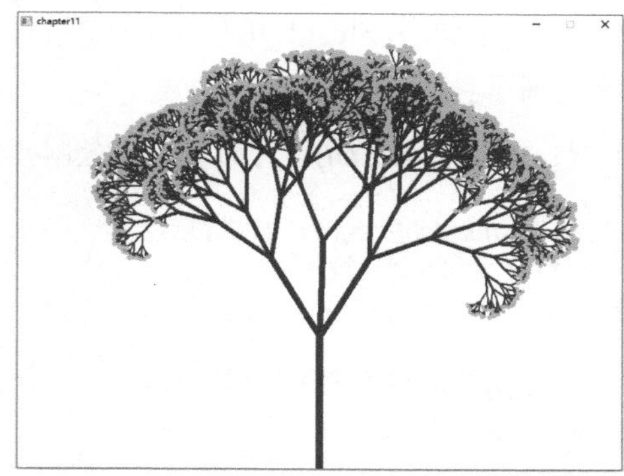

图 11-11

进一步，让树枝越向上、颜色越淡：

```
// 设置枝干颜色为灰褐色，主树干最黑，子枝干逐渐变亮
COLORREF  color = HSVtoRGB(15,0.75,0.4+generation*0.05);
setlinecolor(color); // 设定当前枝干颜色
```

樱花颜色也加上一定的随机性：

```
// 樱花粉色HSVtoRGB(325,0.3,1)，有一定随机性
COLORREF  color = HSVtoRGB(randBetween(300,350),randBetween(0.2,0.3),1);
setlinecolor(color); // 设定线条颜色
setfillcolor(color); // 设定填充颜色
```

绘制效果如图 11-12 所示，完整代码参看 11-3-3.cpp。

图 11-12

11.4　显示绘制过程动画

为了可以显示出逐渐绘制樱花的过程，增加全局变量：

```
int isShowAnimation = 1; // 是否显示树生成的过程动画
```

在 brunch() 函数中加入代码，如果 isShowAnimation 等于 1，每次运行 brunch() 后调用 FlushBatchDraw() 绘制，这样就可以显示逐渐绘制樱花树的过程动画了：

```
if (isShowAnimation) // 如果为1，绘制樱花树生成的过程动画
{
    FlushBatchDraw(); // 批量绘制
    Sleep(1); // 暂停
}
```

在 update() 函数中增加代码，点击鼠标右键可以切换是否显示中间绘制的过程动画：

```
if (m.uMsg == WM_RBUTTONDOWN) // 当鼠标右键点击时，切换是否显示过程动画
{
    if (isShowAnimation==1)
        isShowAnimation = 0;
    else if (isShowAnimation==0)
        isShowAnimation = 1;
}
```

过程动画的绘制效果如图 11-13 所示，完整代码参看 11-4.cpp。

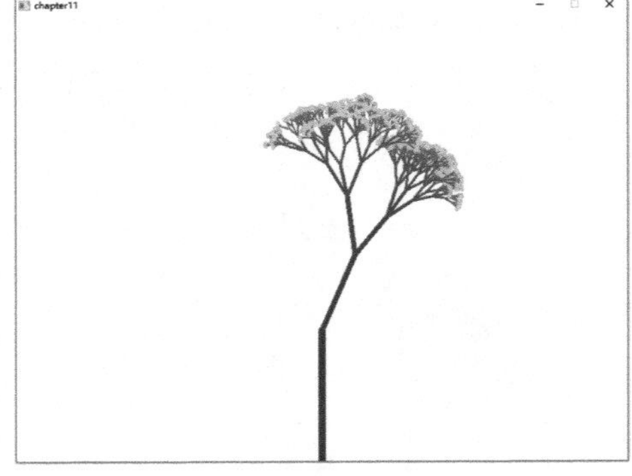

图 11-13

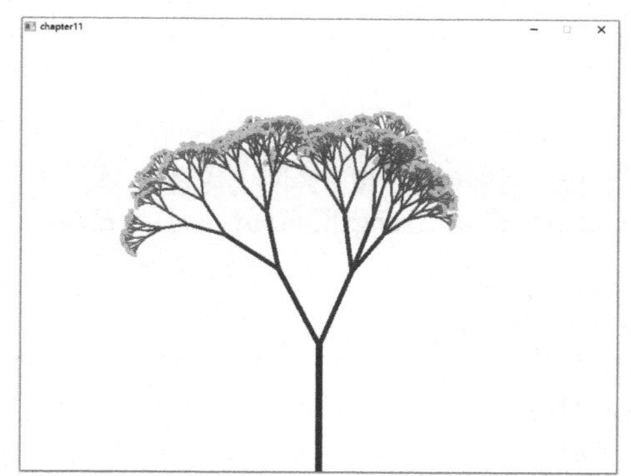

图 11-13（续）

11-4.cpp

```
#include <graphics.h>
#include <conio.h>
#include <stdio.h>
#include <math.h>
#include <time.h>
#define  PI 3.1415926
#define  WIDTH 800   // 画面宽度
#define  HEIGHT 600  // 画面高度

float offsetAngle = PI/6; // 左右枝干和父枝干偏离的角度
float shortenRate = 0.65;  // 左右枝干长度与父枝干长度的比例
int isShowAnimation = 1; // 是否显示树生成的过程动画

// 把[inputMin,inputMax]范围的input变量，映射为[outputMin,outputMax]范围的output变量
float mapValue(float input,float inputMin,float inputMax,float outputMin,float outputMax)
{
    float output;
    if (abs(input-inputMin)<0.000001) // 防止除以0的bug
        output = outputMin;
    else
        output = (input-inputMin)*(outputMax-outputMin)/(inputMax-inputMin) + outputMin;
    return output;
}

// 生成[min,max]之间的随机小数
float randBetween(float min,float max)
{
    float t = rand()/double(RAND_MAX); // 生成[0,1]的随机小数
    // 调用mapValue函数，把值范围从[0,1]映射到[min,max]
    float r = mapValue(t,0,1,min,max);
```

```
    return r;
}

// 枝干生成和绘制递归函数
// 输入参数：枝干起始x，y坐标，枝干长度，枝干角度，枝干绘图线条宽度，第几代
void brunch(float x_start,float y_start,float length,float angle,float
thickness,int generation)
{
    // 利用三角函数求出当前枝干的终点x,y坐标
    float x_end,y_end;
    x_end = x_start+ length* cos(angle);
    y_end = y_start+ length* sin(angle);

    // 画线条枝干
    setlinestyle(PS_SOLID,thickness); // 设定当前枝干线宽
    // 设置枝干颜色为灰褐色，主树干最黑，子枝干逐渐变亮
    COLORREF  color = HSVtoRGB(15,0.75,0.4+generation*0.05);
    setlinecolor(color); // 设定当前枝干颜色

    line(x_start,y_start,x_end,y_end); // 画出当前枝干（画线）

    // 求出子枝干的代数
    int childGeneration = generation + 1;
    // 生成左、右、中间3个子枝干的长度，逐渐变短，并有一定随机性
    float childLength = shortenRate*length;
    float leftChildLength = childLength*randBetween(0.9,1.1);
    float rightChildLength = childLength*randBetween(0.9,1.1);
    float centerChildLength = childLength*randBetween(0.8,1.1);

    // 当子枝干长度大于2，并且代数小于或等于10，递归调用产生子枝干
    if (childLength>=2 && childGeneration<=9)
    {
        // 生成子枝干的粗细，逐渐变细
        float childThickness = thickness*0.8;
        if (childThickness<2) // 枝干绘图最细的线宽为2
            childThickness = 2;

        // 一定概率产生左、右、中子枝干
        if(randBetween(0,1)<0.95)
            brunch(x_end,y_end,leftChildLength,
               angle+offsetAngle*randBetween(0.5,1),childThickness,
    childGeneration);
        if(randBetween(0,1)<0.95)
            brunch(x_end,y_end,rightChildLength,
                angle-offsetAngle*randBetween(0.5,1),childThickness,
    childGeneration);
        if(randBetween(0,1)<0.85)
    brunch(x_end,y_end,centerChildLength,
        angle+offsetAngle/5*randBetween(-1,1),childThickness,childGeneration);
    }
```

```
    else // 最末端绘制樱花，画一个粉色填充圆
    {
        setlinestyle(PS_SOLID,1); // 线宽
        // 樱花粉色HSVtoRGB(325,0.3,1)，有一定随机性
        COLORREF  color = HSVtoRGB(randBetween(300,350),randBetween(0.2,0.3),1);
        setlinecolor(color); // 设定线条颜色
        setfillcolor(color); // 设定填充颜色
        if (childLength<=4) // 如果子枝干长度小于或等于4
            fillcircle(x_end,y_end,2); // 圆的半径为2（再小就看不清了）
        else
            fillcircle(x_end,y_end,childLength/2); // 画一个圆，半径为子枝干长度的一半
    }

    if (isShowAnimation) // 如果为1，绘制樱花树生成的过程动画
    {
        FlushBatchDraw(); // 批量绘制
        Sleep(20); // 暂停
    }
}

void startup()  // 初始化
{
    srand(time(0)); // 随机初始化
    initgraph(WIDTH,HEIGHT); // 新开一个画面
    setbkcolor(RGB(255,255,255)); // 白色背景
    cleardevice(); // 清屏
    BeginBatchDraw(); // 开始批量绘制
    brunch(WIDTH/2,HEIGHT,0.45*HEIGHT*shortenRate,-PI/2,15*shortenRate,1);
    // 递归调用
    FlushBatchDraw(); // 批量绘制
}

void update()  // 每帧更新
{
    MOUSEMSG m;
    if (MouseHit())
    {
        m = GetMouseMsg();
        if(m.uMsg == WM_MOUSEMOVE) // 当鼠标移动时，设定递归函数的参数
        {
            // 鼠标从左到右移动，左右子枝干偏离父枝干的角度逐渐变大
            offsetAngle = mapValue(m.x,0,WIDTH,PI/10,PI/4);
            // 鼠标从上到下移动，子枝干比父枝干的长度缩短得更快
            shortenRate = mapValue(m.y,0,HEIGHT,0.7,0.3);
        }
        if (m.uMsg == WM_LBUTTONDOWN) // 当鼠标左键点击时，以当前参数开始绘制一棵新数
        {
            cleardevice(); // 清屏
```

```
	// 递归调用
			brunch(WIDTH/2,HEIGHT,0.45*HEIGHT*shortenRate,-PI/2,15*shortenRate,1);
			FlushBatchDraw(); // 批量绘制
		}
		if (m.uMsg == WM_RBUTTONDOWN) // 当鼠标右键点击时，切换是否显示过程动画
		{
			if (isShowAnimation==1)
				isShowAnimation = 0;
			else if (isShowAnimation==0)
				isShowAnimation = 1;
		}
	}
}

int main() // 主函数
{
	startup();  // 初始化
	while (1)  // 重复循环
		update();  // 每帧更新
	return 0;
}
```

11.5　小结

本章主要讲解了函数递归调用的语法知识，介绍了分形的概念，解析了如何绘制漂亮的樱花树。读者可以参考本章的思路，尝试绘制其他分形图案；应用递归，读者也可以尝试编程解决《扫雷》《泡泡龙》《迷宫》等游戏中的相关问题。

第 12 章 “坚持一百秒”游戏

在本章我们将探讨如何编写“坚持一百秒”游戏，游戏主要思路是玩家通过鼠标控制火箭躲避一架UFO和越来越多的反弹子弹，效果如图12-1所示。

本章首先介绍了图片的导入和显示，以及如何利用结构体实现一颗反弹的子弹；然后介绍了面向对象编程的知识，以及如何利用类和对象实现新版本的子弹；接着解析了如何添加火箭类，并实现子弹和火箭的碰撞检测、坚持时间和火箭多条生命的显示，以及如何添加音乐音效；最后介绍了继承的概念，以及如何在子弹类的基础上快速实现智能飞碟类。

本章案例最终一共248行代码，代码项目路径为“配套资源\第12章\chapter12\chapter12.sln”，视频效果参看“配套资源\第12章\坚持一百秒.mp4”。

图 12-1

12.1　背景与火箭图片的显示

在本书的配套资源中，找到“\第 12 章\图片素材\”文件夹，文件夹中存放了本章需要的游戏图片素材，如图 12-2 所示。

background.png

blowup.png

bullet.png

rocket.png

ufo.png

图 12-2

首先将这些图片复制到读者建立的项目目录下，比如本书提供的范例项目“\第 12 章\ chapter12\ chapter12\”目录，以及“\第 12 章\ chapter12\ Debug\”目录下。输入并运行以下代码：

12-1-1.cpp

```
#include <graphics.h>
#include <conio.h>
#define  WIDTH 560 // 画面宽度
#define  HEIGHT 800 // 画面高度

int main()
{
    IMAGE im_bk;  // 定义图像对象
    loadimage(&im_bk, _T("background.png")); // 导入背景图片
    initgraph(WIDTH,HEIGHT); // 新开一个画面
    putimage(0, 0, &im_bk);    // 显示背景图片
    _getch();
    return 0;
}
```

运行后在窗口中显示出background.png图片，如图12-3所示。

图 12-3

通过Windows自带的画图软件打开background.png，可以看到背景图片的宽为560，高为800，利用宏定义将画面大小设置的和背景图片大小一样。

IMAGE im_bk; 定义了图像对象，读者暂时可以理解为定义了变量im_bk。loadimage(&im_bk, _T("background.png"));导入当前目录下文件名为

“background.png”的图片，并赋给 im_bk。

putimage(0, 0, &im_bk);表示在画面坐标(0,0)处显示 im_bk 图片，也就是从画面最左上角显示出了完整的背景图片。

进一步，我们可以在画面中显示火箭图片：

12-1-2.cpp

```
#include <graphics.h>
#include <conio.h>
#define  WIDTH 560 // 画面宽度
#define  HEIGHT 800 // 画面高度

int main()
{
    IMAGE im_bk,im_rocket;  // 定义图像对象
    loadimage(&im_bk, _T("background.png")); // 导入背景图片
    loadimage(&im_rocket, _T("rocket.png")); // 导入火箭图片

    initgraph(WIDTH,HEIGHT); // 新开一个画面
    putimage(0, 0, &im_bk);    // 显示背景
    putimage(WIDTH/2, HEIGHT/2, &im_rocket);    // 显示火箭
    _getch();
    return 0;
}
```

程序运行后输出如图 12-4 所示。

图 12-4

rocket.png是带透明通道的png图片，然而使用putimage()函数绘制，图片透明部分显示为黑色。

为了解决这一问题，读者可以将“\第12章\EasyXPng.h”文件复制到项目目录下，比如范例项目“\第12章\ chapter12\ chapter12\”目录。在Visual Studio 2010中，用鼠标右键点击“解决方案资源管理器”窗格中“chapter12”下的“头文件”目录，选择“添加”→“现有项”，如图12-5所示。

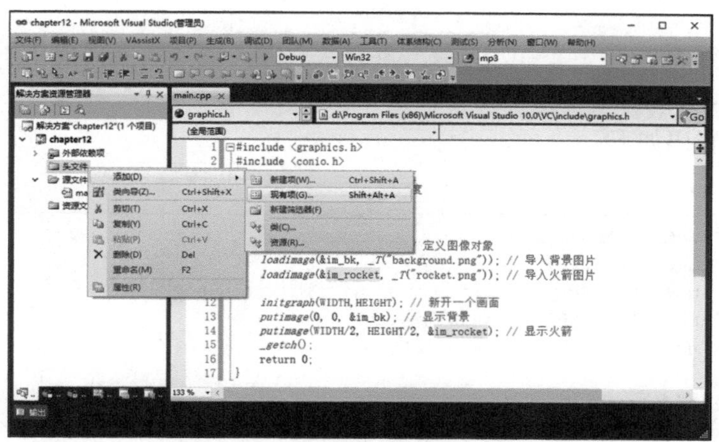

图 12-5

在弹出的对话框中，选择“EasyXPng.h”文件，点击“添加”按钮，如图12-6所示。

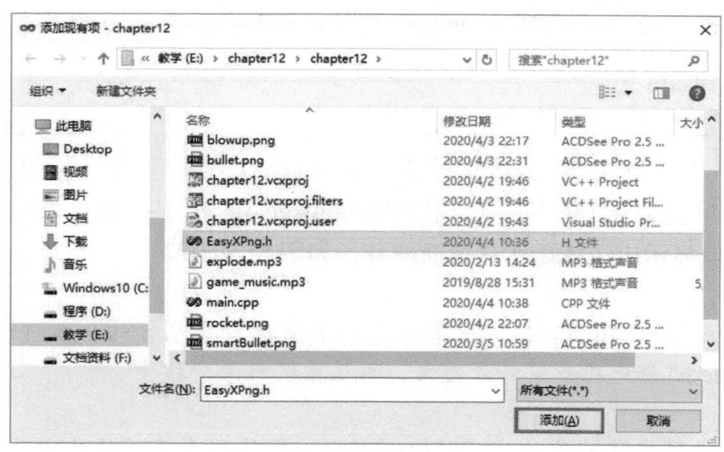

图 12-6

在“解决方案资源管理器”窗格中“chapter12”下的“头文件”目录下，

出现了“EasyXPng.h”文件，如图 12-7 所示。

图 12-7

修改代码如下：

12-1-3.cpp

```
#include <graphics.h>
#include <conio.h>
#include "EasyXPng.h"   // 用于显示带透明通道的png图片
#define  WIDTH 560 // 画面宽度
#define  HEIGHT 800 // 画面高度

int main()
{
    IMAGE im_bk,im_rocket;  // 定义图像对象
    loadimage(&im_bk, _T("background.png")); // 导入背景图片
    loadimage(&im_rocket, _T("rocket.png")); // 导入火箭图片

    initgraph(WIDTH,HEIGHT); // 新开一个画面
    putimage(0, 0, &im_bk);    // 显示背景
    putimagePng(WIDTH/2, HEIGHT/2, &im_rocket); // 显示火箭
    _getch();
    return 0;
}
```

其中，#include "EasyXPng.h" 表示包含 EasyXPng.h 文件，以使用显示带透明通道的 png 图片的功能。只需把 putimage() 函数替换成 putimagePng() 函数，就可以显示出边缘透明的火箭图片，如图 12-8 所示。

提示 #include <file.h> 会从系统标准目录中搜索要包含的头文件；#include "file.h" 会先在当前目录搜索，再从系统目录中搜索。

提示 当代码内容较多时，可以把一部分功能实现在不同的头文件中，这样的多文件组织形式会让程序项目结构更清晰、可读性更好，避免单个源代码文件过于复杂。

图 12-8

12.2　基于结构体的反弹子弹

在8.1节的知识基础上定义子弹结构体，在结构体增加IMAGE图片对象，利用游戏开发框架，以下代码实现了在画面中反弹的子弹：

12-2.cpp

```
#include <graphics.h>
#include <conio.h>
#include "EasyXPng.h"  // 用于显示带透明通道的png图片
#define  WIDTH 560 // 画面宽度
#define  HEIGHT 800 // 画面高度

struct Bullet  // 子弹结构体
{
    IMAGE im_bullet; // 子弹图像
    float x,y; // 子弹坐标
    float vx,vy; // 子弹速度
    float radius; // 接近球体的子弹半径大小
};

IMAGE im_bk,im_bullet;  // 定义图像对象
```

```
Bullet bullet; // 定义子弹结构体变量

void startup()  //  初始化函数
{
    loadimage(&im_bk, _T(".\\background.png")); // 导入背景图片
    loadimage(&im_bullet, _T(".\\bullet.png")); // 导入子弹图片
    bullet.x = WIDTH/2; // 子弹初始位置
    bullet.y = HEIGHT/2;
    bullet.vx = 2;  // 子弹速度
    bullet.vy = 2;
    bullet.im_bullet = im_bullet;  // 设置子弹图像
    bullet.radius = im_bullet.getwidth()/2; // 设置子弹的半径为其图片宽度的一半

    initgraph(WIDTH,HEIGHT); // 新开一个画面
    BeginBatchDraw(); // 开始批量绘制
}

void show()  // 绘制函数
{
    putimage(0, 0, &im_bk);    // 显示背景
    putimagePng(bullet.x - bullet.radius,bullet.y-bullet.radius, &bullet.im_bullet);
    // 显示子弹
    FlushBatchDraw(); // 批量绘制
    Sleep(10); // 暂停
}

void updateWithoutInput() // 和输入无关的更新
{
    // 更新子弹的位置、速度
    bullet.x += bullet.vx;
    bullet.y += bullet.vy;
    if (bullet.x<=0 || bullet.x>=WIDTH)
        bullet.vx = -bullet.vx;
    if (bullet.y<=0 || bullet.y>=HEIGHT)
        bullet.vy = -bullet.vy;
}

int main() // 主函数
{
    startup();  // 初始化
    while (1)  // 重复运行
    {
        show();  // 绘制
        updateWithoutInput();  // 和输入无关的更新
    }
    return 0;
}
```

程序运行后输出如图12-9所示。

图 12-9

12.3 面向对象版本的子弹

从这一节开始，我们介绍C++的相关知识。C++是在C语言的基础上开发的一种面向对象编程语言（早期也被称为“带类的C”），且向下兼容C语言。

首先我们将12-2-1.cpp中结构体的定义修改为类的定义形式：

12-3-1.cpp（其他代码同12-2.cpp）

```
class Bullet  // 定义子弹类
{
public:
    IMAGE im_bullet; // 子弹图像
    float x,y; // 子弹坐标
    float vx,vy; // 子弹速度
    float radius; // 接近球体的子弹半径大小
};
```

代码运行结果和12-2.cpp一样。其中，关键词class是“类”的英文单词，Bullet 是定义的类的名字，花括号内是类的成员变量。public:表示之后定义的

为共有成员变量，在外部也可以访问；如果不加上public:则外部无法访问。

定义了类Bullet后，可以定义一个类的实例，称为对象，对象的使用方式和结构体变量类似：

```
Bullet bullet; // 定义子弹对象
bullet.x = WIDTH/2; // 设置子弹初始位置
```

提示 C++中结构体可认为是一种特殊形态的类，类中成员的默认存取权限是private（私有，外部无法访问），而结构体中成员的默认存取权限是public（公有，外部可以访问）。

类中除了存放成员变量，还可以定义各种函数。比如和子弹密切相关的绘制功能，我们可以在Bullet中定义一个draw()成员函数，定义格式如下：

```
class Bullet  // 定义子弹类
{
public:

    void draw()// 显示子弹
    {
        putimagePng(x - radius,y-radius,&im_bullet);
    }
};
```

成员函数内部可以直接访问类的成员变量。定义了对象后，调用对象成员函数的格式，与访问成员变量类似：

```
bullet.draw();  // 显示子弹
```

同样，子弹位置、速度更新的功能，也可以定义为Bullet的update()成员函数。改进后的代码如下所示，我们将和子弹密切相关的数据（变量）、方法（函数）都封装在一起，这样模块化程度更高、程序可读性更好，也更符合人们的认知习惯。

12-3-2.cpp

```
#include <graphics.h>
#include <conio.h>
#include "EasyXPng.h"  // 用于显示带透明通道的png图片
#define  WIDTH 560 // 画面宽度
#define  HEIGHT 800 // 画面高度

class Bullet  // 定义子弹类
{
public:
    IMAGE im_bullet; // 子弹图像
    float x,y; // 子弹坐标
```

```
    float vx,vy; // 子弹速度
    float radius; // 接近球体的子弹半径大小

    void draw()// 显示子弹
    {
        putimagePng(x - radius,y-radius,&im_bullet);
    }

    void update() // 更新子弹的位置、速度
    {
        x += vx;
        y += vy;
        if (x<=0 || x>=WIDTH)
            vx = -vx;
        if (y<=0 || y>=HEIGHT)
            vy = -vy;
    }
};

IMAGE im_bk,im_bullet;  // 定义图像对象
Bullet bullet; // 定义子弹对象

void startup()  //  初始化函数
{
    loadimage(&im_bk, _T("background.png")); // 导入背景图片
    loadimage(&im_bullet, _T("bullet.png")); // 导入子弹图片
    bullet.x = WIDTH/2; // 子弹初始位置
    bullet.y = HEIGHT/2;
    bullet.vx = 2;  // 子弹速度
    bullet.vy = 2;
    bullet.im_bullet = im_bullet;  // 设置子弹图像
    bullet.radius = im_bullet.getwidth()/2; // 设置子弹的半径为其图片宽度的一半

    initgraph(WIDTH,HEIGHT); // 新开一个画面
    BeginBatchDraw(); // 开始批量绘制
}

void show()  // 绘制函数
{
    putimage(0, 0, &im_bk);     // 显示背景
    bullet.draw();  // 显示子弹
    FlushBatchDraw(); // 批量绘制
    Sleep(10); // 暂停
}

void updateWithoutInput() // 和输入无关的更新
{
    bullet.update(); // 更新子弹的位置、速度
}
```

```
int main() // 主函数
{
    startup();  // 初始化
    while (1)  // 重复运行
    {
        show();  // 绘制
        updateWithoutInput();  // 和输入无关的更新
    }
    return 0;
}
```

练习题12-1：构建子弹对象数组与结构体数组的方法类似，尝试用面向对象的方法实现多个子弹的反弹，效果如图12-10所示。

图 12-10

12.4　每隔 2 秒增加一颗子弹

在练习题12-1基础上，本节我们将讲解如何实现每隔2秒增加一颗子弹，这样躲避子弹的难度逐渐增大，游戏可玩性更好。

首先定义全局变量bulletNum记录已有子弹的个数，并初始化为0：

```
int bulletNum = 0; // 已有子弹的个数
```

show() 函数中只需绘制已有的子弹：

```
void show()  // 绘制函数
{
    for (int i=0;i<bulletNum;i++)
        bullet[i].draw();  // 显示已有的子弹
}
```

提示 for (int i=0;i<bulletNum;i++) 中的 int i=0; 定义了变量 i，其作用域仅在当前 for 循环语句中。

应用 10.5 节讲解的知识，updateWithoutInput() 函数中利用计时函数与静态局部变量得到前一次程序运行秒数 lastSecond、当前程序运行秒数 nowSecond。如果 nowSecond 恰好比 lastSecond 大 2，也就是正好过去了 2 秒，就增加一颗子弹：

```
void updateWithoutInput() // 和输入无关的更新
{
    static int lastSecond = 0; // 记录前一次程序运行了多少秒
    static int nowSecond = 0; // 记录当前程序运行了多少秒
    static clock_t start = clock(); // 记录第一次运行时刻
    clock_t now = clock(); // 获得当前时刻
    // 计算程序目前一共运行了多少秒
    nowSecond =( int(now - start) / CLOCKS_PER_SEC);
    if (nowSecond==lastSecond+2) // 时间过了2秒，新增一颗子弹
    {
        lastSecond = nowSecond; // 更新下lastSecond变量
        // 如果没有超出最大子弹数目的限制，增加一颗新的子弹
        if (bulletNum<MaxBulletNum)
        {
            bullet[bulletNum].x = WIDTH/2; // 子弹初始位置
            bullet[bulletNum].y = 10;
            float angle = (rand()/double(RAND_MAX)-0.5)*0.9*PI;
            float scalar = 2*rand()/double(RAND_MAX) + 2;
            bullet[bulletNum].vx = scalar*sin(angle); // 子弹随机速度
            bullet[bulletNum].vy = scalar*cos(angle);
            bullet[bulletNum].im_bullet = im_bullet;  // 设置子弹图像
            bullet[bulletNum].radius = im_bullet.getwidth()/2; // 子弹半径图片
宽度一半
        }
        bulletNum++; // 子弹数目加1
    }

    for (int i=0;i<bulletNum;i++) // 对所有已有的子弹
        bullet[i].update(); // 更新子弹的位置、速度
}
```

完整代码参看配套资源中 12-4.cpp。

12.5 添加火箭类

与子弹类Bullet的定义类似，这一节我们讲解如何定义火箭类Rocket：

```
class Rocket  // 定义火箭类
{
public:
    IMAGE im_rocket; // 火箭图像
    float x,y; // 火箭坐标
    float width,height; // 火箭图片的宽度、高度

    void draw()// 显示火箭相关信息
    {
        putimagePng(x - width/2,y-height/2,&im_rocket);  // 游戏中显示火箭
    }

    void update(float mx,float my) // 根据输入的坐标更新火箭的位置
    {
        x = mx;
        y = my;
    }
};
```

其中，(x,y)为火箭中心位置坐标，width和height为火箭图片im_rocket的宽度与高度，putimagePng(x−width/2,y−height/2,&im_rocket);正好以(x,y)为中心显示火箭图片。

利用Rocket类可以定义火箭对象rocket：

```
Rocket rocket;  // 定义火箭对象
```

在startup()函数中对rocket进行初始化：

```
void startup()  //  初始化函数
{
    loadimage(&im_rocket, _T("rocket.png")); // 导入火箭图片
    // 对rocket的一些成员变量初始化
    rocket.im_rocket = im_rocket;  // 设置火箭图片
    rocket.width = im_rocket.getwidth(); // 设置火箭宽度
    rocket.height = im_rocket.getheight(); // 设置火箭高度
}
```

updateWithInput()函数中，当鼠标移动时，调用成员函数更新火箭的位置：

```
void updateWithInput()  // 和输入相关的更新
{
    MOUSEMSG m;          // 定义鼠标消息
    while (MouseHit())  // 检测当前是否有鼠标消息
    {
```

```
        m = GetMouseMsg();
        if(m.uMsg == WM_MOUSEMOVE)  // 当鼠标移动时
            rocket.update(m.x,m.y); // 火箭的位置等于鼠标所在的位置
    }
}
```

show()函数中调用成员函数进行火箭的绘制：

```
void show()  // 绘制函数
{
    rocket.draw();  // 显示火箭及相关信息
}
```

实现效果如图12-11所示，完整代码参看配套资源中12-5.cpp。

图 12-11

12.6 碰撞判断与火箭爆炸

为了判断子弹与火箭是否发生碰撞，在Bullet类中添加成员函数：

```
class Bullet  // 定义子弹类
{
public:
    int isCollideRocket(Rocket rocket) // 判断子弹是否和火箭碰撞
    {
```

```
        float distance_x = abs(rocket.x - x);
        float distance_y = abs(rocket.y - y);
        if ( distance_x < rocket.width/2 && distance_y < rocket.height/2 )
            return 1; // 发生碰撞返回1
        else
            return 0; // 不碰撞返回0
    }
};
```

当发生碰撞时火箭爆炸，为了描述火箭状态，修改Rocket类的定义：

```
class Rocket  // 定义火箭类
{
public:
    IMAGE im_rocket; // 火箭图像
    IMAGE im_blowup; // 爆炸图像
    int islive;  // 火箭是否活着

    void draw() // 显示火箭相关信息
    {
        if (islive>0) // 根据islive显示不同的图片
            putimagePng(x - width/2,y-height/2,&im_rocket);  // 游戏中显示火箭图片
        else
            putimagePng(x - width/2,y-height/2,&im_blowup);  // 游戏中显示爆炸图片
    }
};
```

islive为1表示火箭活着，draw()函数中显示火箭图片im_rocket；islive为0表示火箭死掉，draw()函数中显示火箭爆炸图片im_blowup。

startup()中对添加的成员变量初始化：

```
void startup()  //  初始化函数
{
    loadimage(&im_blowup, _T("blowup.png")); // 导入爆炸图片
    rocket.im_blowup = im_blowup;  // 设置火箭爆炸图片
    rocket.islive = 1; // 火箭初始化为活着
}
```

updateWithoutInput()中对所有子弹进行遍历，任一子弹和火箭发生碰撞，则将火箭的islive设为0，并将当前子弹移到其他位置，防止重复碰撞：

```
void updateWithoutInput() // 和输入无关的更新
{
    for (int i=0;i<bulletNum;i++) // 对所有已有的子弹
    {
        bullet[i].update(); // 更新子弹的位置、速度
        if (bullet[i].isCollideRocket(rocket)) // 判断子弹是否和火箭碰撞
        {
            rocket.islive = 0; // 火箭炸了
            bullet[i].x = 5; // 当前子弹移开，防止重复碰撞
```

```
                bullet[i].y = 5;
                break; // 火箭已炸，不用再和其他子弹比较了
            }
        }
}
```

最后在updateWithoutInput()、updateWithInput()开始处添加语句，火箭爆炸后不做处理，直接返回：

```
if (rocket.islive == 0) // 火箭炸了
    return; // 直接返回
```

实现效果如图12-12所示，完整代码参看配套资源中12-6.cpp。

图 12-12

12.7　坚持时间与多条生命的显示

为了在不同性能的计算机上实现同样速度的游戏效果，可在代码中添加如下的精确延时函数，然后用sleep(10)代替Sleep (10)调用：

```
void sleep(DWORD ms)  // 精确延时函数
{
    static DWORD oldtime = GetTickCount();
```

```
    while(GetTickCount() - oldtime < ms)
        Sleep(1);
    oldtime = GetTickCount();
}
sleep(10); // 暂停10毫秒
```

为Rocket类添加成员变量，记录火箭存活了多少秒，并在draw()函数中进行绘制：

```
class Rocket  // 定义火箭类
{
public:
    int liveSecond; // 火箭存活了多长时间
    void draw() // 显示火箭相关信息
    {
        if (islive>0) // 根据islive显示不同的图片
            putimagePng(x - width/2,y-height/2,&im_rocket);  // 游戏中显示火箭图片
        else
            putimagePng(x - width/2,y-height/2,&im_blowup);  // 游戏中显示爆炸图片
        // 窗口正上方显示坚持了多少秒
        TCHAR s[20];
        setbkmode(TRANSPARENT); // 文字字体透明
        _stprintf(s, _T("%d秒"), liveSecond);
        settextcolor(WHITE); // 设定文字颜色
        settextstyle(40, 0, _T("黑体"));//  设定文字大小、样式
        outtextxy(WIDTH*0.85, 20, s); //  输出文字内容
    }
};
```

在updateWithoutInput( )中更新liveSecond的值：

```
rocket.liveSecond = nowSecond;
```

完整代码参看配套资源中12-7-1.cpp。

进一步，为火箭添加成员变量life记录火箭的生命数，添加成员函数updateWhenLifeLost()处理火箭生命减少时的操作，draw()函数中添加代码以在窗口左上角显示火箭生命数：

```
class Rocket  // 定义火箭类
{
public:
    int life;  // 火箭有几条命
    void updateWhenLifeLost() // 当火箭减命时执行的操作
    {
        life --; // 生命减少
    }
    void draw() // 显示火箭相关信息
    {
        // 窗口左上角显示life个火箭图片，表示飞机火箭数
        for (int i=0;i<life;i++)
```

```
            putimagePng(i*width*0.9,0,&im_rocket);
    }
};
```

在startup()中将life初始化为5，updateWithoutInput()中当和子弹碰撞时调用updateWhenLifeLost()函数。实现效果如图12-13所示，完整代码如12-7-2.cpp所示。

图 12-13

12-7-2.cpp

```
#include <graphics.h>
#include <conio.h>
#include <time.h>
#include "EasyXPng.h"  // 用于显示带透明通道的png图片
#define  WIDTH 560 // 画面宽度
#define  HEIGHT 800 // 画面高度
#define  MaxBulletNum 200  // 最多子弹个数

void sleep(DWORD ms)  // 精确延时函数
{
    static DWORD oldtime = GetTickCount();
    while(GetTickCount() - oldtime < ms)
        Sleep(1);
    oldtime = GetTickCount();
}

```

```
class Rocket  // 定义火箭类
{
public:
    IMAGE im_rocket; // 火箭图像
    IMAGE im_blowup; // 爆炸图像
    float x,y; // 火箭坐标
    float width,height; // 火箭图片的宽度、高度
    int liveSecond; // 火箭存活了多长时间
    int life;  // 火箭有几条命

    void draw() // 显示火箭相关信息
    {
        // 窗口左上角显示life个火箭图片，表示火箭生命数
        for (int i=0;i<life;i++)
            putimagePng(i*width*0.9,0,&im_rocket);

        // 窗口正上方显示坚持了多少秒
        TCHAR s[20];
        setbkmode(TRANSPARENT); // 文字字体透明
        _stprintf(s, _T("%d秒"), liveSecond);
        settextcolor(WHITE); // 设定文字颜色
        settextstyle(40, 0, _T("黑体"));//  设定文字大小、样式
        outtextxy(WIDTH*0.85, 20, s); //  输出文字内容

        if (life>0) // 根据有命没命，显示不同的图片
            putimagePng(x - width/2,y-height/2,&im_rocket);  // 游戏中显示火箭图片
        else
            putimagePng(x - width/2,y-height/2,&im_blowup);  // 游戏中显示爆炸图片
    }

    void update(float mx,float my) // 根据输入的坐标更新火箭的位置
    {
        x = mx;
        y = my;
    }

    void updateWhenLifeLost() // 当火箭减命时执行的操作
    {
        life --; // 生命减少
    }
};

class Bullet  // 定义子弹类
{
public:
    IMAGE im_bullet; // 子弹图像
    float x,y; // 子弹坐标
    float vx,vy; // 子弹速度
```

```
    float radius; // 接近球体的子弹半径大小

    void draw()// 显示子弹
    {
        putimagePng(x - radius,y-radius,&im_bullet);
    }

    void update() // 更新子弹的位置、速度
    {
        x += vx;
        y += vy;
        if (x<=0 || x>=WIDTH)
            vx = -vx;
        if (y<=0 || y>=HEIGHT)
            vy = -vy;
    }

    int isCollideRocket(Rocket rocket) // 判断子弹是否和火箭碰撞
    {
        float distance_x = abs(rocket.x - x);
        float distance_y = abs(rocket.y - y);
        if ( distance_x < rocket.width/2 && distance_y < rocket.height/2 )
            return 1; // 发生碰撞返回1
        else
            return 0; // 不碰撞返回0
    }
};

IMAGE im_bk,im_bullet,im_rocket,im_blowup;  // 定义图像对象
Bullet bullet[MaxBulletNum]; // 定义子弹对象数组
Rocket rocket;  // 定义火箭对象
int bulletNum = 0; // 已有子弹的个数

void startup()  //  初始化函数
{
    srand(time(0)); // 初始化随机种子
    loadimage(&im_bk, _T("background.png")); // 导入背景图片
    loadimage(&im_bullet, _T("bullet.png")); // 导入子弹图片
    loadimage(&im_rocket, _T("rocket.png")); // 导入火箭图片
    loadimage(&im_blowup, _T("blowup.png")); // 导入爆炸图片
    // 对rocket的一些成员变量初始化
    rocket.im_rocket = im_rocket;  // 设置火箭图片
    rocket.im_blowup = im_blowup;  // 设置火箭爆炸图片
    rocket.width = im_rocket.getwidth(); // 设置火箭宽度
    rocket.height = im_rocket.getheight(); // 设置火箭高度
    rocket.life = 5; // 火箭初始5条命

    initgraph(WIDTH,HEIGHT); // 新开一个画面
    BeginBatchDraw(); // 开始批量绘制
}
```

```

    void show()  // 绘制函数
    {
        putimage(0, 0, &im_bk);    // 显示背景
        for (int i=0;i<bulletNum;i++)
            bullet[i].draw();  // 显示已有的子弹
        rocket.draw();  // 显示火箭及相关信息
        FlushBatchDraw(); // 批量绘制
        sleep(10); // 暂停
    }

    void updateWithoutInput() // 和输入无关的更新
    {
        if (rocket.life<=0) // 火箭没有命了，不处理
            return; // 直接返回

        static int lastSecond = 0; // 记录前一次程序运行了多少秒
        static int nowSecond = 0; // 记录当前程序运行了多少秒
        static clock_t start = clock(); // 记录第一次运行时刻
        clock_t now = clock(); // 获得当前时刻
        // 计算程序目前一共运行了多少秒
        nowSecond =( int(now - start) / CLOCKS_PER_SEC);
        rocket.liveSecond = nowSecond;
        if (nowSecond==lastSecond+2) // 时间过了2秒，新增一颗子弹
        {
            lastSecond = nowSecond; // 更新下lastSecond变量
            // 如果没有超出最大子弹数目的限制，增加一颗新的子弹
            if (bulletNum<MaxBulletNum)
            {
                bullet[bulletNum].x = WIDTH/2; // 子弹初始位置
                bullet[bulletNum].y = 10;
                float angle = (rand()/double(RAND_MAX)-0.5)*0.9*PI;
                float scalar = 2*rand()/double(RAND_MAX) + 2;
                bullet[bulletNum].vx = scalar*sin(angle); // 子弹随机速度
                bullet[bulletNum].vy = scalar*cos(angle);
                bullet[bulletNum].im_bullet = im_bullet;  // 设置子弹图像
                bullet[bulletNum].radius = im_bullet.getwidth()/2;//子弹半径为图片宽度一半
            }
            bulletNum++; // 子弹数目加1
        }

        for (int i=0;i<bulletNum;i++) // 对所有已有的子弹
        {
            bullet[i].update(); // 更新子弹的位置、速度
            if (bullet[i].isCollideRocket(rocket)) // 判断子弹是否和火箭碰撞
            {
                rocket.updateWhenLifeLost(); // 火箭减命相关操作
                bullet[i].x = 5; // 当前子弹移开，防止重复碰撞
                bullet[i].y = 5;
```

```
                break; // 火箭已炸，不用再和其他子弹比较了
            }
        }
}

void updateWithInput()  // 和输入相关的更新
{
    if (rocket.life<=0) // 火箭没有命了，不处理
        return; // 直接返回

    MOUSEMSG m;         // 定义鼠标消息
    while (MouseHit())  // 检测当前是否有鼠标消息
    {
        m = GetMouseMsg();
        if(m.uMsg == WM_MOUSEMOVE)  // 到鼠标移动时
            rocket.update(m.x,m.y); // 火箭的位置等于鼠标所在的位置
    }
}

int main() // 主函数
{
    startup();  // 初始化
    while (1)  // 重复运行
    {
        show();  // 绘制
        updateWithoutInput();  // 和输入无关的更新
        updateWithInput();  // 和输入相关的更新
    }
    return 0;
}
```

12.8 添加音乐音效

音乐音效是游戏中非常重要的元素。首先将配套资源中“\第12章\音乐音效\”路径下的game_music.mp3、explode.mp3文件复制到项目目录下。代码中导入winmm.lib库以支持对windows多媒体的编程：

```
// 引用 Windows Multimedia API
#pragma comment(lib,"Winmm.lib")
```

在startup()加入以下两行语句，即可重复播放game_music.mp3背景音乐：

```
void startup()  //  初始化函数
{
    mciSendString(_T("open game_music.mp3 alias bkmusic"), NULL, 0, NULL);//打开背景音乐
    mciSendString(_T("play bkmusic repeat"), NULL, 0, NULL);  // 循环播放
}
```

定义播放一次音乐函数：

```
void PlayMusicOnce(TCHAR fileName[80]) // 播放一次音乐函数
{
    TCHAR cmdString1[50];
    _stprintf(cmdString1, _T("open %s alias tmpmusic"), fileName); // 生成命令字符串
    mciSendString(_T("close tmpmusic"), NULL, 0, NULL); // 先把前面一次的音乐关闭
    mciSendString(cmdString1, NULL, 0, NULL); // 打开音乐
    mciSendString(_T("play tmpmusic"), NULL, 0, NULL); // 仅播放一次
}
```

修改Rocket类的updateWhenLifeLost()成员函数，当火箭碰到子弹减命时，播放一次爆炸音效：

```
class Rocket  // 定义火箭类
{
    void updateWhenLifeLost() // 当火箭减命时执行的操作
    {
        PlayMusicOnce(_T("explode.mp3"));  // 播放一次爆炸音效
        life --; // 生命减少
    }
};
```

完整代码参看配套资源中12-8.cpp。

12.9 添加智能飞碟类

之前实现的子弹只会简单的反弹，这一节我们实现智能飞碟对象，可以自动向玩家控制的火箭移动。

定义新类SmartUFO不需要从头开始实现，可以充分利用Bullet类中已有的属性（成员变量）和方法（成员函数），只需添加新的属性和方法即可，这个过程称为继承。SmartUFO类定义如下：

```
class SmartUFO: public Bullet // 智能飞碟类，由Bullet类派生出来
{
public:
    void updateVelforTarge(Rocket targetRocket) // 让飞碟的速度瞄向目标火箭
    {
        float scalar = 1*rand()/double(RAND_MAX) + 1; // 速度大小有一定的随机性
        if (targetRocket.x>x) // 目标在飞碟左边，飞碟x方向速度向右
            vx = scalar;
        else if (targetRocket.x<x) // 目标在飞碟右边，飞碟x方向速度向左
            vx = -scalar;
        if (targetRocket.y>y) // 目标在飞碟下方，飞碟y方向速度向下
            vy = scalar;
        else if (targetRocket.y<y) // 目标在飞碟上方，飞碟y方向速度向上
            vy = -scalar;
```

```
    }
};
```

其中，class SmartUFO: public Bullet表示定义的新类SmartUFO是Bullet的子类，Bullet是SmartUFO的父类。

Bullet类定义的x、y、vx、vy、radius、im_bullet成员变量，SmartBall均继承下来，可以直接使用。Bullet类定义的draw()、update()成员函数，SmartUFO对象也可以直接调用。

另外，SmartUFO新增了updateVelforTarget()函数，用于根据目标火箭和当前子弹的相对位置，得到小球对应的速度。

首先增加全局变量，并进行初始化。父类Bullet定义的成员变量，子类对象ufo均可直接使用：

```
IMAGE im_UFO;  // 定义图像对象
SmartUFO ufo;  // 定义飞碟对象
void startup()  //  初始化函数
{
    loadimage(&im_UFO, _T("ufo.png")); // 导入飞碟图片
    // 对飞碟的一些成员变量初始化
    ufo.x = WIDTH/2;  // 设置飞碟位置
    ufo.y = 10;
    ufo.im_bullet = im_UFO; // 设置飞碟图片
    ufo.radius = im_UFO.getwidth()/2; // 设置飞碟半径大小
    ufo.updateVelforTarge(rocket); // 更新飞碟的速度
}
```

在show()函数添加代码显示飞碟。父类Bullet定义的draw( )成员函数，子类对象ufo可直接调用：

```
ufo.draw();  // 显示飞碟
```

updateWithoutInput()函数中，每隔1秒，根据火箭位置设定ufo的速度，这样就实现飞碟向火箭的智能移动：

```
if (nowSecond==lastSecond+1) // 时间过了1秒，更新下飞碟的速度
    ufo.updateVelforTarge(rocket); // ufo速度方向瞄准火箭
```

然后更新飞碟的位置和速度，判断是否和火箭碰撞，如果碰撞就让火箭减命：

```
ufo.update(); // 更新飞碟的位置、速度
if (ufo.isCollideRocket(rocket)) // 判断飞碟是否和火箭碰撞
{
    rocket.updateWhenLifeLost(); // 当火箭减命时执行的操作
    ufo.x = 5; // 当前飞碟移开，防止重复碰撞
    ufo.y = 5;
}
```

实现效果如图 12-14 所示，完整代码参看 12-9.cpp。

图 12-14

12.10 小结

本章主要介绍了面向对象编程，包括类和对象、成员变量、成员函数、继承等概念，以及如何利用这些知识实现“坚持一百秒”游戏。

读者可以尝试在本章代码基础上继续改进。

（1）利用继承实现道具类，吃到道具后可以加命或子弹速度减慢。

（2）碰撞后给火箭一段时间的无敌状态。

（3）游戏结束后增加得分记录显示、游戏重玩等功能。

读者可以尝试应用面向对象的知识，改进之前章节的游戏案例；也可以利用本章提供的素材，尝试实现一个面向对象版的《太空大战》游戏。

对于 C++ 的面向对象编程博大精深的内容，大多图书的讲解过于抽象。本书通过一个具体的游戏案例，让读者体会到面向对象编程的优点。如想要继续深入，读者可以进一步查阅其他学习资料。

第13章 “祖玛”游戏

本章我们将探讨如何编写“祖玛”游戏，游戏主要思路是各种颜色的小球沿着轨道移动，玩家必须阻止小球进入轨道终点的城堡。玩家移动鼠标控制炮台旋转，按下鼠标右键更换小球颜色，点击鼠标左键发射小球。发射的小球进入轨道，如果周围有连续3个相同颜色的小球即可消除，效果如图13-1所示。

为了实现动态数据结构，本章首先介绍了链表和C++标准模板库；然后讲解了如何利用面向对象知识和STL的vector，依次实现顶点类、轨迹类和小球类；最后讲解了如何实现炮台类，完成炮台旋转、发射小球和胜负判断的功能。

本章案例最终一共465行代码，代码项目路径为“配套资源\第13章\ chapter13\chapter13.sln”，视频效果参看“配套资源\第13章\祖玛.mp4”。

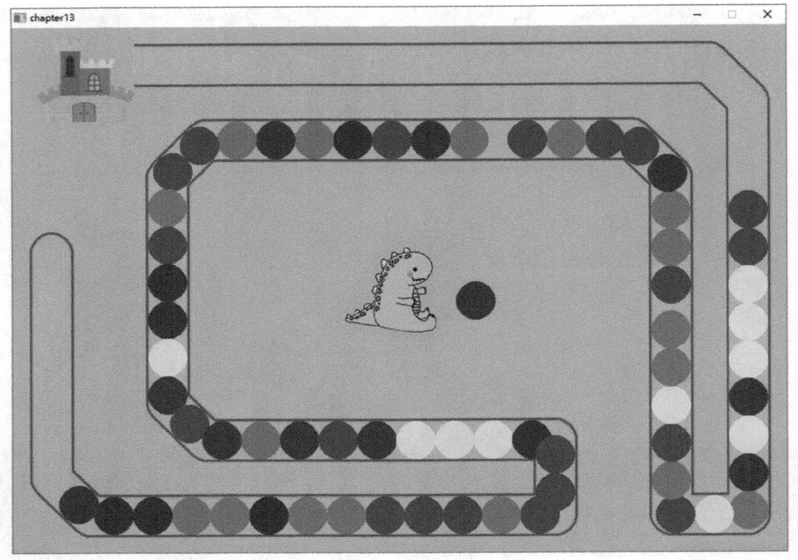

图 13-1

13.1　链表

“祖玛”游戏需要频繁地插入新球、消除同色球，然而在数组中插入和删除元素比较麻烦。定义数组：

```
int a[10] = {1,2,3,4,5,6,7,8,9,10};
```

如果要删除元素 a[3]，则其后的元素都要向前移动；如果想进一步插入元素 a[0]=0，则数组中所有的元素都需要变化。图 13-2 中红色部分为需要变化的数组元素。

a[0]	a[1]	a[2]	a[3]	a[4]	a[5]	a[6]	a[7]	a[8]	a[9]
1	2	3	4	5	6	7	8	9	10

删除元素a[3]

a[0]	a[1]	a[2]	a[3]	a[4]	a[5]	a[6]	a[7]	a[8]	a[9]
1	2	3	5	6	7	8	9	10	

插入元素a[0]=0

a[0]	a[1]	a[2]	a[3]	a[4]	a[5]	a[6]	a[7]	a[8]	a[9]
0	1	2	3	5	6	7	8	9	10

图 13-2

为了处理这一问题，利用指针和结构体可以构建一种新的数据结构——链表。定义链表节点代码如下：

```
struct node
{
    int data;
    node *next;
};
```

结构体node有两个成员变量，其中data存放整型数据，node *next为指向下一个节点的指针。

将多个节点依次链接组成的数据结构称为链表，假设建立链表存储1、2、3、4、5这5个数字，如图13-3所示。每一个节点的data存储具体的数据，next记录下一个节点的地址，最后一个节点的next为NULL或0，表示链表结束。

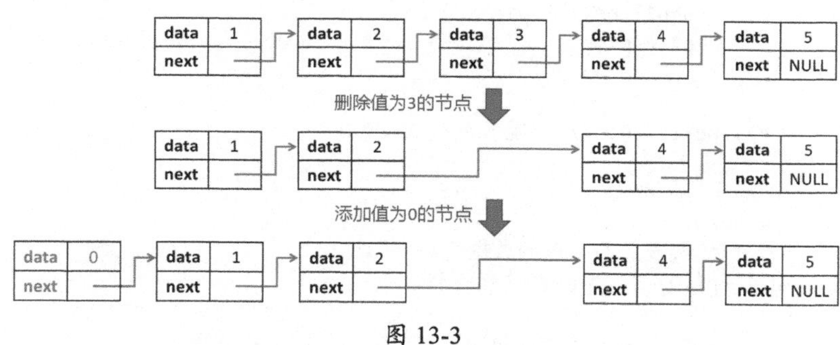

图 13-3

要删除值为3的节点，只需删除一个节点、改变前一个节点的next指针即可；要在链表开头添加值为0的节点，也仅需增加一个节点。图13-3中红色部分为需要变化的节点。

和数组相比，链表更适合频繁删除、插入元素的情形。以下代码初始化链表，并输出所有节点的数据：

13-1-1.cpp

```
#include <conio.h>
#include <stdio.h>
#include <stdlib.h>

struct node // 定义节点
{
    int data;
    node *next;
};

int main()
```

```
{
    node *head,*p1,*p2,*p; // 定义节点指针
    int i;
    head = 0; // 指向第一个节点的指针

    // 初始化链表
    for (i=1;i<=5;i++)
    {
        p1=(node *)malloc(sizeof(node)); // 分配内存空间
        (*p1).data = i; // 设定节点存储的值
        if (head == 0) // 设定链表第一个节点
        {
            head = p1;
            p2 = p1;
        }
        else  // 设定链表中间节点
        {
            (*p2).next = p1;
            p2 = p1;
        }
    }
    (*p2).next = 0; // 末尾节点指针设为0

    // 输出链表数据
    p = head;
    printf("链表上各节点的数据为：\n");
    while(p!=0) // 当链表没有结束时
    {
        printf("%d ",(*p).data); // 输出当前节点数据
        p = (*p).next; // 指向下一个节点
    }
    printf("\n");
    _getch();
    return 0;
}
```

程序运行后输出：

```
链表上各节点的数据为:
1 2 3 4 5
```

利用以下代码，即可删除值为3的节点：

```
// 删除数据为3的链表节点
p1 = head;
while ((*p1).data!=3) // 一直循环，直到当前节点数据为3
{
    p2 = p1;
    p1 = (*p1).next;
}
(*p2).next = (*p1).next; // 设置前一个节点的next指针，绕过3这个节点
delete p1; // 删除掉3这个节点
```

完整代码参看配套资源中13-1-2.cpp，程序运行后输出：

```
开始链表上各节点的数据为:
1 2 3 4 5
删除数据3节点后，链表上各节点的数据为:
1 2 4 5
```

13.2　C++ 标准模板库

除了自定义链表实现动态数据结构，我们还可以应用C++的标准模板库（Standard Template Library，STL）。STL提供了vector（向量）、list（列表）、map（映射）、set（集合）等常用的数据结构和基本算法，它们是C++的一部分，不用重新开发即可直接使用。以vector为例，输入并运行以下代码：

13-2-1.cpp

```
#include <stdio.h>
#include <conio.h>
#include <vector>
using namespace std;

int main()
{
    vector<int> v;  // 定义vector
    int i;

    // 数据初始化
    for (i=0;i<5;i++)
        v.push_back(i+1);

    // 输出vector
    for (i=0;i<v.size();i++)
        printf("%d ",v[i]);
    printf("\n");

    _getch();
    return 0;
}
```

程序运行后输出：

```
1 2 3 4 5
```

其中，#include <vector>表示导入vector头文件，从而可以直接使用vector的功能。using namespace std;表示使用std命名空间，C++引入命名空间主要是为了解决可能出现的重名问题。

vector<int> v;定义了一个整型向量v。<>内可以是任何基本类型，比如

int、float、char，也可以是用户自定义的结构体、类，甚至是另一个vector。

v.push_back(i+1);可以将数据插入向量v的末尾，for循环结束v中就有了5个元素。

同一般数组一样，vector可以通过[]进行数组元素的访问，printf("%d",v[i]);表示输出v第i个元素的值。v.size( )返回v中元素的个数，for循环即可输出v的所有元素值。

利用以下代码，可以删除v的第2个元素：

```
v.erase(v.begin()+2);
```

其中，v.begin()指向vector的首个元素，也就是v的第0个元素，v.begin( )+2指向v的第2个元素。v.erase();可以删除对应位置上的元素。运行后v变为：

```
1 2 4 5
```

v.end()指向v的末尾（最后一个元素的下一个存储空间的地址），以下代码可以删除v的最后一个元素：

```
v.erase(v.end()-1);
```

运行后v变为：

```
1 2 4
```

在vector中插入元素也非常方便，以下代码在v的起始处插入数值为3的元素：

```
v.insert(v.begin(),3);
```

运行后v变为：

```
3 1 2 4
```

另外，我们还可以包含算法头文件：

```
#include <algorithm>
```

然后直接调用sort()函数对v进行排序：

```
sort(v.begin(),v.end());
```

运行后v变为：

```
1 2 3 4
```

当向量使用结束后，我们可以利用clear()函数清空其内存空间：

```
v.clear();
printf("%d",v.size());
```

程序运行之后 v.size() 变为：

```
0
```

完整代码如13-2-2.cpp，读者可以在今后的应用中逐步学习STL的更多用法。

13-2-2.cpp

```
#include <stdio.h>
#include <conio.h>
#include <vector>
#include <algorithm>
using namespace std;

// 输出vector
void printVector(vector<int> vec)
{
    int i;
    for (i=0;i<vec.size();i++)
        printf("%d ",vec[i]);
    printf("\n");
}

int main()
{
    vector<int> v;  // 定义vector
    int i;

    // 数据初始化
    for (i=0;i<5;i++)
        v.push_back(i+1);
    printVector(v);

    // 删除数据
    v.erase(v.begin()+2);
    printVector(v);

    // 删除数据
    v.erase(v.end()-1);
    printVector(v);

    // 插入数据
    v.insert(v.begin(),3);
    printVector(v);

    // 升序排序
    sort(v.begin(),v.end());
    printVector(v);

    // 清空vector
    v.clear();
```

```
    printf("%d",v.size());

    _getch();
    return 0;
}
```

13.3 顶点类与轨迹类

“祖玛”游戏中小球会沿着固定轨迹移动，而轨迹可由一些离散的顶点组成。本节首先定义顶点类：

```
class Point // 定义顶点类
{
public:
    float x,y; // 记录(x,y)坐标
    Point() // 无参数的构造函数
    {
    }
    Point (float ix,float iy) // 有参数的构造函数
    {
        x = ix;
        y = iy;
    }
};
Point p(100,600);
```

Point类有两个成员变量x、y，用于记录顶点坐标。和类名Point一样的函数Point()被称为类的构造函数，用于完成对象成员变量的初始化。比如，Point p(100,600);定义了对象p，并且自动调用有参数的构造函数，将值100赋给p.x，值600赋给p.y。

提示 如果在定义类时没有定义任何构造函数，C++将自动生成一个默认的无参数的构造函数。一旦用户定义了构造函数，C++就不再提供默认的构造函数，用户需要定义一个无参数的构造函数。

在Point的基础上，定义如下轨迹类：

```
class Path  // 定义轨迹类
{
public:
    vector<Point> keyPoints; //  记录轨迹上的一些关键点，关键点之间以直线相连
};
```

其中，Path的成员变量keyPoints是一个Point类型的向量。定义轨迹对象后，我们可以通过push_back()函数为轨迹添加一些顶点：

```
Path path; // 定义轨迹对象
// 为轨迹类添加一些关键点
path.keyPoints.push_back(Point(100, 600));
path.keyPoints.push_back(Point(900, 600));
path.keyPoints.push_back(Point(900, 100));
path.keyPoints.push_back(Point(100, 100));
```

最后为Path添加成员函数draw()，在顶点处画小圆圈，并画出顶点间的连线。完整代码参看13-3-1.cpp，实现效果如图13-4所示。

图 13-4

13-3-1.cpp

```
#include <graphics.h>
#include <conio.h>
#include <vector>
using namespace std;
#define  WIDTH 1000 // 窗口宽度
#define  HEIGHT 700 // 窗口高度

class Point // 定义顶点类
{
public:
    float x,y; // 记录(x,y)坐标
    Point (float ix,float iy) // 构造函数
    {
        x = ix;
        y = iy;
    }
};

class Path  // 定义轨迹类
{
public:
    vector<Point> keyPoints; //  记录轨迹上的一些关键点，关键点之间以直线相连
```

```
 
    void draw() // 画出轨迹
    {
        setlinecolor(RGB(0,0,0)); // 设置线条颜色
        setfillcolor(RGB(0,0,0)); // 设置填充颜色
        // 在关键点处画小圆圈
        for (int i=0;i<keyPoints.size();i++)
            fillcircle(keyPoints[i].x,keyPoints[i].y,8);
        // 画出关键点依次连接形成的多条线段
        for (int i=0;i<keyPoints.size()-1;i++)
            line(keyPoints[i].x,keyPoints[i].y,keyPoints[i+1].x,
keyPoints[i+1].y);
    }
};

// 以下定义一些全局变量
Path path; // 定义轨迹对象

void startup()  // 初始化函数
{
    initgraph(WIDTH,HEIGHT); // 新开一个画面
    setbkcolor(WHITE); // 设置背景颜色
    cleardevice(); // 清屏

    // 为轨迹类添加一些关键点
    path.keyPoints.push_back(Point(100, 600));
    path.keyPoints.push_back(Point(900, 600));
    path.keyPoints.push_back(Point(900, 100));
    path.keyPoints.push_back(Point(100, 100));

    BeginBatchDraw(); // 开始批量绘制
}

void show()  // 绘制函数
{
    cleardevice(); // 清屏
    path.draw();  // 画出轨迹
    FlushBatchDraw(); // 批量绘制
    Sleep(1); // 延时
}

int main() // 主函数
{
    startup();  // 初始化
    while (1)  // 循环
    {
        show(); // 显示
    }
    return 0;
}
```

进一步，我们可以在图13-4中关键点的连线上进行等间隔采样，“祖玛”游戏中的小球可以在这些稠密采样点上移动，从而实现连续运动的效果。更新后的Path类定义如下：

```
class Path  // 定义轨迹类
{
public:
    vector<Point> keyPoints; //  记录轨迹上的一些关键点，关键点之间以直线相连
    float sampleInterval; // 对特征点连成的轨迹线，进行均匀采样的间隔
    vector<Point> allPoints; //  所有以采样间隔得到的采样点

    void getAllPoints() // 以采样间隔进行采样，得到所有的采样点
    {
        int i;
        // 对关键点依次连接形成的多条线段进行遍历
        for (i=0;i<keyPoints.size()-1;i++)
        {
            float xd = keyPoints[i+1].x - keyPoints[i].x;
            float yd = keyPoints[i+1].y - keyPoints[i].y;
            float length = sqrt(xd*xd+yd*yd); // 这一条线段的长度

            int num = length/sampleInterval; // 这一条线段要被采样的个数
            for (int j=0;j<num;j++)
            {
                float x_sample = keyPoints[i].x + j*xd/num;
                float y_sample = keyPoints[i].y + j*yd/num;
                allPoints.push_back(Point(x_sample,y_sample)); // 添加进去所有
的采样点
            }
        }
        // 还有最后一个关键点
        allPoints.push_back(Point(keyPoints[i].x,keyPoints[i].y));
    }

    void draw() // 画出轨迹
    {
        setlinecolor(RGB(0,0,0)); // 设置线条颜色
        setfillcolor(RGB(0,0,0)); // 设置填充颜色
        // 画出关键点依次连接形成的多条线段
        for (int i=0;i<keyPoints.size()-1;i++)
            line(keyPoints[i].x,keyPoints[i].y,keyPoints[i+1].x,keyPoints[i+1].y);
        // 在所有采样点处，分别画一个小圆点
        for (int i=0;i<allPoints.size();i++)
            fillcircle(allPoints[i].x,allPoints[i].y,3);
    }
};
```

成员变量float sampleInterval;定义了均匀采样的间隔，vector<Point> allPoints;记录所有的采样点。

成员函数getAllPoints()对关键点连成的线段逐条处理，得到以sampleInterval为间隔均匀采样的所有顶点，添加到allPoints中。

另外，修改draw()函数，在所有采样点处绘制小圆点。

在startup()函数中设置轨迹的采样间隔，并调用getAllPoints()函数求出所有的采样点：

```
void startup()  // 初始化函数
{
    path.sampleInterval = 10; // 设置轨迹线的采样间隔
    path.getAllPoints();     // 获得轨迹上的所有采样点
}
```

完整代码参看配套资源中13-3-2.cpp，实现效果如图13-5所示。

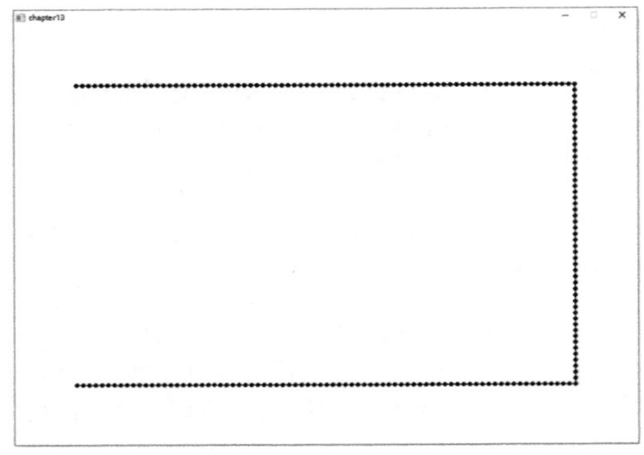

图 13-5

13.4 添加小球类

首先利用宏定义设定小球的半径：

```
#define  Radius 25 //  小球半径
```

假设“祖玛”游戏中的小球一共有5种颜色，定义数组存储对应的5种颜色：

```
#define  ColorNum 5 //  小球颜色种类数目
COLORREF  colors[ColorNum] = {RED,BLUE,GREEN,YELLOW,MAGENTA}; // 定义数组保存
所有的颜色
```

定义如下小球类：

```
class Ball // 定义小球类
{
public:
```

```
    Point center; // 圆心坐标
    float radius; // 半径
    int colorId;  // 小球的颜色序号，具体颜色在colors数组中取

    void draw() // 画出小球
    {
        setlinecolor(colors[colorId]);
        setfillcolor(colors[colorId]);
        fillcircle(center.x,center.y,radius);
    }

    void initiate() // 初始化小球
    {
        radius = Radius; //  半径
        center.x = rand() % WIDTH; // 圆心坐标
        center.y = rand() % HEIGHT;
        colorId = rand()% ColorNum; // 随机颜色序号
    }
};
```

其中，成员变量Point center;记录圆心坐标，float radius;记录半径，int colorId;记录对应颜色在colors数组中的序号。

成员函数initiate()设定小球半径，并对圆心坐标、颜色序号取随机数。draw()函数根据参数值绘制对应的小球。

定义Ball类型的vector记录多个小球信息：

```
vector <Ball> balls; // 记录多个小球信息
```

在startup( )函数内添加一些小球到balls中：

```
void startup()  // 初始化函数
{
    // 添加一些小球
    for (int i=0;i<100;i++)
    {
        Ball ball;  // 定义一个小球对象
        ball.initiate(); // 初始化小球
        balls.push_back(ball); // 把小球ball添加到balls中
    }
}
```

在show()函数中绘制出所有的小球：

```
void show()  // 绘制函数
{
    for (int i=0;i<balls.size();i++)
        balls[i].draw();  // 画出所有小球
}
```

定义gameover()函数，游戏结束时调用，用于清除balls向量的内存空间：

```
void gameover() // 游戏结束时的处理
{
    balls.clear(); // 清除vector的内存空间
}
```

另外，在Path类中添加析构函数，格式为波浪号“~”加上类名，在对象使用结束时自动调用，可添加语句清除类中vector成员变量的内存空间：

```
~Path()  // 析构函数
{
    keyPoints.clear(); // 清除vector的内存空间
    allPoints.clear();
}
```

完整代码参看配套资源中13-4.cpp，实现效果如图13-6所示。

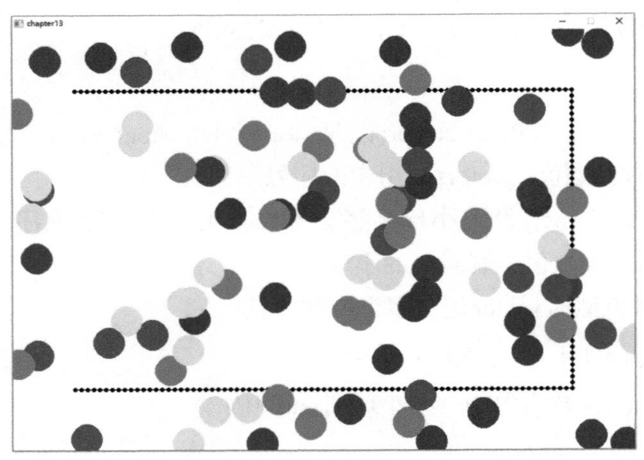

图 13-6

13.5　将小球放置在轨迹线上

Path中的allPoints存放了轨迹线上的稠密采样点，在这一节我们尝试用代码将小球放置在轨迹线的采样点上。修改Ball的定义如下：

```
class Ball // 定义小球类
{
public:
    int indexInPath; // 小球位置在Path的allPoints中的对应序号

    void movetoIndexInPath(Path path)
    {
        // 让小球移动到Path的allPoints中的indexInPath序号位置
        center = path.allPoints[indexInPath];
```

```
    }

    void initiate(Path path) // 初始化小球到path最开始的位置上
    {
        radius = Radius; //  半径
        indexInPath = 0; // 初始化序号
        movetoIndexInPath(path); // 移动到Path上面的对应序号采样点位置
        colorId = rand() % ColorNum; // 随机颜色序号
    }
};
```

其中，int indexInPath;表示小球位置在轨迹线上稠密采样点向量中对应的序号，movetoIndexInPath()函数可以根据indexInPath序号设定小球对应的圆心坐标。

initiate()函数中设定indexInPath为0，并调用函数movetoIndexInPath(path)将小球移动到轨迹线的起点。

修改startup()函数中的内容如下：

```
void startup()  // 初始化函数
{
    path.sampleInterval = Radius/5; // 设置轨迹线的采样间隔，需被Radius整除以
便处理
    path.getAllPoints();    // 获得轨迹上的所有采样点

    // 添加一些小球
    for (int i=30;i>=0;i--)
    {
        Ball ball;  // 定义一个小球对象
        ball.initiate(path); // 初始化小球到path最开始的位置上
        // 设置序号，正好保证两个相邻小球相切
        ball.indexInPath = i* (2*ball.radius/path.sampleInterval);
        ball.movetoIndexInPath(path);
        balls.push_back(ball); // 把小球ball添加到balls中
    }
}
```

其中，将采样间隔设为Radius/5，可以被小球半径整除，便于后续处理。

for循环语句添加了30个小球到balls中。由于“祖玛”游戏中的多个小球是从轨迹线起点处开始，逐渐向终点移动的，因此balls中第一个添加的小球（也就是序号i为0的小球）最接近终点；balls中最后一个小球（也就是序号i为30的小球）正好在起点处。注意，代码中设置两个相邻小球indexInPath的差，正好保证相邻小球相切。

完整代码参看配套资源中13-5.cpp，实现效果如图13-7所示。

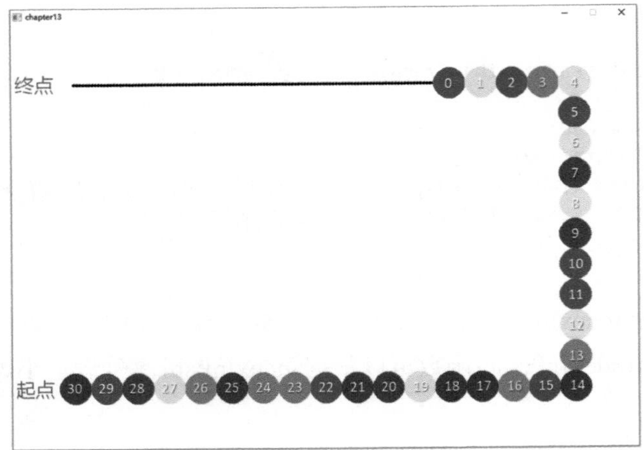

图 13-7

13.6　小球自动沿着轨迹运动

为了能让小球沿着轨迹线移动，修改Ball的定义如下：

```
class Ball // 定义小球类
{
public:
    int direction; // 小球移动方向，1向终点，-1向起点，0暂停

    void initiate(Path path) // 初始化小球到path最开始的位置上
    {
        direction = 0; // 初始状态为静止
    }

    // 让小球沿着轨迹Path移动,注意不要越界
    // direction为0暂时不动,direction为1向着终点移动，direction为-1向着起点移动
    void changeIndexbyDirection(Path path)
    {
        if (direction==1 && indexInPath+1<path.allPoints.size())
            indexInPath++;
        else if (direction==-1 && indexInPath-1>=0)
            indexInPath--;
    }
};
```

成员变量int direction;设定小球沿着轨迹线的移动方向，1向终点运动，-1向起点运动，0暂停。initiate()函数中让小球初始状态为静止。

定义changeIndexbyDirection()成员函数用于判断移动方向，如果direction为1，则将indexInPath加1；如果direction为-1，则将indexInPath减1。注意，

indexInPath不要越过path.allPoints序号的边界。

对“祖玛”游戏而言，小球运动的源动力来自于最后一个在起点处添加的小球。将最接近起点小球的direction设为1，如果终点方向前面一个小球和这个小球相切，则其direction也等于1，否则前面一个小球的direction为0。假设在startup()函数中添加不连续的两部分小球，其沿轨迹运动效果如图13-8所示。

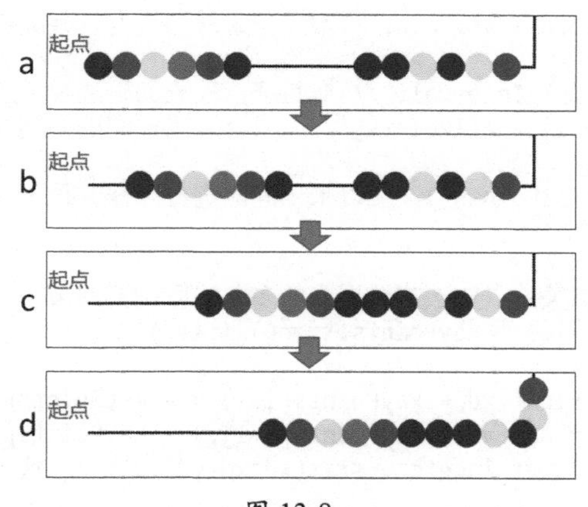

图 13-8

完整代码参看配套资源中13-6.cpp，读者可以理解如何在updateWithoutInput()函数中实现小球沿着轨迹自动运动：

13-6.cpp

```
#include <graphics.h>
#include <conio.h>
#include <time.h>
#include <vector>
using namespace std;
#define  WIDTH 1000 // 窗口宽度
#define  HEIGHT 700 // 窗口高度
#define  Radius 25 //  小球半径
#define  ColorNum 5 //  小球颜色种类数目
COLORREF  colors[ColorNum] = {RED,BLUE,GREEN,YELLOW,MAGENTA}; // 定义数组保存所有的颜色

class Point // 定义顶点类
{
public:
    float x,y; // 记录(x,y)坐标
    Point() // 无参数的构造函数
    {
    }
```

```
    Point (float ix,float iy) // 有参数的构造函数
    {
        x = ix;
        y = iy;
    }
};

class Path  // 定义轨迹类
{
public:
    vector<Point> keyPoints; //  记录轨迹上的一些关键点，关键点之间以直线相连
    float sampleInterval; // 对特征点连成的轨迹线，进行均匀采样的间隔
    vector<Point> allPoints; //  所有以采样间隔得到的采样点

    void getAllPoints() // 以采样间隔进行采样，得到所有的采样点
    {
        int i;
        // 对关键点依次连接形成的多条线段进行遍历
        for (i=0;i<keyPoints.size()-1;i++)
        {
            float xd = keyPoints[i+1].x - keyPoints[i].x;
            float yd = keyPoints[i+1].y - keyPoints[i].y;
            float length = sqrt(xd*xd+yd*yd); // 这一条线段的长度

            int num = length/sampleInterval; // 这一条线段要被采样的个数
            for (int j=0;j<num;j++)
            {
                float x_sample = keyPoints[i].x + j*xd/num;
                float y_sample = keyPoints[i].y + j*yd/num;
                allPoints.push_back(Point(x_sample,y_sample)); // 添加进去所有的采样点
            }
        }
        // 还有最后一个关键点
        allPoints.push_back(Point(keyPoints[i].x,keyPoints[i].y));
    }

    void draw() // 画出轨迹
    {
        setlinecolor(RGB(0,0,0)); // 设置线条颜色
        setfillcolor(RGB(0,0,0)); // 设置填充颜色
        // 画出关键点依次连接形成的多条线段
        for (int i=0;i<keyPoints.size()-1;i++)
            line(keyPoints[i].x,keyPoints[i].y,keyPoints[i+1].x,keyPoints[i+1].y);
        // 在所有采样点处，分别画一个小圆点
        for (int i=0;i<allPoints.size();i++)
            fillcircle(allPoints[i].x,allPoints[i].y,2);
    }
```

```

    ~Path()  // 析构函数
    {
        keyPoints.clear(); // 清除vector的内存空间
        allPoints.clear();
    }
};

class Ball // 定义小球类
{
public:
    Point center; // 圆心坐标
    float radius; // 半径
    int colorId;  // 小球的颜色序号，具体颜色在colors数组中获得
    int indexInPath; // 小球位置在Path的allPoints中的对应序号
    int direction; // 小球移动方向，1向终点，-1向起点，0暂停

    void draw() // 画出小球
    {
        setlinecolor(colors[colorId]);
        setfillcolor(colors[colorId]);
        fillcircle(center.x,center.y,radius);
    }

    void movetoIndexInPath(Path path)
    {
        // 让小球移动到 Path的allPoints中的indexInPath序号位置
        center = path.allPoints[indexInPath];
    }

    void initiate(Path path) // 初始化小球到path最开始的位置上
    {
        radius = Radius; //  半径
        indexInPath = 0; // 初始化序号
        direction = 0; // 初始状态为静止
        movetoIndexInPath(path); // 移动到Path上面的对应序号采样点位置
        colorId = rand() % ColorNum; // 随机颜色序号
    }

    // 让小球沿着轨迹Path移动,注意不要越界
    // direction为0暂时不动,direction为1向着终点移动，direction为-1向着起点移动
    void changeIndexbyDirection(Path path)
    {
        if (direction==1 && indexInPath+1<path.allPoints.size())
            indexInPath++;
        else if (direction==-1 && indexInPath-1>=0)
            indexInPath--;
    }
};
```

```

// 以下定义一些全局变量
Path path; // 定义轨迹对象
vector <Ball> balls; // 记录多个小球信息

void startup()  // 初始化函数
{
    srand(time(0)); // 随机初始化种子
    initgraph(WIDTH,HEIGHT); // 新开一个画面
    setbkcolor(WHITE); // 设置背景颜色
    cleardevice(); // 清屏

    // 为轨迹类添加一些关键点
    path.keyPoints.push_back(Point(100, 600));
    path.keyPoints.push_back(Point(900, 600));
    path.keyPoints.push_back(Point(900, 100));
    path.keyPoints.push_back(Point(100, 100));

    path.sampleInterval = Radius/5; // 设置轨迹线的采样间隔，需被Radius整除以便处理
    path.getAllPoints();    // 获得轨迹上的所有采样点

    // 先添加一些小球，两部分小球之间有间隔
    for (int i=15;i>=10;i--)
    {
        Ball ball;  // 定义一个小球对象
        ball.initiate(path); // 初始化小球到path最开始的位置上
        // 设置序号，正好保证两个相邻小球相切
        ball.indexInPath = i* (2*ball.radius/path.sampleInterval);
        ball.movetoIndexInPath(path);
        balls.push_back(ball); // 把小球ball添加到balls中
    }
    for (int i=5;i>=0;i--)
    {
        Ball ball;  // 定义一个小球对象
        ball.initiate(path); // 初始化小球到path最开始的位置上
        // 设置序号，正好保证两个相邻小球相切
        ball.indexInPath = i* (2*ball.radius/path.sampleInterval);
        ball.movetoIndexInPath(path);
        balls.push_back(ball); // 把小球ball添加到balls中
    }

    BeginBatchDraw(); // 开始批量绘制
}

void show()  // 绘制函数
{
    cleardevice(); // 清屏
    path.draw();  // 画出轨迹
    for (int i=0;i<balls.size();i++)
```

```
            balls[i].draw();  // 画出所有小球
        FlushBatchDraw(); // 批量绘制
        Sleep(1); // 延时
    }

    void updateWithoutInput() // 和输入无关的更新
    {
        // 第一个球跑到了终点，游戏失败
        if (balls[0].indexInPath >= path.allPoints.size()-1)
            return;

        int i;
        for (i=0;i<balls.size();i++)
            balls[i].direction = 0; // 先让所有小球的速度设为0

        //balls向前移动的源动力来自最后一个小球，最后一个小球direction=1
        //如果终点方向前一个小球和这个小球正好相切，则其direction为1，否则direction为0
        i = balls.size() - 1; // 最后一个小球
        balls[i].direction = 1; // 最后一个小球向前运动

        while (i>0)  // 一直向前判断，还没有遍历到最前面一个小球
        {
            // 如果前后两个小球正好相切
            if (balls[i-1].indexInPath-balls[i].indexInPath <= 2*Radius/path.sampleInterval)
            {
                balls[i-1].direction = 1; // 前一个小球的方向也是向前
                // 对前一个小球的indexInPath进行规则化，确保正好相切
                balls[i-1].indexInPath = balls[i].indexInPath+2*Radius/path.sampleInterval;
                i--;
            }
            else // 有一个小球不直接接触，就停止向前速度的传递
                break; // 跳出循环
        }

        for (int i=0;i<balls.size();i++)  // 每一个小球根据其direction更新它的位置
        {
            balls[i].movetoIndexInPath(path);
            balls[i].changeIndexbyDirection(path);
        }

        Sleep(50); // 暂停若干毫秒
    }

    void gameover() // 游戏结束时的处理
    {
        balls.clear(); // 清除vector的内存空间
```

```
}

int main() // 主函数
{
    startup();  // 初始化
    while (1)  // 循环
    {
        show(); // 显示
        updateWithoutInput();  // 和输入无关的更新
    }
    gameover(); // 游戏结束时的处理
    return 0;
}
```

13.7 小球的插入与消除

首先添加updateWithInput()函数，当鼠标点击时，对balls中所有小球遍历，找到被鼠标点中的小球。然后将当前小球复制一份，插入到被点中的小球的位置，前面的小球依次向轨迹线终点方向移动：

```
void updateWithInput()  // 和输入相关的更新
{
    int i,j;
    MOUSEMSG m;        // 定义鼠标消息
    while (MouseHit())  // 检测当前是否有鼠标消息
    {
        m = GetMouseMsg();
        if(m.uMsg == WM_LBUTTONDOWN)  // 鼠标左键点击时
        {
            // balls中所有小球和鼠标点击坐标判断，看看是否点中了一个小球
            for (i=0;i<balls.size();i++)
            {
                float distance = Distance(balls[i].center.x,
                                  balls[i].center.y,m.x,m.y);
                if (distance<Radius) // 鼠标点中了一个小球
                {
                    // 下面复制一个小球，插入到这个地方
                    Ball fireball = balls[i];
                    balls.insert(balls.begin()+i,fireball);//复制一个小球插入vector
                    for (j=i;j>=0;j--) // 移动前面的小球，留出空间放下新插入的小球
                    {
                        if (balls[j].indexInPath - balls[j+1].indexInPath <=0)
                            balls[j].indexInPath = balls[j+1].indexInPath +
                                                   2*Radius/path.sampleInterval;
                        else
                            break;  // 前面小球间有空隙，不用再处理了
                    }
```

```
                    return; // 找到一个和鼠标碰撞的小球，后面的不用再找了
                }
            }  // for (i=0;i<balls.size();i++)
        } // 鼠标左键点击时
    }
}
```

其中，Distance()为自定义的计算两点之间距离的函数，完整代码参看配套资源中13-7-1.cpp，实现效果如图13-9所示。

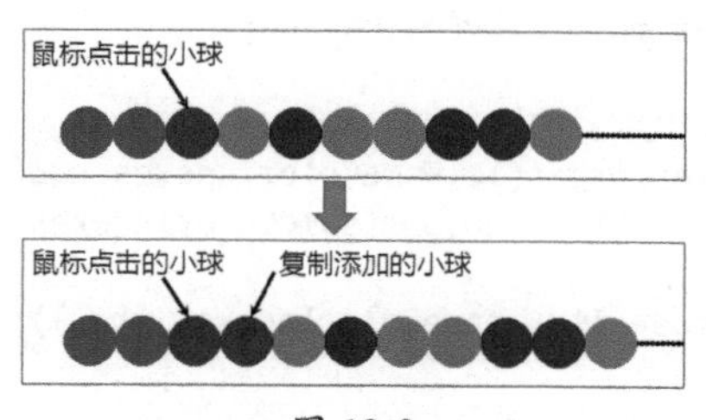

图 13-9

对被鼠标点中的小球周围进行判断，如果有位置连续、颜色相同且数目大于等于3的小球，就将这些小球删除。相关功能实现在eraseSameColorBalls()函数中：

```
// 在Balls中序号i位置的球，寻找其前后有没有和他颜色一样且多余个连续靠近的球
// 如果有的话，就删除掉,返回的结果是删除掉的小球的个数
// 如果一个没有删除，就返回0
int eraseSameColorBalls(int i,Ball fireball,Path &path,vector <Ball> &balls)
{
    // 记录下前后和插入的小球颜色一样的序号，后面去重复，得到对应的要删除的序号
    vector<int> sameColorIndexes;
    int forward = i;
    int backward = i;
    sameColorIndexes.push_back(i); // 首先把i添加到vector中

    // 向Path终点方向寻找，也就是向最开始加入的球的方向寻找
    while(forward>0 &&  balls[forward].colorId==fireball.colorId)
    {
        sameColorIndexes.push_back(forward);
        if (balls[forward-1].indexInPath - balls[forward].indexInPath
                > 2*Radius/path.sampleInterval)
            break; // 前面一个球和这个球间距过大，跳出循环
        forward--;
    }
    // 处理特殊情况，最接近终点的那个球
    if (forward==0 && balls[0].colorId==fireball.colorId)
        sameColorIndexes.push_back(forward);

    // 向Path起点方向寻找，也就是最后加入的球的方向寻找
```

```
    while (backward<balls.size()-1 && balls[backward].colorId==fireball.colorId)
    {     // 还没有找到最后一个加入的球
        sameColorIndexes.push_back(backward);
        if (balls[backward].indexInPath - balls[backward+1].indexInPath
                > 2*Radius/path.sampleInterval)
            break; // 前面一个球和这个球间距过大，跳出循环
        backward++;
    }
    // 处理特殊情况，最接近起点的那个球
    if (backward==balls.size()-1 && balls[balls.size()-1].colorId==fireball.colorId)
        sameColorIndexes.push_back(backward);

    // 去除同样颜色小球中重复的序号
    sort(sameColorIndexes.begin(), sameColorIndexes.end());
    vector<int>::iterator ite = unique(sameColorIndexes.begin(),
sameColorIndexes.end());
    sameColorIndexes.erase(ite, sameColorIndexes.end());

    int NumSameColors = sameColorIndexes.size();
    if (NumSameColors>=3) // 相同颜色的球达到3个或以上
    {
        int minIndex = sameColorIndexes[0];
        int maxIndex = sameColorIndexes[NumSameColors-1];
        // 把这些球删掉
        balls.erase(balls.begin()+minIndex,balls.begin()+maxIndex+1);
        return NumSameColors; // 消除了，返回消除小球数目
    }
    return 0; // 没有消除，返回0
}
```

其中，去除同样颜色的小球用到了STL中的sort、unique、erase函数，读者可以查阅相关文档了解其用法，完整代码参看配套资源中13-7-2.cpp。

13.8 添加炮台类

在本书的配套资源中，找到配套资源中“\第13章\图片素材\”文件夹，其中存放了本章需要的游戏图片素材，将这些图片复制到工程目录下，如图13-10所示。

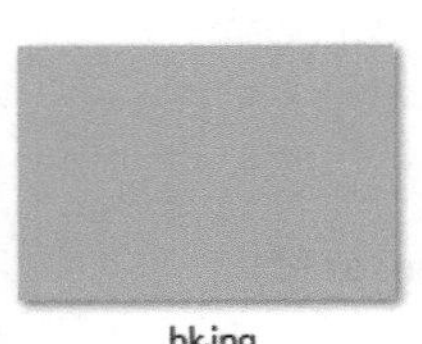

bk.jpg

house.jpg

role.jpg

图 13-10

首先我们添加炮台类：

```
class Cannon // 炮台类，包括角色图片，还有一个小球
{
public:
    IMAGE im; // 角色图片
    IMAGE im_rotate; // 角色旋转后的图片
    float x,y; // 中心坐标
    Ball ball;  // 一个可以绕着中心旋转，变颜色的小球
    float angle; // 旋转角度

    void draw() // 一些绘制函数
    {
        rotateimage(&im_rotate,&im,angle,RGB(160,211,255),false,false);//旋转
角色图片
        putimage(x-im.getwidth()/2,y-im.getheight()/2,&im_rotate);//显示旋转后
角色图片
        ball.draw(); // 绘制这个待发射的小球
    }

    void setBallPosition() // 生成炮台小球的坐标
    {
        ball.center.x = x + 100 * cos(angle);
        ball.center.y = y + 100 * sin(angle);
    }
};
```

炮台类包含一张角色图片、一个可以绕着炮台中心旋转的小球。其中，rotateimage()函数可将图片对象im旋转angle度，并将结果保存到图片对象im_rotate中，设置RGB(160,211,255)使得旋转后多余区域的颜色和背景颜色一致。

定义全局变量：

```
IMAGE im_role,im_house,im_bk; // 一些图片
Cannon cannon;  // 定义炮台对象
```

在startup()函数中进行初始化：

```
void startup()  // 初始化函数
{
    loadimage(&im_bk, _T("bk.jpg")); // 导入背景图片
    loadimage(&im_role, _T("role.jpg")); // 导入角色图片
    loadimage(&im_house, ("house.jpg")); // 导入家图片

    // 炮台做一些初始化
    cannon.im = im_role; // 炮台角色图片
    cannon.angle = 0; // 初始化角度
    cannon.x = 500;  // 中心坐标
    cannon.y = 350;
```

```
    cannon.ball.radius = Radius; // 炮台带的小球的半径
    cannon.ball.colorId = rand()%ColorNum; // 炮台小球颜色
    cannon.setBallPosition(); // 设置炮台小球的坐标
}
```

添加绘制代码：

```
void show()  // 绘制函数
{
    putimage(0,0,&im_bk); // 显示背景图片
    putimage(30,10,&im_house); // 显示房子图片
    cannon.draw(); // 画出炮台
}
```

完整代码参看配套资源中 13-8.cpp，实现效果如图 13-11 所示。

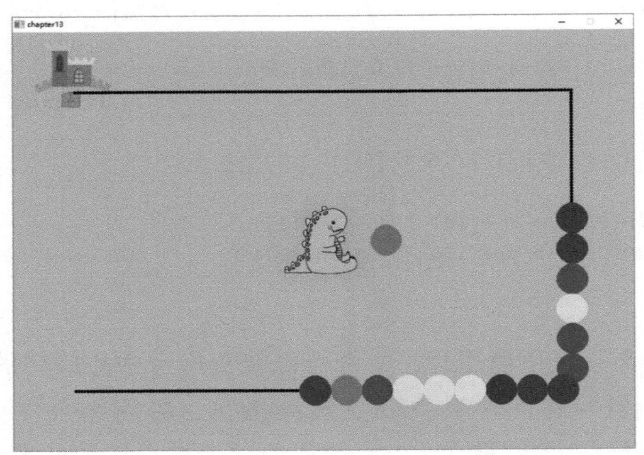

图 13-11

13.9　炮台旋转与更改小球颜色

本节我们讲解如何实现鼠标移动时，炮台跟着鼠标旋转，小球发射方向正好瞄向鼠标；鼠标右键点击时，更改炮台附带的小球的颜色。首先为炮台类添加两个成员函数：

```
class Cannon // 炮台类，包括角色图片，还有一个小球
{
    void updateWithMouseMOVE(int mx,int my) // 根据鼠标的移动位置来更新
    {
        // 求出炮台到鼠标的角度
        float xs = mx - x;
        float ys = my - y;
        float length = sqrt(xs*xs+ys*ys);
        if (length>4) // 鼠标位置距离中心位置过近，不处理
```

```
        {
            angle = atan2(-ys,xs); // 求出炮台旋转角度和炮台附带的球的位置
            ball.center.x = x + 100 * xs/length;
            ball.center.y = y + 100 * ys/length;
        }
    }

    void updateWithRButtonDown() // 当鼠标右键点击时，改变小球的颜色
    {
        // 更改炮台要发射的小球的颜色
        ball.colorId +=1;
        if (ball.colorId==ColorNum)
            ball.colorId =0;
    }
};
```

其中，atan2()为反正切函数，通过正切值求出对应的角度弧度值。

在updateWithInput()函数中添加代码，当鼠标移动或鼠标右键点击时，调用cannon相应的成员函数：

```
if(m.uMsg == WM_MOUSEMOVE)  // 鼠标移动时
    cannon.updateWithMouseMOVE(m.x,m.y); // 炮台旋转，小球也移动到对应位置上
else if(m.uMsg == WM_RBUTTONDOWN) // 鼠标右键点击时，更改炮台要发射的小球颜色
    cannon.updateWithRButtonDown();
```

完整代码参看配套资源中13-9.cpp，实现效果如图13-12所示。

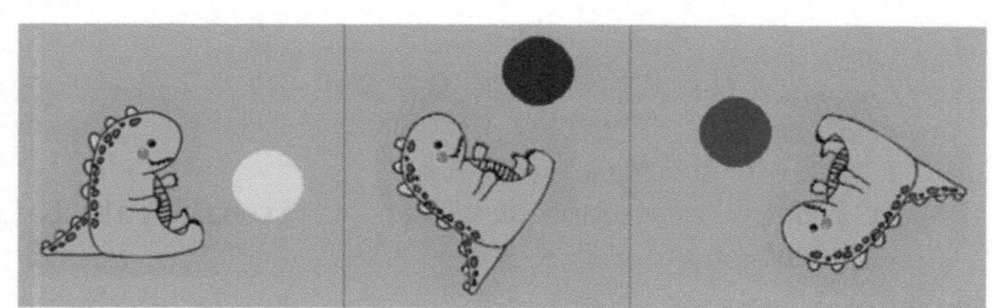

图 13-12

13.10 炮台发射小球

当点击鼠标左键时，炮台小球沿着朝向鼠标的射线方向进行移动。判断每帧移动后和balls中的所有小球是否相交，如果没有则继续移动；如果balls中有相交的小球，则将炮台小球插入到当前位置。在updateWithInput()函数中更新代码如下：

```
if(m.uMsg == WM_LBUTTONDOWN)  // 鼠标左键点击时
{
    cannon.updateWithMouseMOVE(m.x,m.y); //  先更新炮台旋转角度、炮台小球的坐标
```

```
    float vx = (cannon.ball.center.x - cannon.x)/5; // 炮台小球移动速度
    float vy = (cannon.ball.center.y - cannon.y)/5;
    int isCollider = 0; // 假设balls中没有小球和炮台小球碰撞
    // 炮台小球沿着发射的方向逐步移动，判断balls中有没有小球和炮台小球碰撞
    while (isCollider==0 && cannon.ball.center.y>0 && cannon.ball.center.y < HEIGHT
        && cannon.ball.center.x>0  && cannon.ball.center.x < WIDTH )//超出边界
不用处理
    {
        cannon.ball.center.x += vx; // 更新发射小球的位置
        cannon.ball.center.y += vy;
        show(); // 显示下炮台小球的运动轨迹

        // 通过balls中所有小球和炮台小球坐标判断是否有相交的
        for (i=0;i<balls.size();i++)
        {
            float distance = Distance(balls[i].center.x, balls[i].center.y,
cannon.ball.center.x,cannon.ball.center.y);
            if (distance<Radius) // 找到和炮台小球碰撞的小球
            {
                isCollider = 1; // 设为找到碰撞小球了
                cannon.updateWithMouseMOVE(m.x,m.y); // 把炮台小球的位置移动回去

                // 下面复制一份小球，插入到这个地方
                Ball fireball = balls[i];
                fireball.colorId = cannon.ball.colorId; // 插入小球变成炮台小
球的颜色
                balls.insert(balls.begin()+i,fireball); // 复制一个小球插入到
vector中

                // 在i位置寻找其前后有没有和它颜色一样，且多余3个连续靠近的球
                // 如果是的话，就删除掉，返回的结果是删除掉的小球的个数
                // 如果一个没有删除，就返回0
                int count = eraseSameColorBalls(i,fireball,path,balls);
                if (count==0)// 如果没有消除的话
                {
                    for (j=i;j>=0;j--) // 移动前面的小球，留出空间放下新插入的小球
                    {
                        if (balls[j].indexInPath - balls[j+1].indexInPath <=0)
                            balls[j].indexInPath = balls[j+1].indexInPath +
                                                   2*Radius/path.sampleInterval;
                        else
                            break; // 前面小球间有空隙，不用再处理了
                    }
                }
                return; // 找到一个和炮台碰撞的小球，后面的不用再找了
            }
        }  // for (i=0;i<balls.size();i++)
    } // 炮台小球逐步移动，和balls数组中所有小球进行判断
} // 鼠标左键点击时
```

完整代码参看配套资源中13-10.cpp。

13.11 连续出球与胜负判断

定义全局变量gameStatus描述游戏的状态：

```
int gameStatus = 0;  // 游戏状态，-1失败，0正常，1胜利
```

在show()函数中，根据游戏胜负的不同，显示对应的文字：

```
void show()  // 绘制函数
{
    // 设置字体显示属性
    setbkmode(TRANSPARENT);
    settextcolor(RGB(255,0,0));
    settextstyle(60, 0, _T("宋体"));
    if (gameStatus==1) // 输出游戏胜利
        outtextxy(WIDTH*0.35, HEIGHT*0.35, _T("游戏胜利 :)"));
    else if (gameStatus==-1) // 输出游戏失败
        outtextxy(WIDTH*0.35, HEIGHT*0.35, _T("游戏失败 :("));
}
```

参考第12章讲解的方法，在updateWithoutInput()函数中实现100秒内，每隔10秒产生一批小球。如果balls中没有小球且运行时间超过100秒，游戏胜利；如果有球跑到终点，游戏失败：

```
void updateWithoutInput() // 和输入无关的更新
{
    static clock_t start = clock(); // 记录第一次运行时刻
    clock_t now = clock(); // 获得当前时刻
    // 计算程序目前一共运行了多少秒
    int nowSecond =( int(now - start) / CLOCKS_PER_SEC);
    // 100秒内，时间每过10秒，新增一批小球
    if (nowSecond%10==0 && nowSecond<=100 && gameStatus==0)
    {
        Ball ball;  // 定义一个小球对象
        ball.initiate(path); // 初始化小球到path最开始的位置上
        balls.push_back(ball); // 把小球ball添加到balls中
    }
    if (balls.size()==0) // 小球清空了
    {
        if (nowSecond>100) // 时间到了，游戏胜利
            gameStatus = 1; // 游戏胜利
        return; // 没有到截止时间，小球清空了，等到时间后产生新的小球
    }
    // 第一个球跑到终点了，游戏失败
    if (balls[0].indexInPath >= path.allPoints.size()-1)
    {
        gameStatus = -1; // 游戏失败
        return;
    }
}
```

updateWithInput() 函数中如果 gameStatus 不等于 0，直接返回：

```
void updateWithInput()  // 和输入相关的更新
{
    if (gameStatus!=0) // 游戏胜利或失败，不需要用户再输入，函数直接返回
        return;
}
```

完整代码参看配套资源中 13-11.cpp，实现效果如图 13-13 所示。

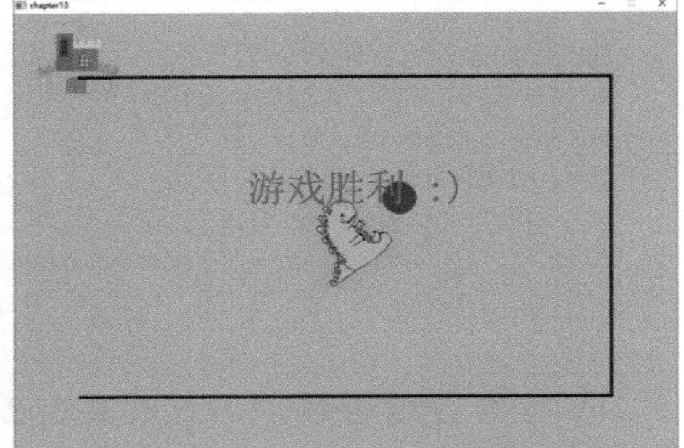

图 13-13

13.12　添加音效和复杂轨道

首先将配套资源中“\第13章\音乐音效\”路径下的 game_music.mp3、coin.mp3 文件复制到项目目录下。参考 12.8 节的方法，在初始化函数 startup() 中添加代码循环播放背景音乐，在 updateWithInput() 函数中，消除同色小球时播放一次 coin.mp3 音效。代码参看配套资源中 13-12-1.cpp。

在 startup() 中键入如下的关键点坐标，可以实现更加复杂的轨道：

```
// 为轨迹类添加一些关键点
path.keyPoints.push_back(Point(50, 300));
path.keyPoints.push_back(Point(50, 600));
path.keyPoints.push_back(Point(100, 650));
path.keyPoints.push_back(Point(700, 650));
path.keyPoints.push_back(Point(700, 550));
path.keyPoints.push_back(Point(250, 550));
path.keyPoints.push_back(Point(200, 500));
path.keyPoints.push_back(Point(200, 200));
path.keyPoints.push_back(Point(250, 150));
path.keyPoints.push_back(Point(800, 150));
path.keyPoints.push_back(Point(850, 200));
path.keyPoints.push_back(Point(850, 650));
path.keyPoints.push_back(Point(950, 650));
```

```
path.keyPoints.push_back(Point(950, 100));
path.keyPoints.push_back(Point(900, 50));
path.keyPoints.push_back(Point(150, 50));
```

完整代码参看配套资源中13-12-2.cpp，轨道绘制效果如图13-14所示。

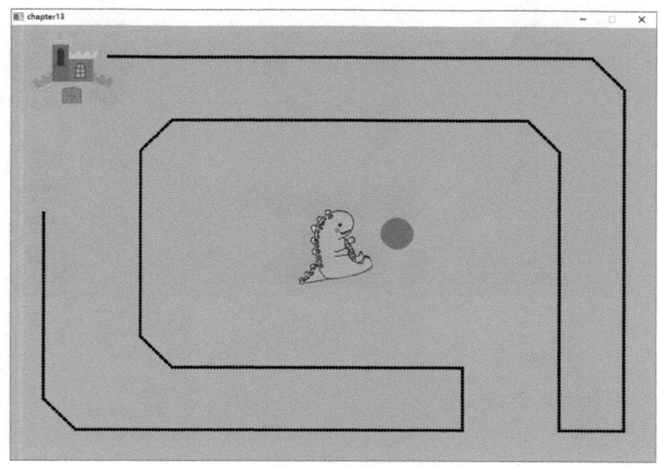

图 13-14

练习题13-1：EasyX中的saveimage(_T("bk.jpg"));可以保存窗口绘制效果到文件中。读者可以尝试编程绘制出与图13-15对应的小球轨道图片。

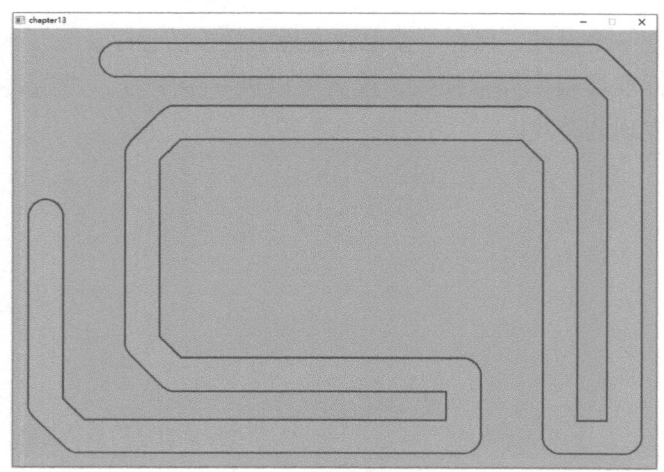

图 13-15

利用练习题13-1生成的轨道图片，在show()中注释掉path.draw()。最终代码参看配套资源中13-12-3.cpp，实现效果如图13-16所示。

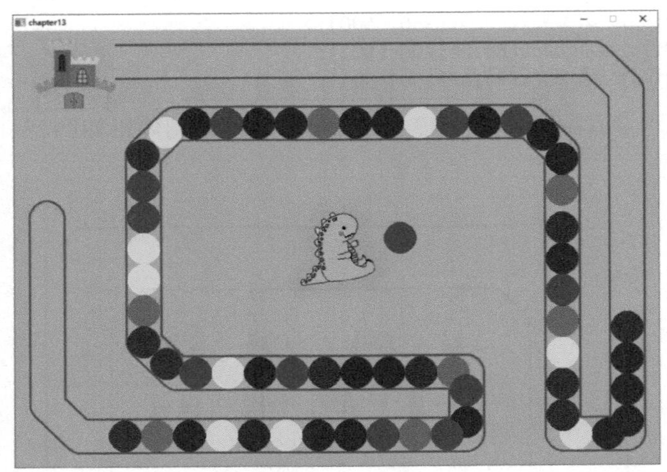

图 13-16

13.13 小结

本章主要讲解了链表、STL、构造函数与析构函数等知识，以及如何实现“祖玛”游戏。读者可以尝试在本章代码的基础上继续改进。

（1）实现多种道具，比如炸弹、万能颜色球等。

（2）实现“祖玛”游戏中的小球回吸、连续消除功能。

（3）实现一个设计、保存、读取轨迹地图数据的程序。

C++的标准模板库异常强大，读者可以进一步学习，并尝试利用STL改进之前章节实现的游戏。

第 14 章 “火柴人的无尽冒险”游戏

在本章我们将探讨如何编写一个2D跑酷类游戏，游戏的主要思路为玩家可以通过键盘控制火柴人奔跑和跳跃，躲避蝙蝠到达终点。游戏地图随机生成，随着关卡数的增加，游戏难度越来越大，效果如图 14-1 所示。

本章首先介绍了如何定义Player类，实现异步输入控制和延时改进；然后讲解了如何利用枚举类型进行多种状态的切换，实现火柴人的奔跑动画和跳跃控制；接着讲解了如何添加地面类与场景类，实现火柴人与地面的碰撞判断；最后讲解了如何改进游戏效果，实现相对运动、无尽关卡、敌人类和游戏音效。

本章案例最终一共490行代码，代码项目路径为“配套资源\第 14 章\ chapter14\chapter14.sln”，视频效果参看“配套资源\第 14 章\火柴人的无尽冒险mp4”。

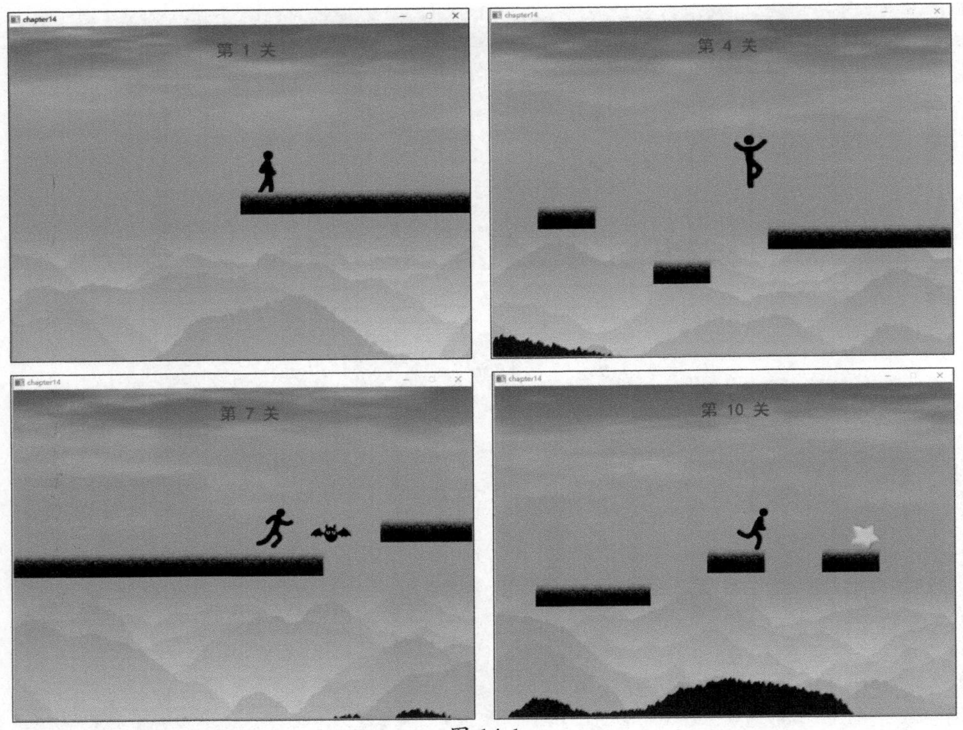

图 14-1

14.1 定义 Player 类

在本书的配套资源中，找到“\第 14 章\图片素材\”文件夹，其中存放了本章需要的游戏图片素材，将这些图片复制到项目目录下，如图 14-2 所示。

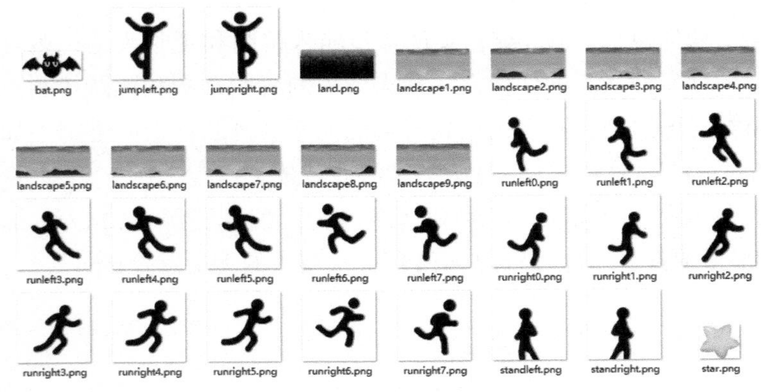

图 14-2

本章我们会展示很多带透明通道的png图片，将“\第14章\EasyXPng.h”也复制到项目目录下。

首先定义Player类，实现游戏玩家的显示和移动：

```
class Player  // 玩家控制的游戏角色类
{
public:
    IMAGE im_show;  // 当前时刻要显示的图像
    float x_left,y_bottom; // 只要用这两个坐标和地面碰撞就行了
    float vx,vy; // 速度
    float width,height; // 图片的宽度、高度

    void draw()// 显示相关信息
    {
        putimagePng(x_left,y_bottom-height,&im_show);  // 游戏中显示角色
    }

    void initialize() // 初始化
    {
        loadimage(&im_show, _T("standright.png")); // 导入向右站立图片
        width = im_show.getwidth(); // 获得图像的宽、高，所有动画图片大小一样
        height = im_show.getheight();
        updateXY(WIDTH/2,HEIGHT/2); // 开始将角色放在画面中间
        vx = 10; // 设置初速度
        vy = 10;
    }

    void updateXY(float mx,float my) // 根据输入，更新玩家坐标
    {
        x_left = mx;
        y_bottom = my;
    }
};
```

其中，成员变量IMAGE im_show;记录需要显示的角色图像。由于要频繁判断游戏角色是否和地面发生碰撞，因此定义float x_left,y_bottom;记录玩家左下角的位置。float vx,vy;记录角色的运动速度，float width,height;记录角色图片的宽度、高度。

成员函数draw()在对应位置显示角色图片，updateXY()函数用于更新角色坐标，initialize()进行一些相关的初始化。

定义全局变量：

```
IMAGE im_land;  // 地面图像
IMAGE im_bk;  // 背景图像
Player player;  // 定义玩家控制的游戏角色对象
```

在 startup( ) 函数中进行初始化：

```
void startup()  // 初始化
{
    player.initialize(); // 玩家角色初始化
    loadimage(&im_land, _T("land.png")); // 导入地面图片
    loadimage(&im_bk,  _T("landscape1.png")); // 导入背景图片

    initgraph(WIDTH,HEIGHT); // 新开一个画面
    BeginBatchDraw(); // 开始批量绘制
}
```

在 show() 函数中进行绘制：

```
void show()  // 显示
{
    putimage(-100, -100, &im_bk);    // 显示背景
    putimage(WIDTH/2,HEIGHT/2,&im_land);  // 绘制一个地面
    player.draw();  // 显示玩家相关信息
    FlushBatchDraw(); // 批量绘制
}
```

实现效果如图 14-3 所示。

图 14-3

最后在 updateWithInput() 函数中添加代码，用户按 A、D、W、S 键可以控制游戏角色左、右、上、下运动：

```
void updateWithInput() // 和输入有关的更新
{
    if(kbhit() )  // 如果按键
    {
        char input = getch(); // 获取按键
```

```
        if (input=='a') // 向左
            player.x_left -= player.vx;
        if (input=='d') // 向右
            player.x_left += player.vx;
        if (input=='w') // 向上
            player.y_bottom -= player.vy;
        if (input=='s') // 向下
            player.y_bottom += player.vy;
    }
}
```

完整代码参看配套资源中14-1.cpp。

14.2 异步输入与延时改进

本章游戏中的火柴人可以同时跳跃和左右移动，然而配套资源中14-1.cpp中getch()在一个时刻仅能输入一个按键。为了解决这一问题，我们利用异步输入函数GetAsyncKeyState()，其可以同时识别两个按键被按下的情况，修改updateWithInput()函数，玩家可以用A、D、W、S键或左、右、上、下方向键控制火柴人移动：

```
void updateWithInput() // 和输入有关的更新
{
    if (kbhit()) // 当按键时
    {
        if (GetAsyncKeyState(VK_LEFT) || GetAsyncKeyState('A'))  // 按下A键或
左方向键
            player.x_left -= player.vx; // 向左移动
        if (GetAsyncKeyState(VK_RIGHT)  || GetAsyncKeyState('D')) // 按下D键或
右方向键
            player.x_left += player.vx; // 向右移动
        if (GetAsyncKeyState(VK_UP)  || GetAsyncKeyState('W'))    // 按下W键或
上方向键
            player.y_bottom -= player.vy; // 向上移动
        if (GetAsyncKeyState(VK_DOWN)  || GetAsyncKeyState('S'))  // 按下S键或
下方向键
            player.y_bottom += player.vy; // 向下移动
    }
}
```

提示 GetAsyncKeyState()函数也可用于实现双人游戏，比如，一个玩家利用A、D、W、S键控制一个游戏角色，另一个玩家利用左、右、上、下方向键控制另一个游戏角色。

另外，为了防止游戏占用CPU计算资源过高，读者可以将配套资源中“\第14章\Timer.h”复制到项目目录下，使用文件包含指令：

```
#include "Timer.h"
```

定义对象：

```
Timer timer;  // 用于改进的延时
```

然后可以进行非阻塞式的延时，在不同性能的计算机上统一游戏速度：

```
void show()  // 显示
{
    FlushBatchDraw(); // 批量绘制
    timer.Sleep(50); // 暂停若干毫秒
}
```

完整代码参看配套资源中14-2.cpp。

14.3　枚举类型状态切换

火柴人在游戏中会有向左站立、向右站立、向左奔跑、向右奔跑、向左跳跃、向右跳跃、死亡这7种状态，首先定义枚举类型变量描述游戏角色的所有可能状态：

```
enum PlayerStatus // 枚举类型，描述游戏角色所有的可能状态
{
    standleft,standright,runleft,runright,jumpleft,jumpright,die
};
```

修改Player类的定义：

```
class Player  // 玩家控制的游戏角色类
{
public:
    IMAGE im_show;  // 当前时刻要显示的图像
    IMAGE im_standright; // 向右站立图像
    IMAGE im_standleft; // 向左站立图像
    PlayerStatus playerStatus; // 当前的状态

    void initialize() // 初始化
    {
        loadimage(&im_standright, _T("standright.png")); // 导入向右站立图片
        loadimage(&im_standleft, _T("standleft.png")); // 导入向左站立图片

        playerStatus = standright; // 初始为向右站立的游戏状态
        im_show = im_standright;  // 显示向右站立的图片
        width = im_standright.getwidth(); // 获得图像的宽、高，所有动画图片大
小一样
```

```
        height = im_standright.getheight();

        updateXY(WIDTH/2,HEIGHT/2);
        vx = 10;
        vy = 10;
    }

    void standStill() // 游戏角色默认为向左或向右静止站立
    {
        if (playerStatus == standleft)
        {
            im_show = im_standleft;
        }
        else if (playerStatus == standright)
        {
            im_show = im_standright;
        }
    }
};
```

增加成员变量im_standright为火柴人向右站立图像，im_standleft为火柴人向左站立图像，枚举类型变量playerStatus记录当前角色的状态。

在成员函数initialize()中导入两张图片，设定初始为向右站立的状态，并将要显示的图片im_show设为im_standright。standStill()函数根据对应角色状态设定对应要显示的图片。

在updateWithInput()函数中，当按下向左按键时，火柴人除了向左移动，还更改为向左站立状态，从而显示出向左站立的图片；当按下向右按键时，火柴人除了向右移动，还更改为向右站立状态，从而显示出向右站立的图片。

```
if (kbhit()) // 当按键时，切换角色显示图片，更改位置
{
    if (GetAsyncKeyState(VK_LEFT) || GetAsyncKeyState('A'))  // 按下A键或左方向键
    {
        player.x_left -= player.vx; // 向左移动
        player.playerStatus = standleft; // 切换状态为向左站立
    }
    if (GetAsyncKeyState(VK_RIGHT) || GetAsyncKeyState('D')) // 按下D键或右方向键
    {
        player.x_left += player.vx; // 向右移动
        player.playerStatus = standright; // 切换状态为向右站立
    }
}
```

实现效果如图14-4所示，完整代码参看配套资源中14-3.cpp。

图 14-4

14.4 添加奔跑动画

本章提供了8张图片表示火柴人向右奔跑的分解动作，如图14-5所示。

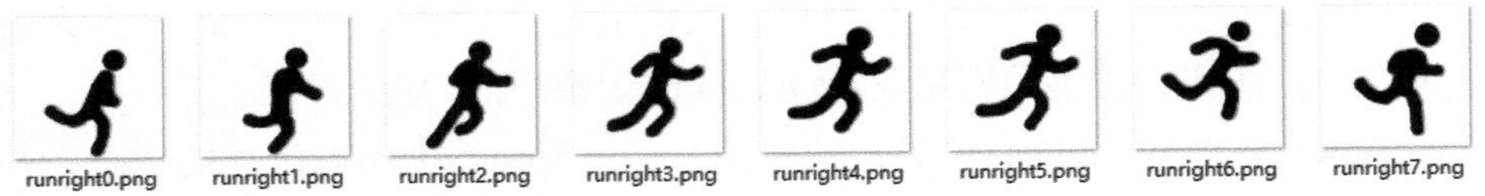

图 14-5

在Player类的定义中，添加成员变量ims_runright存储图14-5所示的8张图片，animId表示动画图片的对应序号（0～7）：

```
vector <IMAGE> ims_runright; // 向右奔跑的图像序列
int animId;  // 用于循环动画播放的id
```

成员函数initialize()中，利用循环语句读入8张图片，将animId初始化为0：

```
void initialize() // 初始化
{
    TCHAR filename[80];
    for (int i=0;i<=7;i++) // 把向右奔跑的8张图片对象添加到ims_runright中
    {
        _stprintf(filename, _T("runright%d.png"),i);
        IMAGE im;
        loadimage(&im,filename);
        ims_runright.push_back(im);
    }
    animId = 0; // 动画id开始设为0
}
```

增加成员函数runRight()，当玩家角色向右奔跑时，其x坐标增加，切换为向右奔跑状态，并通过增加animId、设置im_show为ims_runright[animId]

实现向右奔跑的动画效果：

```
void runRight() // 游戏角色向右奔跑
{
    x_left += vx; // 横坐标增加，向右移动
    if (playerStatus != runright) // 如果之前角色状态不是向右奔跑
    {
        playerStatus = runright; // 切换为向右奔跑状态
        animId = 0; // 动画播放id初始化为0
    }
    else // 表示之前就是向右奔跑状态了
    {
        animId++; // 动画图片开始切换
        if (animId>=ims_runright.size()) // 循环切换
            animId = 0;
    }
    im_show = ims_runright[animId];     // 设置要显示的对应图片
}
```

修改updateWithInput()函数，用户按下D键或右方向键时，调用runRight()函数：

```
void updateWithInput() // 和输入有关的更新
{
    player.standStill(); // 游戏角色默认为向左或向右静止站立
    if (kbhit()) // 当按键时，切换角色显示图片，更改位置
    {
        if (GetAsyncKeyState(VK_RIGHT)  || GetAsyncKeyState('D'))  // 按下D键
或右方向键
            player.runRight();
    }
}
```

实现效果如图14-6所示，完整代码参看配套资源中14-4.cpp。

图 14-6

练习题14-1：利用本章提供的素材，实现向左奔跑动画效果，如图14-7所示。

图 14-7

14.5　跳跃的实现

在这一节我们讲解如何实现火柴人跳跃的效果，向左跳跃、向右跳跃的两种状态如图 14-8 所示。

图 14-8

控制跳跃和控制左右奔跑不同。用户一直按着 A、D 键或左、右方向键，才能控制火柴人持续奔跑；一旦停止按键，火柴人就立刻停止。用户按下 W 或向上键控制起跳后，火柴人会自动向上运动，到达最高点后自动下落；在空中时火柴人无法二次起跳，即无法控制其 y 方向的运动，但可以按键控制其 x 方向的移动。

在 Player 类的定义中，添加成员变量 im_jumpright、im_jumpleft 存储向右、向左跳跃状态的两张图片，变量 gravity 记录重力加速度：

```
IMAGE im_jumpright; // 向右跳跃图像
IMAGE im_jumpleft; // 向左跳跃图像
float gravity; // 重力加速度
```

在成员函数 initialize( ) 中进行初始化：

```
void initialize() // 初始化
{
    loadimage(&im_jumpright, _T("jumpright.png")); // 导入向右跳跃图像
    loadimage(&im_jumpleft, _T("jumpleft.png")); // 导入向左跳跃图像
    vx = 10; // 水平方向初速度
    vy = 0;  // 竖直方向速度初始为0
    gravity = 3;  // 设定重力加速度
}
```

添加 beginJump() 函数，当按键控制起跳后，切换火柴人的状态，并给它一个向上的初速度：

```
void beginJump() // 按下W键或向上方向键后，游戏角色跳跃的处理
{
    if (playerStatus!=jumpleft && playerStatus!=jumpright) // 已经在空中的话，
不要起跳
    {
```

```
        if (playerStatus==runleft || playerStatus == standleft)
        {    // 起跳前是向左跑或向左站立状态
            im_show = im_jumpleft; // 切换到向左起跳图片
            playerStatus = jumpleft; // 切换到向左起跳状态
        }
        else if (playerStatus==runright || playerStatus == standright)
        {    // 起跳前是向右跑或向右站立状态
            im_show = im_jumpright;// 切换到向右起跳图片
            playerStatus = jumpright;// 切换到向右起跳状态
        }
        vy = -30; // 给角色一个向上的初速度
    }
}
```

修改updateWithInput()函数，用户按下W键或向上方向键时，调用beginJump()函数：

```
if (GetAsyncKeyState(VK_UP)  || GetAsyncKeyState('W'))   // 按下W键或上方向键
{
    player.beginJump();
}
```

当用户起跳后，会在初速度vy及重力加速度gravity的影响下更新y方向的速度和坐标。火柴人会先向上跳跃，到达最高点后自动下落。增加成员函数处理起跳后y轴方向速度、位置的更新，落地后切换为静止站立状态：

```
void updateYcoordinate() // x坐标是按键盘控制的，而y坐标是每帧自动更新的
{
    if (playerStatus == jumpleft || playerStatus==jumpright) // 当前是在空中跳
跃状态
    {
        vy += gravity; // y方向速度受重力影响变化
        y_bottom += vy;  // y方向位置受速度影响变化

        if (y_bottom>HEIGHT/2) // 防止落到地面之下
        {
            y_bottom = HEIGHT/2; // 保证正好落在地面上
            if (playerStatus == jumpleft) // 向左跳，落地后切换到向左站立方向
                playerStatus = standleft;
            if (playerStatus == jumpright) // 向右跳，落地后切换到向右站立方向
                playerStatus = standright;
        }
    }
}
```

添加和输入无关的更新函数，调用player.updateYcoordinate()实现火柴人起跳后y坐标的自动更新：

```
void updateWithoutInput() // 和输入无关的更新
{
```

```
    player.updateYcoordinate(); // 游戏角色y坐标是每帧自动更新的
}
```

在成员函数runRight()中添加代码，如果在起跳状态按下D或向右方向键，可以在空中向右移动并更改造型：

```
void runRight() // 游戏角色向右奔跑
{
    x_left += vx; // 横坐标增加，向右移动
    if (playerStatus == jumpleft || playerStatus==jumpright) // 如果是起跳状态
    {
        im_show = im_jumpright; // 改变造型为向右起跳造型
    }
    else
    {
        // 进行向右奔跑的相关处理
    }
}
```

在runLeft()中也添加类似的功能，完整代码参看配套资源中14-5.cpp。

14.6 添加地面类与场景类

首先利用本章提供的land.png图片，如图14-9所示，并构造地面类：

land.png

图 14-9

```
class Land  // 地面类
{
public:
    IMAGE im_land;  // 地面图像
    float left_x,right_x,top_y; // 用来刻画一块地面的左、右、上坐标
    float land_width,land_height; // 一块地面图像的宽度、高度

    void initialize() // 初始化
    {
        loadimage(&im_land, _T("land.png")); // 导入地面图片
        land_width = im_land.getwidth(); // 获得地面图像的宽、高
        land_height = im_land.getheight();
        left_x = WIDTH/2;  // land初始化在画面正中间，正好就在玩家角色脚底下
        right_x = left_x+land_width;
        top_y = HEIGHT/2;
    }
```

```
    void draw()// 显示相关信息
    {
        putimage(left_x,top_y,&im_land);  // 绘制一个地面
    }
};
```

然后构造游戏场景类，游戏场景由背景图片和多个地面对象组成：

```
class Scene // 游戏场景类
{
public:
    IMAGE im_bk;  // 背景图像
    vector<Land> lands; // 多个地面

    void draw()// 显示相关信息
    {
        putimage(-100, -100, &im_bk);    // 显示背景
        for (int i=0;i<lands.size();i++)
        {
            lands[i].draw();  // 绘制所有地面
        }
    }

    void initialize() // 初始化
    {
        loadimage(&im_bk,  _T("landscape1.png")); // 导入背景图片
        for (int i=1;i<=6;i++)  // 构造和初始化多个地面
        {
            Land land;
            land.initialize();
            land.left_x = i*land.land_width;
            land.top_y = (i-1)/6.0 * HEIGHT;
            lands.push_back(land);
        }
    }
};
```

定义场景全局变量，并进行初始化与显示：

```
Scene scene;  // 定义场景全局对象

void startup()  // 初始化
{
    scene.initialize();  // 场景初始化
}

void show()  // 显示
{
    scene.draw();   // 显示场景相关信息
}
```

完整代码参看配套资源中14-6.cpp，实现效果如图14-10所示。

图 14-10

14.7　火柴人与地面的碰撞检测

首先修改场景类的初始化函数，产生一些随机地面：

```
class Scene // 游戏场景类
{
    void initialize() // 初始化
    {
        loadimage(&im_bk,  _T("landscape1.png")); // 导入背景图片
        lands.clear();// 先清空掉vector
        for (int i=0;i<10;i++) // 产生一些随机地面
        {
            Land land;
            land.initialize();
            land.left_x = i * land.land_width;
            land.right_x = land.left_x + land.land_width;
            land.top_y = HEIGHT/2 + rand()%2 * HEIGHT/10;
            lands.push_back(land);
        }
    }
};
```

为Player类添加成员函数isOnLand()，判断y方向速度为ySpeed的火柴人是否正好站在地面land上：

```
// 判断游戏角色是不是正好站在这块地面上，如果是的话返回1，否则返回0
int isOnLand(Land &land,float ySpeed)
```

```
{
    float x_right = x_left + width;
    // 判断是否站在砖块上，还需要考虑player的y方向速度情况，速度过快有可能直接
穿透地面
    if (ySpeed<=0) // y轴方向速度小于0，表示正在向上运动，不需要考虑速度的影响
        ySpeed = 0;
    if (land.left_x - x_left <= width*0.6 && x_right - land.right_x <= width*0.6
        && abs(y_bottom-land.top_y)<=5+ySpeed)
        return 1;
    else
        return 0;
}
```

添加成员函数isNotOnAllLands()，火柴人是否不在lands中的所有地面上：

```
int isNotOnAllLands(vector<Land> &lands,float speed) // 判断玩家是否不在所有的
地面上
{
    for (int i=0;i<lands.size();i++)
    {
        if (isOnLand(lands[i],speed))
            return 0; // 在任何一块地面上，返回0
    }
    return 1; // 不在所有地面上，返回1
}
```

修改runRight()成员函数，接收scene作为参数，如果火柴人不在地面上，立刻进入跳跃状态：

```
void runRight(Scene &scene) // 游戏角色向右奔跑
{
    x_left += vx; // 横坐标增加，向右移动
    if (isNotOnAllLands(scene.lands,vy))  // 移动后不在任何一块地面上了
    {
        im_show = im_jumpright;// 切换到向右起跳图片
        playerStatus = jumpright;// 切换到向右起跳状态
        return;
    }
}
```

对runLeft()也需要做同样的处理。

修改updateYcoordinate()，接收scene作为参数，火柴人起跳后一直下落，直到正好站在一个地面上为止：

```
void updateYcoordinate(Scene &scene) // x坐标是按键盘控制的，而y坐标是每帧自动更新的
{
    if (playerStatus == jumpleft || playerStatus==jumpright) // 当前是在空中跳
跃状态
    {
        vy += gravity; // y方向速度受重力影响变化
```

```
        y_bottom += vy;  // y方向位置受速度影响变化
        for (int i=0;i<scene.lands.size();i++)   // 对所有地面遍历
        {
            if (isOnLand(scene.lands[i],vy)) // 当火柴人正好站在一个地面上时
            {
                y_bottom = scene.lands[i].top_y; // 保证正好落在地面上
                if (playerStatus == jumpleft) // 向左跳，落地后切换到向左站立方向
                    playerStatus = standleft;
                if (playerStatus == jumpright) // 向右跳，落地后切换到向右站立方向
                    playerStatus = standright;
                break; // 跳出循环，不需要再对其他地面判断了
            }
        }
    }
}
```

完整代码参看配套资源中14-7.cpp，实现效果如图14-11所示。

图 14-11

14.8 相对运动效果的实现

在这一节我们讲解如何让火柴人位置不变，一直保持在画面中间，而让背景、地面做相对运动，这样更容易实现大场景地图的游戏效果。修改代码如下：

```
class Land  // 地面类
{
    void draw(float px,float py)// 显示相关信息
    {
        putimage(left_x-px,top_y-py,&im_land);  // 角色不动，绘制地面有一个偏移量
    }
```

```
};

class Scene // 游戏场景类
{
    void draw(float px,float py)// 显示相关信息
    {
        // 角色不动，绘制背景有一个偏移量
        // 背景偏移量/20，就形成了有深度差的前后景的视觉效果
        putimage(-px/20, -100-py/20, &im_bk);    // 显示背景
        for (int i=0;i<lands.size();i++)
        {
            lands[i].draw(px,py);  // 绘制所有地面
        }
    }
};

class Player  // 玩家控制的游戏角色类
{
    void draw()// 显示相关信息
    {
        // 游戏中显示角色，角色不动，地面、背景相对运动
        putimagePng(WIDTH/2,HEIGHT/2-height,&im_show);
    }
}

void show()  // 显示
{
    scene.draw(player.x_left-WIDTH/2,player.y_bottom-HEIGHT/2);  // 显示场景相
关信息
    player.draw();  // 显示玩家相关信息
    FlushBatchDraw(); // 批量绘制
    timer.Sleep(50); // 暂停若干毫秒
}
```

完整代码参看配套资源中14-8.cpp，实现效果如图14-12所示。

图 14-12

14.9 无尽关卡与胜负判断

为了实现无尽关卡的游戏效果，Scene类增加成员变量level记录玩家玩到第几关，lastlevel记录上一次玩到第几关：

```
class Scene // 游戏场景类
{
    int level; // 玩家玩到第几关
    int lastlevel; // 上一次玩到第几关
};
```

在updateWithoutInput()函数中，角色跑到最后一个地面上，这一关游戏胜利，level加1，进入下一关；角色掉落到画面底部，游戏失败，重新开始这一关：

```
void updateWithoutInput() // 和输入无关的更新
{
    player.updateYcoordinate(scene); // 游戏角色y坐标是每帧自动更新的

    int landSize = scene.lands.size(); // 场景中地面的个数
    // 角色跑到最后一个砖块上了，游戏胜利
    if (player.x_left>scene.lands[landSize-1].left_x
        && abs(player.y_bottom-scene.lands[landSize-1].top_y)<=2)
    {
        scene.lastlevel = scene.level; // 记录lastlevel
        scene.level ++; // 进入下一关
        scene.initialize();  // 场景初始化
        player.initialize(); // 玩家角色初始化
    }
    else if (player.y_bottom>1.5*HEIGHT)  // 角色落到画面底部，游戏失败，重新开始
    {
        scene.lastlevel = scene.level; // 重新玩没有玩过的一关
        scene.initialize();  // 场景初始化
        player.initialize(); // 玩家角色初始化
    }
}
```

在Scene类的initialize()成员函数中，随着level的增加，生成的地图更大、地面之间更不连续，从而游戏难度加大：

```
class Scene // 游戏场景类
{
    int level; // 玩家玩到第几关
    int lastlevel; // 上一次玩到第几关

    void initialize() // 初始化
```

```
    {
        loadimage(&im_bk,  _T("landscape1.png")); // 导入背景图片
        if (lands.size()==0) // 游戏开始，默认第一关
        {
            level = 1;
            lastlevel = 1;
        }
        // 开始第一关要初始化
        // 升级后，清空lands继续开始；不升级的话，还是用之前的lands继续重玩这一关
        if (lands.size()==0 || level > lastlevel)
        {
            lands.clear();// 先清空掉vector

            // 第一个land要在游戏角色的正下方
            Land land1;
            land1.initialize();
            lands.push_back(land1);

            for (int i=1;i<10+level*2;i++) // level越大，总长度越长
            {
                Land land2;
                land2.initialize();
                int r1 = randBetweenMinMax(1,30);
                if (r1>level) // level越大，x方向越不连续
                    land2.left_x = land1.left_x + land2.land_width;
                else
                    land2.left_x = land1.left_x + 2*land2.land_width;

                int r3 = randBetweenMinMax(1,20);
                if (r1>level)  // level越大，y方向越不连续
                    land2.top_y = land1.top_y;
                else
                {
                    int r3 = randBetweenMinMax(-1,1);
                    land2.top_y = WIDTH/2 + HEIGHT/10 * r3;
                }
                land2.right_x = land2.left_x + land2.land_width;
                lands.push_back(land2);
                land1 = land2;
            }
        }
    }
};
```

完整代码参看配套资源中14-9.cpp，实现效果如图14-13所示。

图 14-13

14.10　添加敌人类

为了增加游戏的挑战性，可以增加敌人类：

```
class Enemy  // 敌人类
{
public:
    IMAGE im_enemy;  // 敌人图像
    float x,y; // 用来刻画敌人的中心坐标
    float enemy_width,enemy_height; // 敌人图像的宽度、高度
    float x_min,x_max; // 敌人移动的x坐标最大值、最小值
    float vx; // 敌人在x方向的移动速度

    void initialize() // 初始化
    {
        loadimage(&im_enemy, _T("bat.png")); // 导入敌人-蝙蝠-图片
        enemy_width = im_enemy.getwidth(); // 获得图像的宽、高
        enemy_height = im_enemy.getheight();
    }

    void draw(float px,float py)// 显示相关信息
    {
        // 角色不动，绘制敌人有一个相对偏移量
        putimagePng(x-enemy_width/2-px,y-enemy_height/2-py,&im_enemy);
    }

    void update()  // 敌人在一定范围内，左右移动
    {
        x += vx;
        if (x>x_max || x<x_min)
            vx = -vx;
    }
};
```

游戏中的敌人是可以在场景中水平移动飞行的蝙蝠。科学研究表明，蝙蝠身体携带大量细菌、病毒，因此我们的火柴人需要避免碰到任何一只蝙蝠，如图14-14所示。

图 14-14

在场景类中添加Enemy向量，并添加代码进行绘制和初始化：

```
class Scene // 游戏场景类
{
    vector<Enemy> enemies; // 多个敌人

    void draw(float px,float py)// 显示相关信息
    {
        for (int i=0;i<enemies.size();i++)
            enemies[i].draw(px,py);    // 绘制所有敌人
    }

    void initialize() // 初始化
    {
        // 第一关才开始要初始化
        // 升级后，清空lands继续开始；不升级的话，还是用之前的lands继续重玩这一关
        if (lands.size()==0 || level > lastlevel)
        {
            enemies.clear(); // 敌人也要清空掉
            // 第level关，一共有(level+3)/5 个敌人。第1关没有敌人，后面逐渐增
加敌人数目
            int numEnemy = (level+3)/5;
            int idStep = lands.size()/(numEnemy+1);  // 敌人在scene中均匀分布
到lands上
            for (int j=1;j<=numEnemy;j++)
            {
```

```
                Enemy enemy;
                enemy.initialize();
                int landId = j*idStep;
                enemy.x = lands[landId].left_x + lands[landId].land_width/2;
                enemy.y = lands[landId].top_y - enemy.enemy_height;

                float movingRange = enemy.enemy_width*(3+level/15.0);//移动范
围变大
                enemy.x_min = enemy.x - movingRange; // 得到敌人移动的x范围
                enemy.x_max = enemy.x + movingRange;
                enemy.vx = 2 + level/10.0; // 敌人x方向上的移动速度，逐渐变快

                enemies.push_back(enemy);
            }
        } // if (lands.size()==0 || level > lastlevel)
    }
};
```

随着游戏关卡数level变大，添加的敌人个数越来越多、敌人水平移动范围越来越大，水平移动速度越来越快。

在Player类中，添加成员函数isCollideEnemy()判断火柴人是否和蝙蝠发生碰撞，如果碰撞返回1，否则返回0：

```
class Player  // 玩家控制的游戏角色类
{
    // 判断角色是否和敌人碰撞，如果是，则返回1，否则返回0
    int isCollideEnemy(Enemy &enemy)
    {
        float x_center = x_left + width/2;
        float y_center = y_bottom - height/2;
        if ( abs(enemy.x - x_center) <= enemy.enemy_width*0.5
            && abs(enemy.y  - y_center) <= enemy.enemy_height*0.5)
            return 1;
        else
            return 0;
    }
}
```

在updateWithoutInput()函数中，首先让所有敌人水平移动，如果火柴人和任一敌人发生碰撞，则这关游戏失败，重新开始：

```
void updateWithoutInput() // 和输入无关的更新
{
    for (int i=0;i<scene.enemies.size();i++)
    {
        scene.enemies[i].update(); // 所有敌人自动更新位置
        // 如果玩家和任一敌人碰撞，游戏失败
        if (player.isCollideEnemy(scene.enemies[i]))
        {
```

```
            scene.lastlevel = scene.level;
            scene.initialize();  // 场景初始化
            player.initialize(); // 玩家角色初始化
        }
    }
}
```

完整代码参看配套资源中14-10.cpp。

14.11　添加音效和更多图片

首先将配套资源中“\第14章\音乐音效\”路径下的game_music.mp3、success.mp3、warning.mp3文件复制到项目目录下。参考12.8中的方法，在初始化函数startup()中添加代码循环播放背景音乐：

```
#pragma comment(lib,"Winmm.lib")
void startup()  // 初始化
{
    mciSendString(_T("open game_music.mp3 alias bkmusic"), NULL, 0, NULL);//打
开背景音乐
    mciSendString(_T("play bkmusic repeat"), NULL, 0, NULL);  // 循环播放
}
```

定义PlayMusicOnce()函数后，在updateWithoutInput()中添加代码，游戏胜利播放success.mp3，碰到蝙蝠或掉落到底面播放warning.mp3：

```
void PlayMusicOnce(TCHAR fileName[80]) // 播放一次音乐函数
{
    TCHAR cmdString1[50];
    _stprintf(cmdString1, _T("open %s alias tmpmusic"), fileName); // 生成命令
字符串
    mciSendString(_T("close tmpmusic"), NULL, 0, NULL); // 先把前面一次的音乐关闭
    mciSendString(cmdString1, NULL, 0, NULL); // 打开音乐
    mciSendString(_T("play tmpmusic"), NULL, 0, NULL); // 仅播放一次
}

void updateWithoutInput() // 和输入无关的更新
{
    // 角色跑到最后一个地面上了，游戏胜利
    if (player.x_left>scene.lands[landSize-1].left_x
        && abs(player.y_bottom-scene.lands[landSize-1].top_y)<=2)
    {
        PlayMusicOnce(_T("success.mp3"));
    }
    else if (player.y_bottom>1.5*HEIGHT) // 角色落到画面底部，游戏失败，重新开始
    {
        PlayMusicOnce(_T("warning.mp3"));
    }
```

```
    for (int i=0;i<scene.enemies.size();i++)
    {
        scene.enemies[i].update(); // 所有敌人自动更新位置
        // 如果玩家和任一敌人碰撞，游戏失败
        if (player.isCollideEnemy(scene.enemies[i]))
        {
            PlayMusicOnce(_T("warning.mp3"));
        }
    }
}
```

进一步完善游戏，在每一关的终点处放一张五角星图片，表示火柴人的目标位置，如图 14-15 所示。

图 14-15

本章还提供了用分形递归随机生成的多张背景图片（参考第 11 章），每个关卡依次导入不同的背景图片，丰富游戏的画面效果，如图 14-16 所示。

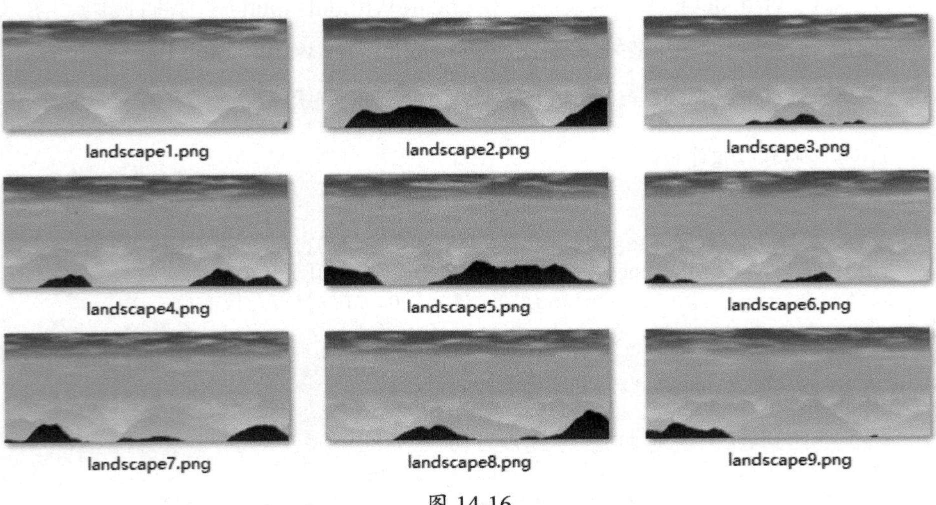

图 14-16

修改 Scene 类定义如下：

```
class Scene // 游戏场景类
{
public:
```

```
    IMAGE im_star; // 在终点处放一个星星图案
    void draw(float px,float py)// 显示相关信息
    {
        // 在最后一个地面上方，放一张五角星图片
        putimagePng(lands[lands.size()-1].left_x+im_star.getwidth()-px,
            lands[lands.size()-1].top_y-im_star.getheight()-py,&im_star);
    }

    void initialize() // 初始化
    {
        TCHAR filename[80];
        int i = level % 9 + 1;
        _stprintf(filename, _T("landscape%d.png"),i);
        loadimage(&im_bk, filename); // 依次导入各张背景图片
        loadimage(&im_star,  _T("star.png")); // 导入星星图片，放在终点处的目标
    }
};
```

完整代码参看配套资源中14-11.cpp，实现效果如图14-17所示。

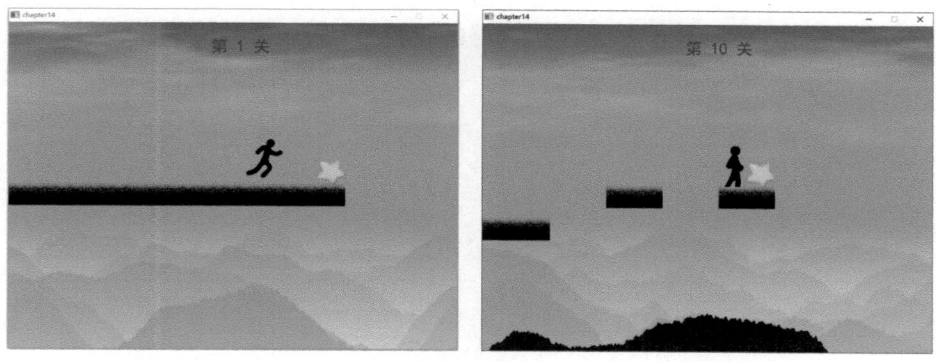

图 14-17

提示 当代码较长时，我们也可以将不同功能在不同文件中实现，读者可以自行搜索“C++多文件组织结构”，学习如何将不同类实现在不同的文件中。

14.12 小结

本章主要讲解了异步输入、改进延时等知识，介绍了角色运动动画的实现、无限地图关卡的生成，讲解了如何实现“火柴人的无尽冒险”游戏。读者可以尝试在本章代码的基础上继续改进。

（1）添加更多地图元素，比如陷阱、动态障碍物、怪物、金币等。

（2）实现游戏地图设计、分数统计等功能。

（3）自学多文件组织方法，改进本章代码。

读者也可以参考本章的开发思路，尝试设计并分步骤实现《超级玛丽》《魂斗罗》《坦克大战》等游戏。

附录 A 练习题参考答案

第 1 章

练习题 1-1

```
#include <stdio.h>
#include <conio.h>
int main()
{
    printf("你好\n");
    printf("欢迎阅读本书\n");
    _getch();
    return 0;
}
```

第 2 章

练习题2-1

```
#include <graphics.h>
#include <conio.h>
#include <stdio.h>
int main()
{
    printf("%d\n",50);
    printf("%d\n",100);
    printf("%d\n",150);
    _getch();
    return 0;
}
```

练习题2-2

```
#include <graphics.h>
#include <conio.h>
#include <stdio.h>
int main()
{
    initgraph(900, 600);

    fillcircle(270, 300, 50);
    fillcircle(270, 150, 90);
    fillcircle(270, 450, 90);
    fillcircle(120, 300, 90);
    fillcircle(420, 300, 90);

    fillcircle(770, 300, 50);
    fillcircle(770, 220, 20);
    fillcircle(770, 380, 20);
    fillcircle(690, 300, 20);
    fillcircle(850, 300, 20);

    _getch();
    closegraph();
    return 0;
}
```

练习题2-3

```
#include <graphics.h>
#include <conio.h>
#include <stdio.h>
int main()
{
    int width,height,length,area;
```

```
    width = 20;
    height = 10;
    length = 2*(width+height);
    area = width*height;
    printf("%d\n",length);
    printf("%d\n",area);
    _getch();
    return 0;
}
```

练习题2-4

```
#include <graphics.h>
#include <conio.h>
#include <stdio.h>
int main()
{
    int i = -1;
    while(1)
    {
        i = i+2;
        printf("%d\n",i);
        Sleep(100);
    }
    _getch();
    return 0;
}
```

练习题2-5

```
#include <graphics.h>
#include <conio.h>
#include <stdio.h>
int main()
{
    int r = 10;
    initgraph(600, 600);
    while(1)
    {
        fillcircle(300, 300, r);
        r = r+1;
        Sleep(20);
        cleardevice();
    }
    _getch();
    closegraph();
    return 0;
}
```

练习题2-6

```
#include <graphics.h>
#include <conio.h>
#include <stdio.h>
int main()
{
    int x = 12*14*16*18;
    if (x > 50000)
        printf("结果大于50000");
    if (x == 50000)
        printf("结果等于50000");
    if (x < 50000)
        printf("结果小于50000");
    _getch();
    return 0;
}
```

练习题2-7

当小球向上运动到窗口最顶部时，小球中心y坐标恰好等于20（小球半径）。此时改变小球y轴上的速度方向（vy = −vy），就可以让小球再向下反弹运动。如此反复，就可以实现小球不停上下反弹运动。

```
#include <graphics.h>
#include <conio.h>
#include <stdio.h>
int main()
{
    int y = 50;
    int vy = 3;
    initgraph(600, 600);
    while (1)
    {
        y = y + vy;
        if (y>=580)
            vy = -vy;
        if (y<=20)
            vy = -vy;
        cleardevice();
        fillcircle(300, y, 20);
        Sleep(10);
    }
    _getch();
    closegraph();
    return 0;
}
```

练习题2-8

```
#include <graphics.h>
#include <conio.h>
#include <stdio.h>
int main()
{
	float x,y,vx,vy,g; // 定义一些变量
	x = 100; // 小球的x坐标
	y = 200; // 小球的y坐标
	vx = 8; // 小球x方向速度
	vy = 0; // 小球y方向速度
	g = 0.5; // 小球加速度，y方向
	initgraph(600, 600); // 初始化游戏窗口画面，宽600，高600
	while(1) // 一直循环运行
	{
		cleardevice(); // 清除掉之前绘制的内容
		vy = vy+g; // 利用加速度g更新vy速度
		x = x + vx; // 利用x方向速度vx更新x坐标
		y = y+vy; // 利用y方向速度vy更新y坐标
		if (y>=580) // 当碰到地面时
		{
			vx = 0.98*vx; // x方向速度受阻力影响变小
			vy = -0.95*vy; // y方向速度改变方向，并受阻力影响变小
		}
		if (y>580) // 防止小球越过地面
			y = 580;
		if (x>=580) // 碰到右边墙，小球x方向速度反向
			vx = -vx;
		if (x<=20) // 碰到左边墙，小球x方向速度反向
			vx = -vx;
		fillcircle(x, y, 20); // 在坐标(x,y)处画一个半径为20的圆
		Sleep(10); // 暂停10毫秒
	}
	_getch(); // 等待按键
	closegraph(); // 关闭窗口
	return 0;
}
```

第 3 章

练习题3-1

```
#include <graphics.h>
#include <conio.h>
#include <stdio.h>
int main()
{
```

```
    int imin = 3;
    int imax = 8;
    while (1)
    {
        int r = rand() % (imax-imin+1) + imin;
        printf("%d\n",r);
        Sleep(100);
    }
    return 0;
}
```

练习题3-2

```
#include <graphics.h>
#include <conio.h>
#include <stdio.h>
int main()
{
    float fmin = 1.5;
    float fmax = 6.8;
    while (1)
    {
        float len = fmax - fmin;
        float r = len * rand()/float(RAND_MAX) + fmin;
        printf("%f\n",r);
        Sleep(100);
    }
    return 0;
}
```

第 4 章

练习题4-1

```
#include <graphics.h>
#include <conio.h>
#include <stdio.h>
int main()
{
    float PI = 3.14159;  // 圆周率PI
    initgraph(600,600); // 打开一个600*600的窗口
    setbkcolor(RGB(128,128,128)); // 设置背景颜色为灰色
    cleardevice();  // 以背景颜色清空画布

    int centerX = 300; // 圆心坐标
    int centerY = 300;
    int radius = 200; // 圆半径
    int left = centerX - radius; // 圆外切矩形左上角x坐标
    int top = centerY - radius; // 圆外切矩形左上角y坐标
```

```
    int right = centerX + radius; // 圆外切矩形右下角x坐标
    int bottom = centerY + radius; // 圆外切矩形右下角y坐标

    setfillcolor(RGB(0,255,0));// 设置填充颜色为绿色
    solidpie(left,top,right,bottom,0*PI/2,1*PI/2); // 画填充扇形
    setfillcolor(RGB(255,255,255));// 设置填充颜色为白色
    solidpie(left,top,right,bottom,1*PI/2,2*PI/2); // 画填充扇形
    setfillcolor(RGB(255,0,0));// 设置填充颜色为红色
    solidpie(left,top,right,bottom,2*PI/2,3*PI/2); // 画填充扇形
    setfillcolor(RGB(0,0,0));// 设置填充颜色为黑色
    solidpie(left,top,right,bottom,3*PI/2,4*PI/2); // 画填充扇形

    _getch();  // 暂停，等待按键输入
    return 0;
}
```

练习题4-2

```
#include <graphics.h>
#include <conio.h>
#include <stdio.h>
int main()
{
    int i,j;

    // 首先打印第一行表头
    printf("   ");
    for (i=1;i<=9; i=i+1)
        printf("%3d",i);
    printf("\n");

    for (i=1;i<=9; i=i+1) // 对行遍历
    {
        printf("%3d",i);  // 打印第一列表头
        for (j=1;j<=i; j=j+1) // 对列遍历，只打印下三角部分
        {
            printf("%3d",i*j); // 最内层，打印乘积
        }
        printf("\n");
    }
    _getch();
    return 0;
}
```

练习题4-3

```
#include <graphics.h>
#include <conio.h>
#include <stdio.h>
int main()
{
```

```
    initgraph(800,600);
    int x,y;
    for (y=0;y<=600;y=y+200)
        for (x=0;x<=800;x=x+200)
            fillcircle(x, y, 100);
    _getch();
    return 0;
}
```

练习题4-4

```
#include <graphics.h>
#include <conio.h>
#include <stdio.h>
int main()
{
    initgraph(600, 600); // 打开一个窗口
    setbkcolor(YELLOW); // 设置背景颜色为黄色
    cleardevice();  // 以背景颜色清空画布
    setlinecolor(RGB(0,0,0));  // 设置线条颜色为黑色
    int i;
    int step = 30;
    for(i=1; i<=19; i++)  // 画横线和竖线
    {
        line(i*step, 1*step, i*step,  19*step);
        line(1*step, i*step, 19*step, i*step);
    }
    _getch();  // 暂停，等待按键输入
    return 0;
}
```

练习题4-5

```
#include <graphics.h>
#include <conio.h>
#include <stdio.h>
int main()
{
    initgraph(750,500); // 新开画面
    setbkcolor(RGB(255,255,255)); // 背景颜色为白色
    cleardevice();
    int x,xStart,xEnd; // x起始、终止坐标
    int c,cStart,cEnd; //  起始颜色、终止颜色
    xStart = 50; // x起始坐标为50

    while (xStart<600) // 当x起始坐标小于600时
    {
        xEnd = xStart+50; // 这一段的x终止坐标+50，也就是画一个50像素的块
        cStart = 255; // 初始颜色为全紫色
        cEnd = 128; //  最后颜色为暗紫色
```

```
        for (x=xStart;x<xEnd;x++) // 渐变颜色，绘制这么多根线条，绘制紫色过渡区域
        {
            c = (x-xStart)*(cEnd-cStart)/(xEnd-xStart)+cStart; //
            setlinecolor(RGB(c,0,c)); // 设定颜色
            line(x, 50, x, 100); // 第一大行
            line(x, 250, x, 300); // 第三大行
        }

        xStart = xEnd;
        xEnd = xStart+100;
        cStart = 0;
        cEnd = 255;
        for (x=xStart;x<xEnd;x++) // 绘制多根线条，黑色到黄色渐变区域
        {
            c = (x-xStart)*(cEnd-cStart)/(xEnd-xStart)+cStart; //
            setlinecolor(RGB(c,c,0)); // 设定颜色
            line(x, 50, x, 100); // 第一大行
            line(x, 250, x, 300); //  第三大行
        }
        xStart = xEnd + 20; // 还隔了一点白色区域
    } // 循环，继续绘制下面一段

    xStart = 50; // 下面反向绘制，第二大行、第四大行的图案
    while (xStart<600) //
    {
        xEnd = xStart+100;
        cStart = 255;
        cEnd = 0;
        for (x=xStart;x<xEnd;x++)
        {
            c = (x-xStart)*(cEnd-cStart)/(xEnd-xStart)+cStart;
            setlinecolor(RGB(c,c,0));
            line(x, 150, x, 200);
            line(x, 350, x, 400);
        }

        xStart = xEnd;
        xEnd = xStart+50;
        cStart = 128;
        cEnd = 255;
        for (x=xStart;x<xEnd;x++)
        {
            c = (x-xStart)*(cEnd-cStart)/(xEnd-xStart)+cStart;
            setlinecolor(RGB(c,0,c));
            line(x, 150, x, 200);
            line(x, 350, x, 400);
        }
        xStart = xEnd + 20;
    }
```

```

    _getch();
    closegraph();
    return 0;
}
```

第 5 章

练习题 5-1

```
#include <graphics.h>
#include <conio.h>
#include <stdio.h>
#include <math.h>
int main()
{
    const float PI = 3.1415926; // PI常量
    int width = PI*200; // 画面宽度
    int height = 200; // 画面高度
    initgraph(width,height); // 新开一个画面
    setbkcolor(RGB(255,255,255)); // 背景为白色
    cleardevice(); // 以背景色清空背景
    setlinecolor(RGB(0,0,0));

    float x;
    float step = Pi/360;
    for (x=0;x<=2*Pi;x=x+step)
    {
        float x0 = x*width/(2*PI);
        float x1 = (x+step)*width/(2*PI);
        float y0 = height/2 - sin(x)*height/2;
        float y1 = height/2 - sin(x+step)*height/2;
        line(x0,y0,x1,y1); // 画出前后两个采样点之间的连线
    }

    _getch();
    closegraph();
    return 0;
}
```

练习题 5-2

```
#include <conio.h>
#include <stdio.h>
int main()
{
    int i;
    float a[7] = {1.2,2.3,3.0,4.8,5.6,6.9,7.8};
    float sum = 0;
```

```
    for (i=0;i<7;i++)
        sum = sum + a[i]*a[i];
    printf("%f\n",sum);
    _getch();
    return 0;
}
```

第 6 章

练习题6-1

```
#include <graphics.h>
#include <conio.h>
#include <stdio.h>
int main()
{
    initgraph(460, 460);
    int bx = 100;
    while (bx<460)
    {
        fillrectangle(0,bx,460,bx+20);
        fillrectangle(bx,0,bx+20,460);
        bx = bx+120;
    }
    _getch();
    closegraph();
    return 0;
}
```

练习题6-2

```
#include <conio.h>
#include <stdio.h>

void printStars()
{
    int i;
    for (i=1;i<=5;i++)
    {
        printf("*");
    }
    printf("\n");
}

int main()
{
    int j;
    for (j=1;j<=4;j++)
        printStars();
```

```
    _getch();
    return 0;
}
```

练习题6-3

```
#include <conio.h>
#include <stdio.h>

void printStars(char ch,int n,int m)
{
    int i,j;
    for (i=1;i<=n;i++)
    {
        for (j=1;j<=m;j++)
        {
            printf("%c",ch);
        }
        printf("\n");
    }

}

int main()
{
    printStars('+',2,4);
    printStars('@',3,6);
    _getch();
    return 0;
}
```

练习题6-4（其他代码同6-7.cpp）

```
if (kbhit()) // 当按键时
{
    char input = _getch(); // 获得用户按键
    if (input==' ') // 空格键
    {
        circleNum = 0; // 圆的个数为0，相当于画面清除所有已有的圆
        cleardevice(); // 清屏
    }
    if (input=='1') // 1，设置为绘图模式1
        drawMode = 1;
    if (input=='2') // 2，设置为绘图模式2
        drawMode = 2;
    if (input=='3') // 3，设置为绘图模式3
        drawMode = 3;
    if (input=='4') // 4，设置为绘图模式4
        drawMode = 4;
}
```

第 7 章

练习题 7-1

```
#include <graphics.h>
#include <conio.h>
#include <stdio.h>
int main()
{
    int a[4][4];
    int i,j;

    for (i=0;i<4;i++)
        for (j=0;j<4;j++)
            a[i][j] = rand()%5 + 1;
    for (i=0;i<4;i++)
    {
        for (j=0;j<4;j++)
            printf("%2d",a[i][j]);
        printf("\n");
    }
    printf("\n");
    for (i=0;i<4;i++)
        for (j=0;j<4;j++)
            if (a[i][j]==5)
                a[i][j]=0;
    for (i=0;i<4;i++)
    {
        for (j=0;j<4;j++)
            printf("%2d",a[i][j]);
        printf("\n");
    }

    _getch();
    return 0;
}
```

练习题 7-2

```
#include <conio.h>
#include <stdio.h>
int main()
{
    float height,weight,bmi;
    printf("输入身高（米）：");
    scanf("%f",&height);
    printf("输入体重（千克）：");
    scanf("%f",&weight);
    bmi = weight/(height*height);

```

```
    if (bmi < 18.5)
        printf("体重过轻");
    else if (bmi < 24)
        printf("体重正常");
    else if (bmi < 27)
        printf("体重过重");
    else if (bmi < 30)
        printf("轻度肥胖");
    else if (bmi < 35)
        printf("中度肥胖");
    else
        printf("重度肥胖");

    _getch();
    return 0;
}
```

第 8 章

练习题8-1

```
#include <graphics.h>
#include <conio.h>
#include <stdio.h>
#define Width 600
#define Height 600

struct Ball // 定义小球结构体
{
    float x; // 小球的x坐标
    float y; // 小球的y坐标
    float vx; // 小球x方向速度
    float vy; // 小球y方向速度
    float r; // 小球半径
};

int main()
{
    Ball ball;  // 定义小球结构体变量
    ball.x = 100; // 小球的x坐标
    ball.y = 200; // 小球的y坐标
    ball.vx = 8; // 小球x方向速度
    ball.vy = 0; // 小球y方向速度
    ball.r = 20; // 小球半径
    float g = 0.5; // 重力加速度，y方向
    initgraph(Width, Height); // 初始游戏窗口画面
    while(1) // 一直循环运行
    {
```

```
            cleardevice(); // 清除掉之前绘制的内容
            ball.vy = ball.vy + g; // 利用加速度g更新vy速度
            ball.x = ball.x + ball.vx; // 利用x方向速度vx更新x坐标
            ball.y = ball.y + ball.vy; // 利用y方向速度vy更新y坐标
            if (ball.y>=Height-ball.r) // 当碰到地面时
            {
                ball.vx = 0.98 * ball.vx; // x方向速度受阻力影响变小
                ball.vy = -0.95 * ball.vy; // y方向速度改变方向，并受阻力影响变小
            }
            if (ball.y>Height-ball.r) // 防止小球越过地面
                ball.y = Height-ball.r;
            if (ball.x>=Width-ball.r) // 碰到右边墙，小球x方向速度反向
                ball.vx = -ball.vx;
            if (ball.x<=ball.r) // 碰到左边墙，小球x方向速度反向
                ball.vx = -ball.vx;
            fillcircle(ball.x, ball.y, ball.r); // 在坐标(x,y)处画一个半径r的圆
            Sleep(15); // 暂停若干毫秒
        }
        _getch(); // 等待按键
        closegraph(); // 关闭窗口
        return 0;
}
```

练习题8-2

```
5
3
9
4
1
```

第 9 章

练习题9-1

```
#include <conio.h>
#include <stdio.h>
int main()
{
    char str[] = "hello world!";
    int i = 0;
    while(str[i]!='\0')
        i++;
    printf("%d\n",i);
    _getch();
    return 0;
}
```

练习题9-2

```
#include <conio.h>
#include <stdio.h>
int main()
{
    char str1[] = "coding ";
    char str2[] = "is fun";
    char str3[20];

    int i = 0;
    while(str1[i]!='\0')
    {
        str3[i] =  str1[i];
        i++;
    }
    int j = 0;
    while(str2[j]!='\0')
    {
        str3[i] =  str2[j];
        i++;
        j++;
    }
    str3[i] = '\0';

    printf("%s\n",str3);
    _getch();
    return 0;
}
```

第 10 章

练习题10-1

```
#include <graphics.h>
#include <conio.h>
#include <stdio.h>
#include <time.h>
#define BlockSize 40 // 小方块的边长
#define RowNum 13 // 游戏画面一共RowNum行小方块
#define ColNum 21 // 游戏画面一共ColNum列小方块
#define ColorTypeNum 9 // 方块彩色颜色的个数

struct Block // 小方块结构体
{
    int x,y; // 小方块在画面中的x,y坐标
    int i,j;  // 小方块在二维数组中的i,j下标
    int colorId; // 对应颜色的下标
```

```
};

// 全局变量
Block blocks[RowNum][ColNum]; // 构建二维数组，存储所有数据
COLORREF colors[ColorTypeNum+1]; // 颜色数组，小方块可能的几种颜色

void startup() // 初始化函数
{
    int i,j;

    int width = BlockSize*ColNum;   // 设定游戏画面的大小
    int height = BlockSize*RowNum;
    initgraph(width,height);        // 新开窗口
    setbkcolor(RGB(220,220,220));   // 设置背景颜色
    setfillcolor(RGB(255,0,0));    // 设置填充颜色
    setlinestyle(PS_SOLID,2);      // 设置线型、线宽
    cleardevice();    // 以背景颜色清屏
    BeginBatchDraw(); // 开始批量绘制
    srand(time(0)); // 随机种子初始化

    colors[0] = RGB(220,220,220); // 颜色数组第一种颜色为灰白色，表示空白小方块
    for (i=1;i<ColorTypeNum+1;i++) // 其他几种颜色为彩色
        colors[i] = HSVtoRGB((i-1)*40,0.6,0.8);

    // 对blocks二维数组进行初始化
    for (i=0;i<RowNum;i++)
    {
        for (j=0;j<ColNum;j++)
        {
            // 取随机数，1-ColorTypeNum为彩色，其他为空白色
            // 这样为空白色的比例更高，符合游戏的设定
            int t = rand()%(int(ColorTypeNum*1.5));  // 取随机数
            if (t<ColorTypeNum+1)
                blocks[i][j].colorId = t; // 小方块的颜色序号
            else // 其他情况，都为空白颜色方块
                blocks[i][j].colorId = 0; // 小方块的颜色序号

            blocks[i][j].x = j*BlockSize; // 小方块左上角的坐标
            blocks[i][j].y = i*BlockSize;
            blocks[i][j].i = i;   // 存储当前小方块在二维数组中的下标
            blocks[i][j].j = j;
        }
    }
}

void show() // 绘制函数
{
    cleardevice(); // 清屏
    setlinecolor(RGB(255,255,255)); // 白色线条
```

```
    int i,j;
    for (i=0;i<RowNum;i++)
    {
        for (j=0;j<ColNum;j++)
        {
            // 以对应的颜色、坐标画出所有的小方块
            setfillcolor(colors[blocks[i][j].colorId]);
            fillrectangle(blocks[i][j].x,blocks[i][j].y,
                        blocks[i][j].x+BlockSize,blocks[i][j].y+BlockSize);
        }
    }
    FlushBatchDraw(); // 开始批量绘制
}

void updateWithoutInput() // 和输入无关的更新
{
}

void updateWithInput() // 和输入有关的更新
{
}

int main() // 主函数
{
    startup();  // 初始化
    while (1)  // 循环执行
    {
        show();  // 绘制
        updateWithoutInput(); // 和输入无关的更新
        updateWithInput();   // 和输入有关的更新
    }
    return 0;
}
```

练习题10-2

```
#include <conio.h>
#include <stdio.h>

void swap(int *x,int *y)
{
    int temp;
    temp = *x;
    *x = *y;
    *y = temp;
}

int main()
{
    int a = 1;
```

```
    int b = 2;
    printf("a=%d b=%d\n",a,b);
    swap(&a,&b);
    printf("a=%d b=%d\n",a,b);
    _getch();
    return 0;
}
```

第 11 章

练习题11-1

```
#include <graphics.h>
#include <conio.h>
#include <stdio.h>
#include <math.h>
#define  PI 3.1415926
#define  WIDTH 800   // 画面宽度
#define  HEIGHT 600  // 画面高度

float offsetAngle = PI/6; // 左右枝干和父枝干偏离的角度
float shortenRate = 0.65;  // 左右枝干长度与父枝干长度的比例

// 把[inputMin,inputMax]范围的input变量，映射为[outputMin,outputMax]范围的output变量
float mapValue(float input,float inputMin,float inputMax,float outputMin,float outputMax)
{
    float output;
    if (abs(input-inputMin)<0.000001) // 防止除以0的bug
        output = outputMin;
    else
        output = (input-inputMin)*(outputMax-outputMin)/(inputMax-inputMin)+outputMin;
    return output;
}

// 枝干生成和绘制递归函数
// 输入参数：枝干起始x、y坐标，枝干长度，枝干角度，枝干绘图线条宽度，第几代
void brunch(float x_start,float y_start,float length,float angle,float
thickness,int generation)
{
    // 利用三角函数求出当前枝干的终点x、y坐标
    float x_end,y_end;
    x_end = x_start+ length* cos(angle);
    y_end = y_start+ length* sin(angle);

    setlinestyle(PS_SOLID,thickness); // 设定当前枝干线宽
```

```
    setlinecolor(RGB(0,0,0)); // 设定当前枝干颜色，黑色
    line(x_start,y_start,x_end,y_end); // 画出当前枝干（画线）

    // 求出子枝干的代数
    int childGeneration = generation + 1;
    // 生成子枝干的长度，逐渐变短
    float childLength = shortenRate*length;

    // 当子枝干长度大于2，并且代数小于等于10，递归调用产生子枝干
    if (childLength>=2 && childGeneration<=9)
    {
        // 生成子枝干的粗细，逐渐变细
        float childThickness = thickness*0.8;
        if (childThickness<2) // 枝干绘图最细的线宽为2
            childThickness = 2;

        // 产生左右的子枝干
        brunch(x_end,y_end,childLength,angle+offsetAngle,childThickness,
childGeneration);
        brunch(x_end,y_end,childLength,angle-offsetAngle,childThickness,
childGeneration);
    }
}

void startup()  // 初始化
{
    initgraph(WIDTH,HEIGHT); // 新开一个画面
    setbkcolor(RGB(255,255,255)); // 白色背景
    cleardevice(); // 清屏
    BeginBatchDraw(); // 开始批量绘制
    brunch(WIDTH/2,HEIGHT,0.45*HEIGHT*shortenRate,-PI/2,15*shortenRate,1);
    //递归调用
    FlushBatchDraw(); // 批量绘制
}

void update()  // 每帧更新
{
    MOUSEMSG m;
    if (MouseHit())
    {
        m = GetMouseMsg();
        if(m.uMsg == WM_MOUSEMOVE) // 当鼠标移动时，设定递归函数的参数
        {
            // 鼠标从左到右移动，左右子枝干偏离父枝干的角度逐渐变大
            offsetAngle = mapValue(m.x,0,WIDTH,PI/50,PI/2);
            // 鼠标从上到下移动，子枝干的长度比父枝干的长度缩短得更快
            shortenRate = mapValue(m.y,0,HEIGHT,0.7,0.3);
            cleardevice(); // 清屏
            // 递归调用
            brunch(WIDTH/2,HEIGHT,0.45*HEIGHT*shortenRate,-PI/2,
```

```
15*shortenRate,1);
                FlushBatchDraw(); // 批量绘制
                Sleep(1); // 暂停
            }
        }
    }

int main() // 主函数
{
    startup();  // 初始化
    while (1)  // 重复循环
        update();  // 每帧更新
    return 0;
}
```

第 12 章

练习题12-1

```
#include <graphics.h>
#include <conio.h>
#include "EasyXPng.h"  // 用于显示带透明通道的png图片
#define  WIDTH 560 // 画面宽度
#define  HEIGHT 800 // 画面高度
#define  MaxBulletNum 200  // 所有子弹个数

class Bullet  // 定义子弹类
{
public:
    IMAGE im_bullet; // 子弹图像
    float x,y; // 子弹坐标
    float vx,vy; // 子弹速度
    float radius; // 接近球体的子弹半径大小

    void draw()// 显示子弹
    {
        putimagePng(x - radius,y-radius,&im_bullet);
    }

    void update() // 更新子弹的位置、速度
    {
        x += vx;
        y += vy;
        if (x<=0 || x>=WIDTH)
            vx = -vx;
        if (y<=0 || y>=HEIGHT)
            vy = -vy;
    }
```

```
};

IMAGE im_bk,im_bullet;  // 定义图像对象
Bullet bullet[MaxBulletNum]; // 定义子弹对象数组

void startup()  //  初始化函数
{
    loadimage(&im_bk, _T("background.png")); // 导入背景图片
    loadimage(&im_bullet, _T("bullet.png")); // 导入子弹图片
    for (int i=0;i<MaxBulletNum;i++) // 对所有子弹初始化
    {
        bullet[i].x = WIDTH/2; // 子弹初始位置
        bullet[i].y = 10;
        float angle = (rand()/double(RAND_MAX)-0.5)*0.9*PI;
        float scalar = 2*rand()/double(RAND_MAX) + 2;
        bullet[i].vx = scalar*sin(angle); // 子弹速度
        bullet[i].vy = scalar*cos(angle);
        bullet[i].im_bullet = im_bullet;  // 设置子弹图像
        bullet[i].radius = im_bullet.getwidth()/2; // 设置子弹的半径为其图片宽度的一半
    }
    initgraph(WIDTH,HEIGHT); // 新开一个画面
    BeginBatchDraw(); // 开始批量绘制
}

void show()  // 绘制函数
{
    putimage(0, 0, &im_bk);    // 显示背景
    for (int i=0;i<MaxBulletNum;i++)
        bullet[i].draw();  // 显示所有子弹
    FlushBatchDraw(); // 批量绘制
    Sleep(10); // 暂停
}

void updateWithoutInput() // 和输入无关的更新
{
    for (int i=0;i<MaxBulletNum;i++) // 对所有子弹
        bullet[i].update(); // 更新子弹的位置、速度
}

int main() // 主函数
{
    startup();  // 初始化
    while (1)  // 重复运行
    {
        show();  // 绘制
        updateWithoutInput();  // 和输入无关的更新
    }
    return 0;
}
```

第 13 章

练习题 13-1

```
#include <graphics.h>
#include <conio.h>
#include <vector>
using namespace std;
#define  WIDTH 1000 // 窗口宽度
#define  HEIGHT 700 // 窗口高度
#define  Radius 25//  小球半径

class Point // 定义顶点类
{
public:
    float x,y; // 记录(x,y)坐标
    Point() // 无参数的构造函数
    {
    }
    Point (float ix,float iy) // 有参数的构造函数
    {
        x = ix;
        y = iy;
    }
};

class Path  // 定义轨迹类
{
public:
    vector<Point> keyPoints; // 记录轨迹上的一些关键点，关键点之间以直线相连
    float sampleInterval; // 对特征点连成的轨迹线，进行均匀采样的间隔
    vector<Point> allPoints; //  所有以采样间隔得到的采样点

    void getAllPoints() // 以采样间隔进行采样，得到所有的采样点
    {
        int i;
        // 对关键点依次连接形成的多条线段进行遍历
        for (i=0;i<keyPoints.size()-1;i++)
        {
            float xd = keyPoints[i+1].x - keyPoints[i].x;
            float yd = keyPoints[i+1].y - keyPoints[i].y;
            float length = sqrt(xd*xd+yd*yd); // 这一条线段的长度

            int num = length/sampleInterval; // 这一条线段要被采样的个数
            for (int j=0;j<num;j++)
            {
                float x_sample = keyPoints[i].x + j*xd/num;
                float y_sample = keyPoints[i].y + j*yd/num;
                allPoints.push_back(Point(x_sample,y_sample)); // 添加进去所有的采样点
```

```
                }
            }
            // 还有最后一个关键点
            allPoints.push_back(Point(keyPoints[i].x,keyPoints[i].y));
        }
};

class Ball // 定义小球类
{
public:
    Point center; // 圆心坐标
    float radius; // 半径
    int indexInPath; // 小球位置在Path的allPoints中的对应序号
    int direction; // 小球移动方向，1向前，-1向后，0暂停
    COLORREF color; // 小球颜色
    void draw() // 画出小球
    {
        setlinecolor(color);
        setfillcolor(color);
        fillcircle(center.x,center.y,radius);
    }

    void movetoIndexInPath(Path path)
    {
        // 让小球移动到 Path的allPoints中的indexInPath序号位置
        center = path.allPoints[indexInPath];
    }

    // 让小球沿着轨迹Path移动，注意不要越界
    // direction为0时小球暂时不动，direction为1时小球向着终点移动，direction为-1时小球向着起点移动
    void changeIndexbyDirection(Path path)
    {
        if (direction==1 && indexInPath+1<path.allPoints.size())
            indexInPath++;
        else if (direction==-1 && indexInPath-1>=0)
            indexInPath--;
    }

    void initiate(Path path) // 初始化小球到path最开始的位置上
    {
        radius = Radius; //  半径
        indexInPath = 0; // 初始化序号
        direction = 0;
        movetoIndexInPath(path); // 移动到Path上面的对应序号采样点位置
    }
};

// 以下定义一些全局变量
Path path; // 定义轨迹对象
```

```
Ball ball1,ball2;  // 定义两个小球对象

void startup()  // 初始化函数
{
    initgraph(WIDTH,HEIGHT); // 新开一个画面
    setbkcolor(RGB(160,211,255)); // 设置背景颜色
    cleardevice(); // 清屏

    // 为轨迹类添加一些关键点
    path.keyPoints.push_back(Point(50, 300));
    path.keyPoints.push_back(Point(50, 600));
    path.keyPoints.push_back(Point(100, 650));
    path.keyPoints.push_back(Point(700, 650));
    path.keyPoints.push_back(Point(700, 550));
    path.keyPoints.push_back(Point(250, 550));
    path.keyPoints.push_back(Point(200, 500));
    path.keyPoints.push_back(Point(200, 200));
    path.keyPoints.push_back(Point(250, 150));
    path.keyPoints.push_back(Point(800, 150));
    path.keyPoints.push_back(Point(850, 200));
    path.keyPoints.push_back(Point(850, 650));
    path.keyPoints.push_back(Point(950, 650));
    path.keyPoints.push_back(Point(950, 100));
    path.keyPoints.push_back(Point(900, 50));
    path.keyPoints.push_back(Point(150, 50));

    path.sampleInterval = Radius/5; // 设置轨迹线的采样间隔，需要被Radius整除，便于后面处理
    path.getAllPoints();    // 获得轨迹上的所有采样点

    ball1.initiate(path); // 初始化大球到path最开始的位置上
    ball1.direction = 1; // 大球向前移动
    ball1.color = RGB(200,30,190); // 设置大球1颜色
    ball1.radius = Radius+3; // 设置大球1半径

    ball2.initiate(path); // 初始化小球到path最开始的位置上
    ball2.direction = 1; // 小球向前移动
    ball2.color = RGB(250,170,200); // 设置小球2颜色
    ball2.radius = Radius; // 设置小球2半径

    BeginBatchDraw(); // 开始批量绘制
}

void show()  // 绘制函数
{
    // 先画第一个大球，第一个大球到达终点后开始画第二个小球
    if (ball1.indexInPath < path.allPoints.size()-1)
        ball1.draw();  // 画出小球1
    else
        ball2.draw();  // 画出小球2
```

```
        FlushBatchDraw(); // 批量绘制
    }

    void update() // 更新
    {
        // 先移动第一个大球，第一个大球到达终点后开始移动第二个小球
        if (ball1.indexInPath < path.allPoints.size()-1)
        {
            ball1.movetoIndexInPath(path);
            ball1.changeIndexbyDirection(path);
        }
        else if (ball2.indexInPath < path.allPoints.size()-2)
        {
            ball2.movetoIndexInPath(path);
            ball2.changeIndexbyDirection(path);
        }
        if (kbhit()) // 当按键时
        {
            char input = _getch(); // 获得输入字符
            if (input==' ') // 当按下空格键时
                saveimage(_T("bk.jpg")); // 保存绘制的图像
        }
    }

    int main() // 主函数
    {
        startup();
        while (1)
        {
            show();
            update();
        }
        return 0;
    }
```

第 14 章

练习题 14-1

```
#include <graphics.h>
#include <conio.h>
#include "EasyXPng.h"
#include "Timer.h"
#include <vector>
using namespace std;

#define  WIDTH 800
#define  HEIGHT 600
```

```

enum PlayerStatus // 枚举类型，描述游戏角色所有的可能状态
{
    standleft,standright,runleft,runright,jumpleft,jumpright,die
};

class Player  // 玩家控制的游戏角色类
{
public:
    IMAGE im_show;  // 当前时刻要显示的图像
    IMAGE im_standright; // 向右站立图像
    IMAGE im_standleft; // 向左站立图像
    vector <IMAGE> ims_runright; // 向右奔跑的图像序列
    vector <IMAGE> ims_runleft; // 向左奔跑的图像序列
    int animId;  // 用于循环动画播放的id
    PlayerStatus playerStatus; // 当前的状态
    float x_left,y_bottom; // 只要用这两个坐标和地面碰撞就行了
    float vx,vy; // 速度
    float width,height; // 图片的宽度、高度

    void draw()// 显示相关信息
    {
        putimagePng(x_left,y_bottom-height,&im_show);  // 游戏中显示角色
    }

    void initialize() // 初始化
    {
        ims_runleft.clear(); // 先清空掉vector
        ims_runright.clear();
        loadimage(&im_standright, _T("standright.png")); // 导入向右站立图片
        loadimage(&im_standleft, _T("standleft.png")); // 导入向左站立图片

        playerStatus = standright; // 初始为向右站立的游戏状态
        im_show = im_standright;  // 初始显示向右站立的图片
        width = im_standright.getwidth(); // 获得图像的宽、高，所有动画图片大小一样
        height = im_standright.getheight();

        TCHAR filename[80];
        for (int i=0;i<=7;i++) // 把向右奔跑的八张图片对象添加到ims_runright中
        {
            _stprintf(filename, _T("runright%d.png"),i);
            IMAGE im;
            loadimage(&im,filename);
            ims_runright.push_back(im);
        }
        for (int i=0;i<=7;i++) // 把向左奔跑的八张图片对象添加到ims_runright中
        {
            _stprintf(filename, _T("runleft%d.png"),i);
            IMAGE im;
```

```
                loadimage(&im,filename);
                ims_runleft.push_back(im);
            }

        animId = 0; // 动画id开始设为0

        updateXY(WIDTH/2,HEIGHT/2); // 开始将角色放在画面中间
        vx = 10; // 设置初速度
        vy = 10;
    }

    void updateXY(float mx,float my) // 根据输入，更新玩家坐标
    {
        x_left = mx;
        y_bottom = my;
    }

    void runRight() // 游戏角色向右奔跑
    {
        x_left += vx; // 横坐标增加，向右移动
        if (playerStatus != runright) // 如果之前角色状态不是向右奔跑
        {
            playerStatus = runright; // 切换为向右奔跑状态
            animId = 0; // 动画播放id初始化为0
        }
        else // 表示之前就是向右奔跑状态了
        {
            animId++; // 动画图片开始切换
            if (animId>=ims_runright.size()) // 循环切换
                animId = 0;
        }
        im_show = ims_runright[animId];      // 设置要显示的对应图片
    }

    void runLeft() // 游戏角色向左奔跑
    {
        x_left -= vx; // 横坐标减少，向左移动

        if (playerStatus != runleft) // 如果之前角色状态不是向左奔跑
        {
            playerStatus = runleft; // 切换为向左奔跑状态
            animId = 0; // 动画播放id初始化为0
        }
        else // 之前就是向左奔跑状态了
        {
            animId++; // 动画图片开始切换
            if (animId>=ims_runleft.size()) // 循环切换
                animId = 0;
        }
        im_show = ims_runleft[animId];      // 设置要显示的对应图片
```

```
    }

    void standStill() // 游戏角色默认为向左或向右静止站立
    {
        if (playerStatus==runleft || playerStatus == standleft)
        {
            im_show = im_standleft;
        }
        else if (playerStatus==runright || playerStatus == standright)
        {
            im_show = im_standright;
        }
    }
};

// 一些全局变量
IMAGE im_land;  // 地面图像
IMAGE im_bk;  // 背景图像
Player player;  // 定义玩家控制的游戏角色对象
Timer timer;  // 用于精确延时

void startup()  // 初始化
{
    player.initialize(); // 玩家角色初始化
    loadimage(&im_land, _T("land.png")); // 导入地面图片
    loadimage(&im_bk,_T("landscape1.png")); // 导入背景图片

    initgraph(WIDTH,HEIGHT); // 新开一个画面
    BeginBatchDraw(); // 开始批量绘制
}

void show()  // 显示
{
    putimage(-100, -100, &im_bk);    // 显示背景
    putimage(WIDTH/2,HEIGHT/2,&im_land);  // 绘制一个地面
    player.draw();  // 显示玩家相关信息
    FlushBatchDraw(); // 批量绘制
    timer.Sleep(50); // 暂停若干毫秒
}

void updateWithoutInput() // 和输入无关的更新
{
}

void updateWithInput() // 和输入有关的更新
{
    player.standStill(); // 游戏角色默认为向左或向右静止站立

    if (kbhit()) // 当按键时，切换角色显示图片，更改位置
    {
```

```
            if (GetAsyncKeyState(VK_RIGHT)  || GetAsyncKeyState('D'))
            // 按下D键或右方向键
            {
                player.runRight();
            }
            else if (GetAsyncKeyState(VK_LEFT) || GetAsyncKeyState('A'))
            //按下A键或左方向键
            {
                player.runLeft();
            }
        }
    }

    int main( ) // 主函数
    {
        startup();      // 初始化
        while (1)       // 一直循环
        {
            show();  // 显示
            updateWithoutInput(); // 与输入无关的更新
            updateWithInput();    // 与输入有关的更新
        }
        return 0;
    }
```

附录 B 语法知识索引

按照一般教材中的讲解顺序，列出相应语法知识在书中出现的对应章节，便于读者查找。

一、简介与开发环境

1. C和C++简介（1.1）
2. 集成开发环境（1.2）

二、基本数据类型、运算与相关基础知识

1. 标识符与关键字（2.4）
2. 常量与数据类型
   1）整型（2.2）
   2）浮点型（2.9）
   3）字符型（3.1）

4）ASCII码（9.1）

3. 变量

1）整型变量（2.4）

2）浮点型变量（2.9）

3）字符型变量（3.1）

4）const变量（5.2）

4. 简单输入输出

1）printf函数（1.2、2.2、2.9、5.3）

2）scanf函数（7.4）

3）_getch函数（3.1）

5. 数学运算符与表达式

1）赋值（2.4）

2）加减乘除（2.3）

3）整除、取余（3.5）

4）自增、自减运算符（4.4）

5）复合运算符（8.3）

6）绝对值函数（5.6）

7）三角函数（5.2、13.9）

8）sqrt函数（6.4）

6. 类型转换（3.5）

7. 随机函数（3.5、4.7）

8. 代码缩进与分行写法（3.4）

9. 注释（2.9）

三、选择判断

1. 比较运算符（2.7）
2. 逻辑运算符（3.4）
3. if语句（2.7）
4. else（7.4）

四、循环

1. for循环（4.3）
2. while循环（2.6、6.2）

3. break、continue（5.6）
4. 循环的嵌套（4.5）

五、函数与预处理指令

1. 函数的定义与调用（6.4）
2. 函数的原型说明（11.1）
3. 局部变量、全局变量（7.1）
4. 动态变量、静态变量（7.5）
5. 值传递（8.3）
6. 文件包含（4.7、5.2、12.1）
7. 宏定义（5.2）
8. 基于函数的游戏开发框架（7.1）

六、数组

1. 一维数组（5.4）
2. 二维数组（7.2）
3. 数组作为函数参数（8.3）

七、指针

1. 指针的定义与应用（10.8）
2. 指针与数组（10.9）
3. 动态存储分配（10.9）
4. 指针作为函数参数（10.8）
5. 引用传递（10.8）

八、字符串与字符数组

1. 字符串（9.1）
2. 字符数组（9.1）
3. 数字与字符串的转换（3.6、9.1）

九、文件读写（9.7）

十、结构体与链表

1. 结构体（8.1）

2. 枚举类型（9.8、14.3）
3. 链表（13.1）

十一、递归（11.1、11.2）

十二、面向对象编程

1. 类和对象的定义（12.2）
2. 成员变量、成员函数（12.2）
3. 构造函数与析构函数（13.3、13.4）
4. 继承（12.9）

十三、C++ 标准模板库（13.2）

十四、EasyX 图形交互库

1. 库的安装（2.1）
2. 窗口大小与坐标系（2.3）
3. 基本元素的绘制
   1）圆（2.2、4.1）
   2）直线（4.7）
   3）矩形（3.3）
   4）扇形（4.1）
   5）背景（4.2）
   6）颜色的表示与设置（4.2、4.6）
   7）设置画线样式（5.1）
   8）批量绘制（5.4）
4. 图片元素
   1）图片的导入与显示（12.1）
   2）坐标位置（12.1）
   3）图片旋转（13.8）
   4）碰撞检测（12.6、14.7）
   5）序列图片动画（14.4）
   6）保存绘制图像（13.12）
5. 文字输出（3.6）

6. 鼠标交互（8.2）
7. 键盘交互（3.1、14.2）
8. 音效播放（12.8）
9. 时间控制（2.5、10.5、12.7、14.2）

附录 C 调试方法与辅助工具

程序不能正确编译生成可执行程序，这种错误一般被称为语法错误。在Visual Studio的输出窗口中双击错误提示，可以定位到出错的代码。以下为一些常见语法错误的提示和原因。

- error C2065：“””：未声明的标识符
  - 使用汉字标点符号
- error C2065：“i”：未声明的标识符
  - 变量未定义就直接使用
- error C2144：语法错误：“int”的前面应有“;”
  - 语句结束漏写分号
- fatal error C1075: 与左侧的大括号“{”匹配之前遇到文件结束
  - 忘记写末尾的花括号}
- error C3861：“printf”：找不到标识符

  - 忘记包含对应的头文件
- error C2084：函数“int main(void)”已有主体
  - 代码中有多个主函数
- error LNK2019：无法解析的外部符号 _WinMain@16
  - 项目类型不是“Win32控制台应用程序”

读者可以搜索输出窗口的错误代码，了解对应语法错误的原因。通过/*和*/将多行代码分别注释，也可以利用排除法来快速定位出错的语句。

当程序可以编译运行但是运行出错，这种错误一般被称为逻辑错误。常见的逻辑错误原因有：

- 把==写成=
- 循环语句内的多条语句忘记写{ }
- 算法思想错误

出现逻辑错误时，最常用的处理方法是断点跟踪调试，主要步骤如下。

（1）在对应代码行按F9添加或移除断点。

（2）按F5启动程序。

（3）到达断点处，通过监视窗口观察变量和表达式的值。

（4）也可以逐行运行代码，按F10跳过函数运行，按F11进入函数运行。

另外，也可以利用printf()函数将程序运行的中间状态输出，判断程序逻辑何时出错。initgraph(640, 480, SHOWCONSOLE);在创建绘图窗口的同时显示控制台窗口，如此即可进行EasyX可视化程序的调试。

为了提高代码写作效率，读者可以下载安装Resharp、Visual Assist X等Visual Studio插件，使用代码自动补全、自动提示等功能。

实现复杂的游戏程序往往需要开发多个版本，随着程序越来越复杂，多个版本代码的保存、比较、回溯、修改是不可避免的步骤。读者可以尝试学习SVN、Git等代码版本控制工具，也可以直接使用GitHub、码云等在线代码托管平台。利用代码版本管理工具，也可以方便多人的协作开发。